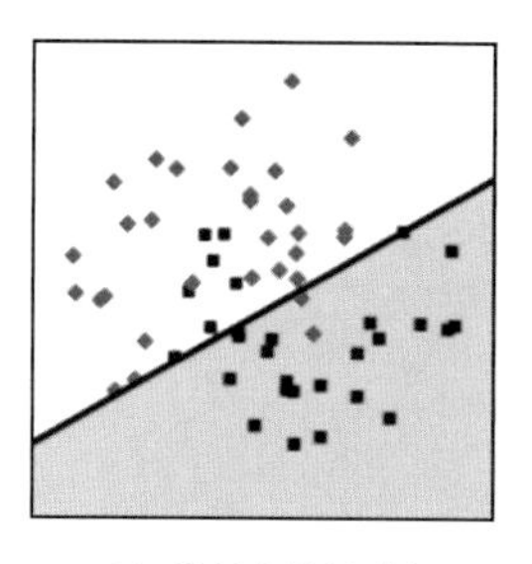

(a) 线性判别分析

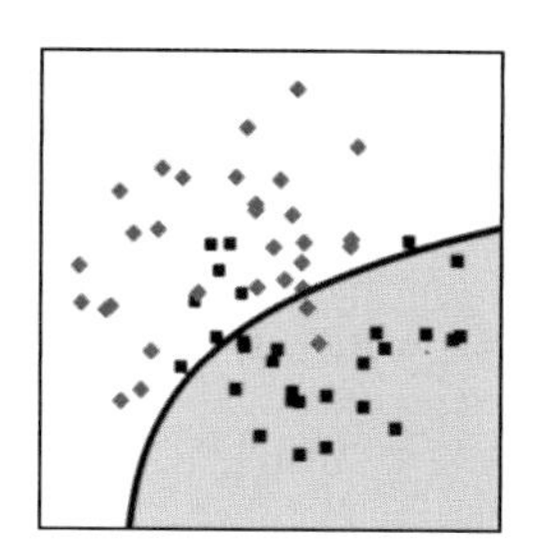

(b) 二次判别分析

图 7.3　分类效果示例

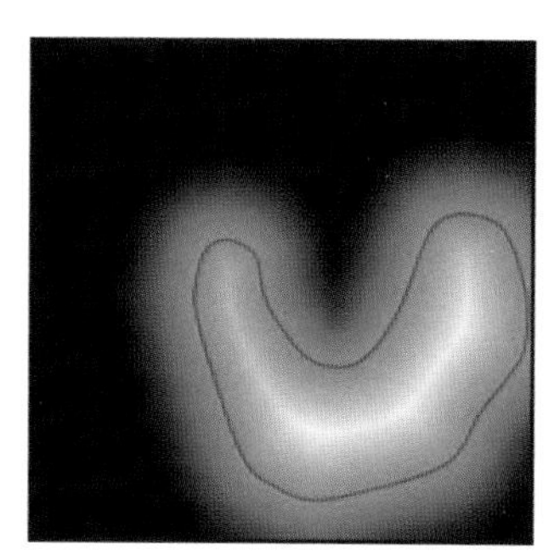

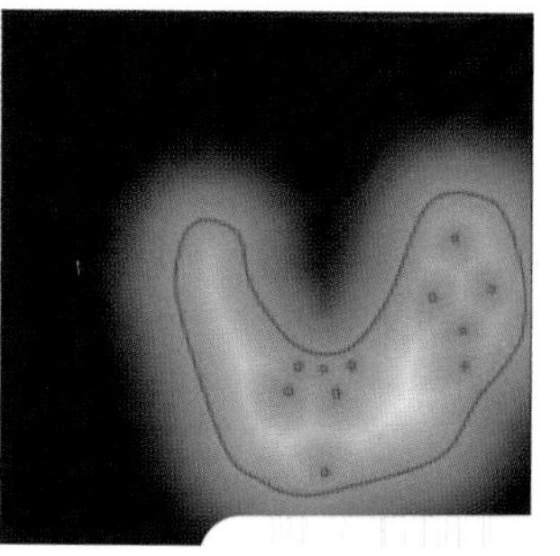

图 11.4　平滑(左)和不平滑(右)得分

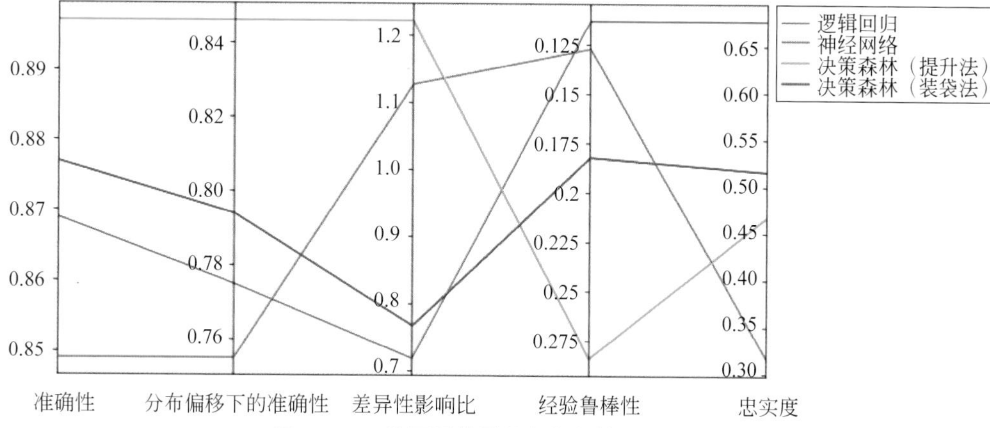

图 13.4　4 种不同模型信任指标的平行坐标图

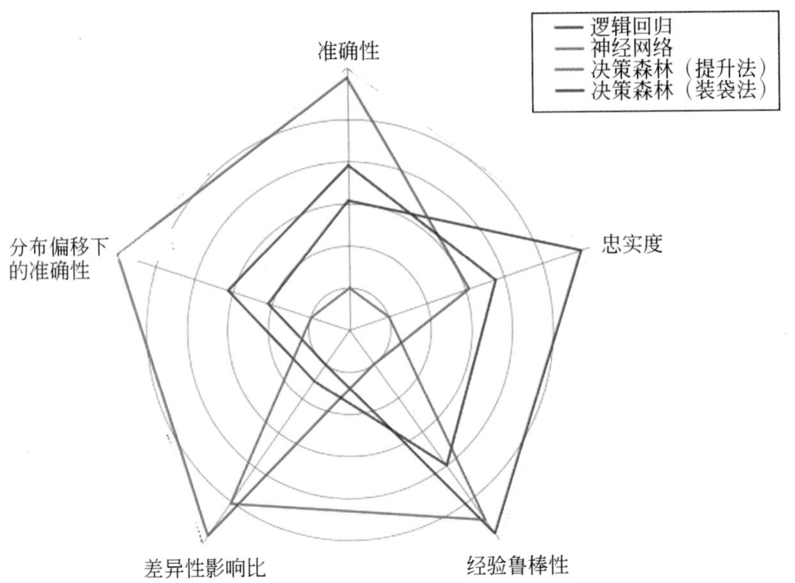

图 13.5　4 种不同模型信任指标的雷达图

可信机器学习

[美] 库什·R.瓦什尼（Kush R. Varshney）◎ 著
赵正　谢鑫　赵奇　范晓娅　毛倩 ◎ 译

清華大学出版社
北　京

内 容 简 介

可信机器学习是机器学习的重要部分，是一门研究机器学习可信属性的学科。本书将可信机器学习的属性贯穿始终，全面系统地介绍可信机器学习的概念原则和技术方法。本书内容分六部分。第一部分详细阐述可信机器学习的框架、机器学习生命周期以及安全性相关概念；第二部分针对机器学习中的数据介绍数据偏差、数据隐私等相关概念和解决方法；第三部分围绕建模过程介绍检测理论、监督学习和因果建模的理论及方法；第四部分针对机器学习的可靠性，讲解分布偏移的概念和缓解方法，以及机器学习公平性和安全性方法；第五部分围绕人与机器的交互，阐述机器学习的可解释性、透明性和价值对齐；第六部分针对机器学习的目标，介绍伦理原则、社会公益以及过滤气泡等问题。

北京市版权局著作权合同登记号　图字：01-2024-2450

Translation from English language edition:
Trustworthy Machine Learning
by Kush R. Varshney

图书在版编目（CIP）数据

可信机器学习 /（美）库什·R. 瓦什尼（Kush R. Varshney）著；赵正等译.
北京：清华大学出版社，2024.12. -- ISBN 978-7-302-67871-7
Ⅰ. TP181
中国国家版本馆 CIP 数据核字第 2024JD2988 号

责任编辑：白立军　常建丽
封面设计：杨玉兰
责任校对：刘惠林
责任印制：刘　菲

出版发行：清华大学出版社
网　　址：https://www.tup.com.cn，https://www.wqxuetang.com
地　　址：北京清华大学学研大厦 A 座　　**邮　　编**：100084
社 总 机：010-83470000　　**邮　　购**：010-62786544
投稿与读者服务：010-62776969，c-service@tup.tsinghua.edu.cn
质量反馈：010-62772015，zhiliang@tup.tsinghua.edu.cn
课件下载：https://www.tup.com.cn，010-83470236
印 装 者：三河市天利华印刷装订有限公司
经　　销：全国新华书店
开　　本：185mm×260mm　　**印　张**：14.5　　**彩　插**：1　　**字　　数**：357 千字
版　　次：2024 年 12 月第 1 版　　**印　　次**：2024 年 12 月第1 次印刷
定　　价：69.00 元

产品编号：104091-01

译者序

翻译这本书的最初动机是我需要一本适合“可信人工智能”这门课程的教材，然而市面上很难找到符合我心意的书籍。当遇到 Kush R. Varshney 博士的 *Trustworthy Machine Learning* 这本书时，我意识到这本书正是我所期待的。这本书不仅以清晰的主线全面地介绍了可信机器学习以及机器学习伦理的核心概念和技术方法，而且向读者深刻地揭示了机器学习可能给社会带来的危害，并倡导了机器学习技术向善的理念。因此，我希望将其译为中文，更好地服务于国内读者。

近年来，人工智能在大数据、大算力以及脑科学等新技术、新理论的共同驱动下以惊人的速度发展，并在多个领域取得重大突破。人工智能又一次被推上发展高潮，站在科技之巅。这次，人工智能将引发一场新的史无前例的科学和技术革命，必将重构生产方式和产业结构，大幅提升社会生产效率，并全方位改变世界。

人工智能的发展将普惠全社会、全人类。然而，在其带来巨大机遇的同时，我们也必须清醒地认识到人工智能技术是一把双刃剑，它既能造福人类，也能危害人类。滥用人工智能技术可能引发一系列严重的伦理和社会问题。例如，广泛的训练数据采集使得人工智能系统掌握了个人的大量信息，如果这些信息被非法使用，将会造成严重的隐私侵犯；现实世界中的数据往往带有偏差，如果利用这类数据直接训练人工智能模型，则可能导致模型输出具有歧视和不平等的结果，从而影响经济进步，加剧社会鸿沟；如果黑客通过攻击手段投毒训练数据或篡改模型参数，则可能造成人工智能系统做出错误的判断，引起重大安全事故；如果人工智能系统的价值观与人类价值观不一致，则可能危害社会稳定；如果将人工智能技术用于生产生物化学武器，将可能引发大规模生命危险和全球性安全威胁。

为应对人工智能带来的挑战，发展“可信人工智能”已经成为学术界和产业界的共识。目前已经有多个国家、组织和企业提出各自的“可信人工智能”框架和原则，致力于解决人工智能系统安全性、公平性、隐私性、透明性、可解释性和价值对齐等一系列问题。将“可信人工智能”原则落实到具体的产品和解决方案中，将是人工智能应用发展的必然方向和创新风口。

本书介绍可信人工智能的核心技术——可信机器学习，其以机器学习可信属性为主线，通过虚构的案例向读者逐步阐述可信机器学习的核心概念和技术方法，相关讨论覆盖完整的机器学习生命周期。本书适合本科生、研究生教学，以及相关技术从业者和对可信人工智能感兴趣的普通读者。无论你是哪类读者，我都希望本书能在你心中种下一颗技术向善理念的种子。让人工智能技术可信、可靠、可控地服务于全人类，造福于全人类，我们都有责任。

本书由赵正（大连海事大学）、谢鑫（湖南信息学院）、赵奇（东北大学）、范晓娅（大连理工大学）、毛倩（辽宁大学）翻译。感谢在本书翻译和校对过程中做出贡献的王妍心、范祺祺、司园园、张天豪、江向东和韩增易。感谢湖南省普通高等学校重点实验室——智能感知与计算对本书翻译出版的资助。

由于译者水平有限且时间仓促，翻译过程中难免出现差错，欢迎读者批评指正，在此表示感谢！

赵　正

2024 年 10 月 5 日晚

于大连海事大学敏学楼

前　言

在教育评价、信贷、就业、医疗保健和刑事司法等高风险应用中，决策越来越倚重数据驱动和机器学习模型。机器学习模型也广泛应用于自动驾驶、手术机器人等关键信息物理系统。社交媒体平台上的内容和联系人推荐都依赖机器学习系统。

近年来，机器学习领域取得了惊人进步。尽管这些技术日渐融入人们的生活，但记者、活动家和学者揭示了一些系统在可信度方面的缺陷。例如，支持法官做出预审羁押决定的机器学习模型被报道存在对黑人嫌疑人的偏见。类似地，一个支持大型科技公司进行简历筛选的模型被报道存在对女性的偏见。一个用于计算机辅助胸部X光诊断的机器学习模型，被发现仅关注图像中包含的标记，而非病人的实际解剖细节。机器学习算法应用于汽车自动驾驶中，未覆盖异常条件的训练会引发致命事故；社交媒体平台会在知情的情况下，暗中推广有害内容。总之，尽管每天都会有机器学习算法在某些任务上取得超人类表现的新故事，但这些令人惊叹的结果只在一般情况下存在。要使算法在各种情况下保持高可靠性、安全性、可审计性和透明性，仍然面临重大挑战。因此，越来越多的人希望在这些系统中实现更高的公平性、鲁棒性、可解释性和透明性。

人们说："历史不会重演，但总是惊人的相似。"我们在新时代的技术中已多次看到这种状况。2016年出版的《算法霸权：数学杀伤性武器的威胁与不公》，记录了许多机器学习算法失控的例子。在结论中，作者凯西·奥尼尔(Cathy O'Neil)将自己的工作与进步时代的揭露者相提并论，如阿普顿·辛克莱尔(Upton Sinclair)和艾达·塔尔贝尔(Ida Tarbell)。辛克莱尔1906年的经典之作《丛林》(*The Jungle*)探讨了食品加工工业。该书帮助催生了《联邦肉类检验法》和《纯净食品药物法》的出台，这两项法律共同规定，所有食品必须在干净的环境下制备，并且不能掺假。

在19世纪70年代，亨利·约翰·亨氏(Henry J. Heinz)创立了当今世界上较大的食品公司之一。在那个食品公司使用木纤维和其他填料掺假产品的时代，亨氏开始销售由天然和有机成分制作的辣根酱、腌菜和调味酱。当其他公司使用深色容器时，亨氏选择将这些产品装在透明的玻璃容器中。亨氏公司创新了食品卫生的制作工艺，并成为首家向公众开放工厂参观的公司。公司通过游说使得《纯净食品药物法》得以通过。该法律成为食品标签和防篡改包装法规的前身。这些做法提升了产品的公信力和市场认可度。它们为亨氏带来了竞争优势，同时也推进了行业标准，并造福了社会。

那我们来看看当前状况与历史的相似之处。机器学习的现状如何？应该如何提高其可信度？机器学习在哪些方面与天然成分、卫生制作和防篡改包装相似？机器学习中的透明容器、开放参观和食品标签又分别对应什么？机器学习在造福社会方面又有什么作用？

本书的目的就是回答这些问题，并从一个统一的视角展示可信机器学习。目前有很多从不同角度介绍机器学习的优秀书籍，也开始有一些关于可信机器学习的单一主题优秀教材，如公平性[①]和可解释性[②]。然而据我所知，暂没有独立且自成体系的资源来定义可信机器学习，并带领读者领略其所涉及的不同方面。

如果我是一个在高风险领域工作的高级技术人员，对涉及一些应用数学不感到畏惧，我试图编写一本自己想阅读的书，目标是传授一种构建可信机器学习系统的思维方式，将安全性、开放性和包容性视为核心关注点。我们将建立一个可靠的概念基础，以增强读者的信心，作为深入研究所涉及主题的起点。

> “许多人认为计算机科学家是建筑师，是工程师，但我认为在更深层次上，许多计算机科学家将计算视为思考世界的一种隐喻，这蕴含着共同的智识视角。”
>
> ——苏雷什·文卡塔苏布拉曼尼安(Suresh Venkatasubramanian)，布朗大学计算机科学家

我们将不会在任何一个主题上深入探讨，也不会通过软件代码示例进行学习，而是为如何进行实际开发奠定基础。因此，每个章节都包含一个现实但虚构的场景，而这些来自我多年经验的场景，可能是你已经面临过的或将要面临的。本书以叙述和数学相结合的方式，阐明机器学习日益增长的社会技术性质及其与社会的融合。充分理解书中的内容需要一定的本科数学和初级统计学的知识[③]。

> “如果你想改变世界，你必须学会在不完美的系统中运作。仅依靠破坏很难奏效，它可能只为个人带来方便。而如果你想让系统为更多人服务，就必须从内部去做。”
>
> ——娜迪娅·布利丝(Nadya Bliss)，亚利桑那州立大学计算机科学家

本书的主题与社会正义和激进主义密切相关，但我主要采用亨利·海因茨(开发者)的观点，而不是Upton Sinclair(激进主义者)的观点。这并不意味着忽视或贬低激进主义的重要视角，而是代表笔者乐观地认为可以从内部改革和技术进步来解决问题。此外，本书描述的大部分理论和方法只是解决如何让机器学习值得社会信任的整体难题的一小部分。在社会技术系统中，程序、体制和政策层面的干预也十分重要。

本书源于我长达十年的职业生涯。作为一名学者，我的研究专注于人力资源、医疗保健和可持续发展方面高风险的机器学习应用，也在机器学习和决策理论的公平性、可解释性和安全性等方面做出了技术贡献。

书中汇集了多年来我与大量人员互动交流的想法，反映了我个人的观点。我对所有的错误、遗漏和错误表述承担责任。我也希望这本书能对你的工作和生活有所裨益。

---

① Solon Barocas, Moritz Hardt, Arvind Narayanan. *Fairness and Machine Learning: Limitations and Opportunities*. 2020.

② Christoph Molnar. *Interpretable Machine Learning: A Guide for Making Black Box Models Explainable*. 2019.

③ 有关数学背景的参考书：Marc Peter Deisenroth, A. Aldo Faisal and Cheng Soon Ong. *Mathematics for Machine Learning*. Cambridge University Press, 2020.

目录

第一部分

第二部分

第三部分

第四部分

第六部分

第 一 部 分

第1章

建立信任

人工智能研究的目标是使机器表现出与人类思维相关的特征，如感知、学习、推理、规划和解决问题。在被称为“人工智能”之前，相关的研究已在其他名称下进行，如控制论和自动机研究。人工智能领域通常被认为起源于1956年夏天的达特茅斯人工智能暑期研究项目。从那时起，该领域分为两个阵营：一个关注符号系统、问题解决、心理学、性能和串行架构；另一个关注连续系统、模式识别、神经科学、学习和并行架构①。本书主要关注人工智能的第二个部分，即机器学习。

“机器学习”这一术语由阿瑟·塞缪尔(Arthur Samuel)首次引入。他描述的计算机系统可以下跳棋②，这不是因为系统事先被编程来完成这一任务，而是因为它从过往的游戏经验中学习而得。简言之，机器学习专注于研究算法，这些算法将从观察和交互中获得的数据和信息作为输入，并从中进行归纳，以展现出人类思维的特征。泛化是指将具体的例子抽象成更广泛的概念或决策规则的过程。

机器学习可分为三大类，分别为监督学习、无监督学习和强化学习。在监督学习中，输入数据包括观察和标签，标签表示观察过程中的某种真实结果或者人们对观察的共同反应。在无监督学习中，输入数据仅包括观察。在强化学习中，输入是与现实世界的互动以及通过这些互动累积的奖励，而不是一个固定的数据集。

根据应用场景，机器学习又可分为以下三大类，即信息物理系统、决策科学和数据产品。信息物理系统通过整合计算算法和物理组件构成复杂的工程系统，如手术机器人、自动驾驶汽车和智能电网。决策科学使用机器学习帮助人们做重要决策和制定战略，如预审拘留、医疗治疗和贷款批准。数据产品应用则使用机器学习自动化信息产品，如网络广告投放和媒体推荐。这些应用在人机交互、数据规模、操作和后果的时间尺度和严重程度方面差异很大。可信机器学习在这三类应用中都很重要，尤其在信息物理系统和决策科学的应用中更为突出。在数据产品应用中，可信机器学习有助于构建一个良性运行的非暴力社会。

就在几年前，这些类型的应用还鲜为人知。近年来，由于数据、算法和算力的提升汇聚，机器学习在多个领域中的许多特定任务上取得了卓越的性能(通常超过了人类专家在相同任务上的能力)，从大众想象到进入人们视野。数字化采集的数据呈指数增长，这使得机器

---

① Allen Newell. “Intellectual Issues in the History of Artificial Intelligence.” In: *The Study of Information: Interdisciplinary Messages*. Ed. by Fritz Machlup and Una Mansfield. New York, New York, USA: John Wiley & Sons, 1983: 187-294.

② Arthur Samuel. “Some Studies in Machine Learning Using the Game of Checkers.” In: *IBM Journal of Research and Development* 3.3 (Jul. 1959): 210-229.

学习算法能够获得更多的数据，现已开发出诸如深度神经网络这样的算法，能够从这些数据中进行很好的泛化。图形处理单元和云计算等新型计算模式的出现，使得机器学习算法能从非常大规模的数据集中进行有效学习。

最终的结果是，机器学习已经成为一种通用技术，可以应用于许多不同的领域，实现许多不同的用途。与历史上植物驯化、车轮和电力等其他通用技术类似①，机器学习开始重塑社会的各方面。在全球某些地区，机器学习已经在我们生活的各方面发挥着潜在的作用，包括健康保健、法律秩序、商业娱乐、金融投资、人力资本管理、通信交通以及公益慈善等领域。

尽管人工智能有望重塑不同行业，但目前除电子商务和媒体等特定领域外，这项技术尚未得到广泛采用。与其他通用技术一样，对于现状的改变，需要在基础设施、组织和人才等方面进行大量短期投入②。特别是，许多企业很难从不同来源收集和整理数据。更重要的是，由于算法内部运行不够透明，可靠性难以保证，企业在关键的工作流程中并不信任人工智能和机器学习。例如，一项针对企业决策者的研究发现，仅有21%的人对不同类型的商业分析具有高信任度③，如果采用机器学习技术，该比例可能更低。

> "无论一个决策辅助工多么先进或者'聪明'，如果决策者不信任它，就可能会被拒绝使用，那么它对系统效能的潜在提升就可能被浪费。"
>
> ——邦妮·M·穆尔(Bonnie M. Muir)，多伦多大学心理学家

本书编写于对机器学习充满热情的时期，也正值社会各界反思社会公平的重要时期。许多人声称这是人工智能时代的开端，但也有人则担心即将到来的灾难。这项技术正从学术和工业实验室迈向实际应用，要实现广泛应用，需要跨越可信任的鸿沟。

我不打算捕捉这个时代的全部精髓，而是对机器学习技术进行简明且自我完备的阐释。目标不是让你感到着迷，而是启发你认真思考。本书特别关注提高机器学习系统可信性的机制。在整个过程中，你会发现，并没有一种适用于所有应用和领域的最佳可信机器学习方法。因此，本书旨在培养读者平衡各种因素的思维模式，而不是给你一个明确的处方或遵循的方法。为此，我在1.1节提供了信任的操作性定义，并将其作为构建可信机器学习概念的指南。我倾向于提出基本的概念，而不是具体的工具和技巧。

1.1 定义信任

什么是信任？如何应用到机器学习中？

---

① List of general purpose technologies: domestication of plants, domestication of animals, smelting of ore, wheel, writing, bronze, iron, waterwheel, three-masted sailing ship, printing, steam engine, factory system, railway, iron steamship, internal combustion engine, electricity, motor vehicle, airplane, mass production, computer, lean production, internet, biotechnology, nanotechnology. Richard G. Lipsey, Kenneth I. Carlaw, Clifford T. Bekar. *Economic Transformations*. Oxford, England, UK: Oxford University Press, 2005.

② Brian Bergstein. "This Is Why AI Has Yet to Reshape Most Businesses." In: *MIT Technology Review* (Feb. 2019).

③ Maria Korolov. "Explainable AI: Bringing Trust to Business AI Adoption." In: *CIO* (Sep. 2019).

> “什么是信任？我可以给你一个词典上的定义，但你体会到它时就明白了。当领导者透明、坦诚并恪守诺言时，信任就会产生。就是这么简单。”
>
> ——杰克·韦尔奇(Jack Welch)，通用电气公司前首席执行官

单纯停留在“体会到时就明白”的层面是不够的。信任这个概念在哲学、心理学、社会学、经济学和组织管理等许多不同的领域都有定义和研究。信任是信任方和被信任方之间的关系，即信任方信任被信任方。组织管理中信任的定义对机器学习中信任的定义尤其具有吸引力和相关性，因为在高风险应用中，机器学习系统通常在组织环境中设置使用。信任意味着一方愿意依赖并承担另一方的行为风险，期待其执行对自己至关重要的特定行动，而无须监控或控制对方[①]。这个定义可作为机器学习系统所需特性的基础。

1.1.1 可信与值得信任

在这个定义中，被信任方应具备某些使之值得信任的属性，也就是说，被信任方应可靠地执行对信任方至关重要的行动。被视为值得信任还不意味着会自动获得信任。信任方必须基于被信任方的可信性和其他因素(包括信任方的认知偏差)有意识地决定对被信任方承担风险。可以理解的是，作为边缘化群体的潜在信任方可能不愿意承担过多的风险。无论一个系统多么值得信任，都可能无法得到信任。

> “信任最难处理的地方在于，它难以建立，却容易被破坏。”
>
> ——托马斯·沃森(Thomas J. Watson, Sr.)，IBM第一任首席执行官

此外，即使被信任方的可信性保持不变，信任方对被信任方的期望也会随着时间的推移而演变。随着时间的推移，信任方对被信任方的期望会从个体行为的可预测性，进化到整体可靠性的统计预期，最终形成对未来可靠性的持续信念[②]。可预测性可能源于信任方对被信任方的某种理解(如其动机或决策过程)，或源于被信任方行为的低方差。可靠性的统计预期是概率和统计学中常用的期望概念。

在多数相关文献中，讨论的信任方和被信任方都是人。然而就我们的目的而言，最终用户或其他人是信任方，而机器学习系统是被信任方。虽然具体细节可能有所不同，但值得信任的人和值得信任的机器学习系统之间没有根本区别。但受认知偏差的影响，信任方对于人类被信任方和机器被信任方的最终信任，可能因任务不同而有较大差异[③]。

1.1.2 可信性属性

基于上述对信任和可信性的定义，可以归纳出使一个人值得信任的许多特质，如可用、

---

① Roger C. Mayer, James H. Davis, F. David Schoorman. “An Integrative Model of Organizational Trust.” In: *Academy of Management Review* 20.3 (Jul. 1995): 709-734.

② John K. Rempel, John G. Holmes, Mark P. Zanna. “Trust in Close Relationships.” In: *Journal of Personality and Social Psychology* 49.1 (Jul. 1985): 95-112.

③ Min Kyung Lee. “Understanding Perception of Algorithmic Decisions: Fairness, Trust, and Emotion in Response to Algorithmic Management.” In: *Big Data & Society* 5.1 (Jan.-Jun. 2018).

胜任力、一致性、谨慎、公正、诚信、忠诚、开放、履行诺言以及接纳等[①]。同样，也可以归纳出可信任的信息系统应当具备的几大特性，如正确性、隐私性、可靠性、保障性、安全性和可生存性[②]。2019年，国际机器学习大会(ICML)列举了以下可信机器学习的关键议题，即对抗样本、因果关系、公平性、可解释性、保护隐私的统计和机器学习，以及鲁棒的统计和机器学习。欧盟人工智能高级专家组提出了以下可信AI应具备的属性，即合法、伦理和鲁棒(技术和社会方面)。

这些冗长且不统一的信息让我们大致了解了可信性的特性，但作为指导原则使用还存在困难。然而，我们可以将这些属性提炼出几大可区分的维度，作为可信的组织框架。这些工作汇聚到4个几乎相同的可分属性，如表1.1所示。前三行适用于可信赖的人，后两行适用于可信人工智能系统。重要的是，通过拆分可以发现每种品质在概念上都是不同的，我们可以在彼此独立的情况下考察它们。

表1.1 可信的人和可信人工智能系统的属性

	来　源	属性1	属性2	属性3	属性4
可信的人	Mishra[③]	胜任力	可靠	开放	关心
	Maister et al.[④]	信誉	可靠性	亲密性	低自我导向
	Sucher and Gupta[⑤]	胜任力	使用公平手段实现目标	对所有影响承担责任	有动力为他人利益服务
可信人工智能系统	Toreini et al.[⑥]	能力	正直	可预测性	善意
	Ashoori and Weisz[⑦]	技术胜任力	可靠性	可理解性	个人依赖

1.1.3 将可信属性映射到机器学习

本书的主要内容是在机器学习的背景下解释表1.1中的属性。特别是，我们认为属性1(胜任力)是基本性能，就像机器学习模型的准确性。根据具体问题和应用场景量化的良好效能[⑧]，是机器学习在任何实际任务中的必要条件。

我们认为属性2包括机器学习模型和系统的可靠性、安全性、保密性和公平性。机器学

① Graham Dietz, Deanne N. Den Hartog. "Measuring Trust Inside Organisations." In: *Personnel Review* 35.5 (Sep. 2006): 557-588.

② Fred B. Schneider, ed. *Trust in Cyberspace*. Washington, DC, USA: National Academy Press, 1999.

③ Aneil K. Mishra. "Organizational Responses to Crisis: The Centrality of Trust." In: *Trust in Organizations*. Ed. by Roderick M. Kramer and Thomas Tyler. Newbury Park, California, USA: Sage, 1996, 261-287.

④ David H. Maister, Charles H. Green, Robert M. Galford. *The Trusted Advisor*. New York, USA: Touchstone, 2000.

⑤ Sandra J. Sucher, Shalene Gupta. "The Trust Crisis." In: *Harvard Business Review* (Jul. 2019).

⑥ Ehsan Toreini, Mhairi Aitken, Kovila Coopamootoo, et al. "The Relationship Between Trust in AI and Trustworthy Machine Learning Technologies." In: *Proceedings of the ACM Conference on Fairness, Accountability, and Transparency*. Barcelona, Spain, 2020: 272-283.

⑦ Maryam Ashoori, Justin D. Weisz. "In AI We Trust? Factors That Influence Trustworthiness of AI-Infused DecisionMaking Processes." arXiv: 1912.02675, 2019.

⑧ Kiri L. Wagstaff. "Machine Learning that Matters." In: *Proceedings of the International Conference on Machine Learning*. Edinburgh, Scotland, UK, Jun.-Jul. 2012: 521-528.

习系统需要在不同的操作条件下保持良好和正确的性能。这些不同的条件可能来自世界的自然变化,也可能来自恶意或善意的人诱导引起的变化。

我们认为属性3包括机器学习系统的开放性和人机交互,也包括通过人们对模型、整个机器学习系统流程以及生命周期的通透理解,还包括从人到机器的沟通,以提供个人和社会的愿望和价值观。

我们认为属性4是指机器学习系统的目标与社会需求的一致性。机器学习系统的创建和发展并不独立于其创造者。机器学习发展可能朝着反乌托邦的方向发展,但也可能满足社会需求,服务公共利益,特别是当社会中最弱势的群体有能力使用机器学习实现自己的目标时。

尽管这4个属性在概念上各不相同,但它们之间可能具有复杂的相互关系。在本书后面的部分,特别是在第14章中将再次回到这一点。在第14章中,我们描述了不同属性之间的关系(有些是权衡,有些不是),决策者必须对这些属性进行理解,以决定系统的预期运行方式。

在本书的其余部分,我们使用以下定义描述可信机器学习。一个可信机器学习系统应具备如下条件。

1. 基本性能。
2. 可靠性。
3. 人机交互。
4. 目标一致性。

我们聚焦使机器学习系统真正可信赖,而非其他(可能具有欺骗性)使它们值得信任的方法。

1.2　本书组织结构

本书的组织结构紧密遵循可信机器学习定义中的4个属性。在阐释这些概念时,我意图循序渐进,而非急切跳入后面的具体操作层面的主题。这与创建可信机器学习系统的过程类似,都需要深思熟虑诸如安全性和可靠性等因素,不能贪图速效而走捷径,否则可能达不到目的。

> “放慢速度,让你的系统2掌控全局[①]。”
>
> ——丹尼尔·卡尼曼(Daniel Kahneman),普林斯顿大学行为经济学家
>
> “关注节奏而非速度。”
>
> ——丹尼尔·米哈伊洛夫(Danil Mikhailov),data.org公司执行董事

如图1.1中第一部分的灰框所示,该部分内容讨论了本书的局限性,并介绍几个对理解可信机器学习概念具有重要作用的基础知识。这些内容有助于我们理解实际机器学习系统

① 卡尼曼和特沃斯基描述了大脑形成思想的两种方式,他们称为“系统1”和“系统2”。系统1是快速的、自动的、情绪化的、刻板的和潜意识的。系统2是缓慢的、费力的、逻辑的、计算的和有意识的。当你在开发可信机器学习系统时,请运用思维过程中的“系统2”部分,并且要审慎行事。

开发的生命周期及其不同角色，以及对安全风险进行定量化的方法。

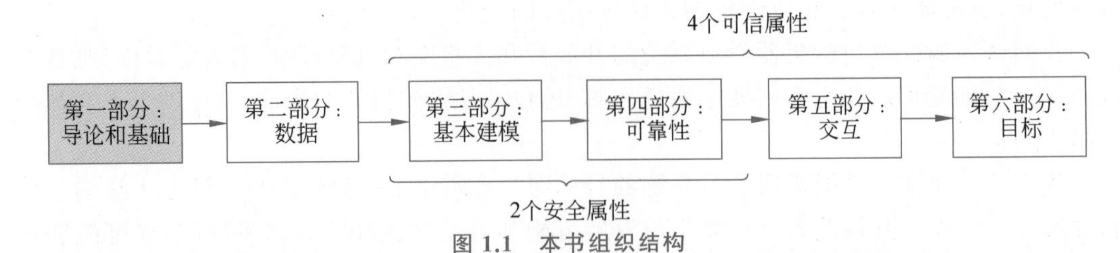

图 1.1 本书组织结构

第一部分重点介绍"可信机器学习"主题，并涵盖一些初级主题。图中从左到右有6个方框：第一部分为导论和基础；第二部分为数据；第三部分为基本建模；第四部分为可靠性；第五部分为交互；第六部分为目标。第一部分被突出显示，第三至第四部分被标记为安全属性，第三至第六部分被标记为可信属性。

第二部分讨论数据，这是进行机器学习的先决条件。该部分不仅简要介绍不同类型的数据和来源，还讨论了与可信机器学习相关的三个主题，即偏差、知情同意和隐私。

第三部分讨论可信机器学习的第1个属性，即基本性能。该部分描述了最优检测理论和不同的有监督机器学习，介绍了几种不同的机器学习算法，如判别分析、朴素贝叶斯、k-最近邻、决策树和森林、逻辑回归、支持向量机和神经网络。该部分最后介绍了因果发现和因果推断的方法。

第四部分讨论可信机器学习的第2个属性，即可靠性。这个属性通过3个具体主题来讨论，即分布偏移、公平性和对抗鲁棒性。对于这些主题的讨论，不仅定义了问题，还提供了识别和缓解这些问题的解决方案。

第五部分讨论可信机器学习的第3个属性，即与机器学习系统的人机交互，包括双向理解系统和给予指令。该部分从模型的可解释性入手，继而讨论测试和审计机器学习算法的方法，这些方法可以通过如事实表的方式进行公开报告，最后讨论了机器引导人们与社会的政策和价值观，从而指导其行为。

第六部分讨论可信机器学习的第4个属性，即机器应符合的社会价值观。该部分首先介绍了不同团体制定的伦理规范，作为他们的机器学习理念。然后讨论了如何将具有多元化生活经验的机器学习系统的创建者纳入其中，以拓展机器学习的价值观、目标和应用场景，从而在某些情况下通过技术实现社会公益。最后展示了信息推荐平台中流行的机器学习范式，以及如何导致过滤气泡和虚假信息，并提出了替代方案。最后一章从可信机构的视角构建了信息平台的框架，它们具有不同于单个可信的人或可信的机器学习系统的属性。

1.3 限制

机器学习是一个研究范围日益广泛的领域，全面描述需要多本书。机器学习中信任的因素现在也变得相当庞大。为了使作者和读者都易于把握，本书在深度和主题覆盖范围上有所限制，部分内容同时适用于简单的数据分析方法和明确编程的决策支持系统，但未单独列出，以保持结构清晰和重点突出。

值得注意的是，尽管可信机器学习是技术和社会交叉的主题，但本书侧重技术方面的定义和方法。虽然作者认识到，从哲学、法律、政治、社会学、心理学和经济学的视角分析，可能比技术视角更有助于理解和影响机器学习在社会中的作用，然而这些主题超出了本书的范围。人机交互视角也与可信机器学习高度相关，在本书多处，特别是第五部分，对这些领域进行了一定的讨论。

在机器学习中，本书重点关注有监督学习，较少涉及无监督学习和强化学习，但也涉及了概率和因果关系的图形表示及其推断。在有监督学习中，主要关注带分类标签的分类问题。而回归、序数回归、排序、异常检测、推荐、生存分析和其他无分类标签的问题并非关注重点。本书对不同分类算法的描述深度有限，主要关注高层概念，不深入算法实现细节和工程技巧。

第二部分简要介绍了几种不同形式和类型的数据，如时间序列、事件流、图表和经解析的自然语言，而后续章节主要关注的是以特征向量表示的数据形式①。结构化的表格数据和图像都可以表示为特征向量，自然语言文本也常转化为特征向量进行表示，以方便进一步分析处理。

机器学习研究的一个重要的持续方向是迁移学习，这是一种范式，在这种范式下，经过适当微调后，之前训练的模型可以迁移至新的场景和任务中。因果模型的一个相关概念是统计可迁移性。尽管如此，除顺带提及外，该主题也超出了本书范围。同样，多视角机器学习和因果数据融合涉及不同特征集的模型构建，本书也没有涉及。此外，在建模之前，数据标注是按顺序而不是批量完成的主动学习范式，本书中也没有讨论。

最后一个技术限制是数学讨论的深度比较有限。例如，没有从测度理论深度介绍概率概念；此外，本书只介绍了优化问题的提出，而不深入讨论进行优化的具体算法②。关于统计学习理论的讨论，如泛化界限，也是有限的。

1.4 立场声明

在计算机科学或工程学著作中，讨论个人经历和背景对其内容的影响非常少见。在社会科学中，这种讨论被称为自反思性声明或立场声明。作者之所以在这里这么做，是因为权利和特权对于机器学习在现实世界里的开发和部署起着关键作用。随着社会正义意识的提高，这种自我反思也越来越受重视。因此，开诚布公地自我介绍很重要，这有助于你评估书中内容是否存在对边缘化个体和群体的潜在偏见。作者将使用本章前面详细介绍的4个可信维度（胜任力、可靠性、交互性和目标）来评估自己。

> “科学目前被认为具有客观性，不受个人或环境影响（这个术语是我从女性主义研究著作中了解到的）。”
>
> ——蒂姆尼特·格布鲁(Timnit Gebru)，谷歌公司研究科学家

在开启可信机器学习系统之旅时，我鼓励你，亲爱的读者，也为自己准备一个立场声明。

1.4.1 胜任力和信誉

作者从麻省理工学院(MIT)获得了电气工程和计算机科学博士学位。作者的博士论文

① “特征”是观察到现象的一个可度量的属性。向量是可以相加且和数字可以相乘的数学对象。

② 数学优化是根据期望的标准从一组可选方案中选择最佳元素的过程。

包括一种新的监督学习方法和一种基于决策理论来量化预测人类决策中存在的种族偏见的模型。自2010年以来,作者一直在IBM研究院沃森研究中心,从事统计信号处理、数据挖掘和机器学习方面的研究。这些研究成果已发表在各种知名的研讨会、正式会议、期刊和杂志上,包括国际机器学习大会(ICML)、神经信息处理系统会议(NeurIPS)、国际学习表征会议(ICLR)、ACM数据挖掘与知识发现会议(KDD)、AAAI/ACM人工智能、伦理和企业峰会(AIES)、机器学习研究杂志(JMLR)、IEEE信号处理论文集、IEEE信息理论汇刊和IEEE学报。在IBM研究部门,作者制定了可信机器学习的主要研究战略,而且作者的大部分工作都集中在机器学习和人工智能的可解释性、安全性、公平性、透明性、价值对齐和社会公益方面。

通过与IBM业务部门、IBM客户以及社会发展组织合作,作者开发了面向实际场景的解决方案,已在高风险的机器学习和数据科学应用中实现部署。作者带领的团队开发了全面的开源工具包和资源,包括公平性、可解释性和不确定性量化方面的AI Fairness 360、AI Explainability 360和Uncertainty Quantification 360,并将它们的一些功能迁移到IBM Watson Studio产品中。作者也曾在各种面向行业的聚会和会议上发表过演讲,如O'Reilly AI大会、开放数据科学大会和IBM Think大会。

作者曾在纽约大学(NYU)担任兼职教师,并曾在康奈尔大学、乔治敦大学、纽约大学、普林斯顿大学、罗格斯大学和锡拉丘兹大学担任客座讲师。2016—2020年,作者每年都参加国际机器学习大会,并且组织了关于“机器学习的人类可解释性”的研讨会,以及其他一些与可信机器学习相关的研讨会和座谈会。作者曾担任2020年ACM公平、问责和透明度会议的实践和经验分会主席,并担任了人工智能安全专家组的成员。

撰写本书时,作者结合了这些过往的经历,以及由这些经历带来的与学生、终身学习者和同事的互动。当然,作者对某些章节的主题了解的深度不如其他章节,但在所有这些主题上,我都有一定程度的理论认知和实践经验。

1.4.2 可靠性和偏见

可靠性源于在不同环境和条件下工作的能力。作者只有一个雇主,这限制了这种能力。尽管如此,通过在IBM研究部门的工作,以及参与DataKind(一家促进数据科学家与社会发展组织合作开展项目的组织)志愿活动,我的应用数据科学工作已经涉及各种营利公司、社会企业和非营利性组织,已应用于人力资源、劳动力分析、卫生系统和政策、临床医疗保健、人道主义救援、国际发展、金融普惠和公益决策等领域的问题解决。此外,作者的研究成果不仅在机器学习研究领域得到了传播,还在统计学、运筹学、信号处理、信息论和信息系统领域,以及之前提到的面向行业的场合得到了传播。

更重要的是,在可信机器学习方面,作者想提一下个人的特权与偏见。作者出生在20世纪80年代末90年代初,成长于以白人中上阶层为主的锡拉丘兹郊区,这个中型城市位于纽约州北部,是奥农达加人的传统聚居地,也是美国种族隔离最严重的地区之一。作者还曾在以下一些地方居住过至少三个月的时间,包括纽约州的伊萨卡、埃尔姆斯福德、奥辛宁和查帕夸、马萨诸塞州的伯灵顿和剑桥、加州的利弗莫尔、印度北部的卢迪亚纳、新德里和阿里格尔、菲律宾的马尼拉、法国的巴黎,以及肯尼亚的内罗毕。作者是南亚裔的二代美国移民,我的曾曾祖父是1905年第一个在麻省理工学院学习的印度人。作者父亲和他的父母曾经勉强度日，尽管他们可以借助先锋种姓群体的社会资本。作者的双胞胎兄弟、父亲和两位祖父都是或曾是电气工程教授。作者的母亲是一名公立学校教师。作者在优质的公立学校接受了小学和中学教育，并在常春藤联盟大学接受了本科教育。我的雇主 IBM 是一家强大而有影响力的公司。因此，作者非常荣幸地了解通往学术和职业成功的道路，并拥有一个有利的社交网络。然而，在过往的经历中，作者一直都是一个政治力量有限的少数族裔群体的成员。我对困境有一定的了解，但这些经历都不是作者亲身经历的，如果想离开，我有这个机会。

1.4.3　互动

在开始写作前几章时，作者保持了一定的内容透明度。在 2020 年初，任何人都可以在 Overleaf 上查看。在与曼宁出版社（Manning Publications）签订图书合同后，作者每写完一章后都会将它们发布到曼宁早期访问项目（Manning Early Access Program）中，读者可以在曼宁在线图书讨论论坛与我互动。2021 年 9 月，在与出版商分道扬镳后，作者将正在撰写中的书稿章节发布到“可信机器学习”网站上。在整个起草过程中，作者通过邮件（krvarshn@us.ibm.com）、Twitter 私信（@krvarshney）、电话（+1-914-945-1628）和线下会议收到了各方的有益反馈。当我在 2021 年 12 月底完成 0.9 版时，又将其发布在该网站上。2022 年 1 月 28 日，作者召集了 5 位拥有与他不同生活经历的人，针对 0.9 版本内容，以多元的视角提出各自的观点[①]，修订后的版本会继续免费在该网站中发布。

1.4.4　动机和价值观

作者创作本书的动机始于家庭价值观。之前提到过的曾曾祖父曾带着从麻省理工学院学到的工业级玻璃制造知识，在印度建立了一家服务当地自治的工厂，并培训当地工人，产生了社会影响。作者的一位祖父运用系统和控制理论知识解决农业问题，并以非技术方式推动印度的社会正义事业。作者的另一位祖父加入了联合国教科文组织，在发展中国家伊拉克和泰国建立了工程学院。作者的母亲在一个市区特殊项目中任科学教师，该项目服务在普通中学和高中被发现携带武器的学生。

同样，与家庭价值观、外部伦理（yama）[②]和内部伦理（niyama）[③]相一致，作者的个人动机是推动当前最具社会影响力的技术——机器学习，在减轻其潜在危害的同时，将其应用于提升人类福祉，并且通过培养他人的能力来实现这一目标。2015—2016 年，我创立了 IBM 面向社会公益的科学研究项目，并将其向这些目标引导。

作者写这本书的原因有很多。首先，虽然本书涉及的许多主题，如公平性、可解释性、鲁

---

① Lassana Magassa, Meg Young, Batya Friedman. “Diverse Voices: A How-To Guide for Facilitating Inclusiveness in Tech Policy.” Tech Policy Lab, University of Washington, 2017. 为了确保客观性，提供公正意见的小组成员包括马沙尔・阿尔扎伊德（Mashael Alzaid）、肯尼亚・安德鲁斯（Kenya Andrews）、诺亚・查塞克-马克福（Noah Chasek-Macfoy）、斯科特・范彻尔（Scott Fancher）和蒂莫西・奥东加（Timothy Odonga）。作为多元化视角方法的核心成员，我给他们提供了酬金，但有些人拒绝了。这些资金来自我 2022 年 1 月参加由数据营养项目召集的人工智能文档峰会所得。

② 第一个遵循规范的清单是关于“*yamas*”的，其中包括 *ahiṃsā*（不伤害）、*satya*（仁爱和真实）、*asteya*（责任和不盗窃）、*brahmacarya*（能量的良好指引）和 *aparigraha*（简朴和慷慨）。

③ 第二个遵循规范的清单是关于“*niyamas*”的，其中包括 *śauca*（清晰和纯洁）、*santosa*（满足）、*tapas*（为他人牺牲）、*svādhyayā*（自我学习）和 *īsvarapranidh*āna（谦逊和服务于更大的事业）。

棒性和透明性，经常被一并提及，但没有一个来源能将它们统一成一个连贯的线索。有了这本书，技术人员、开发者和研究人员将有一个可以学习的资源。其次，作者觉得在工业实践中，深度学习的成功导致工程师们过于关注提高准确性，而忽视了对概念本身的理解，也较少考虑准确性外的其他因素，如可信性的其他 3 个属性。本书旨在为希望建立概念理解的实践者填补这一空白，尤其是那些在高风险应用领域工作的人(Cai 和 Guo 发现，许多软件工程师在本质上渴望在理解和应用机器学习的概念基础方面得到指导[①])。对超出预测准确性的考虑不能是事后想法，而必须从任何新项目开始时就成为计划的一部分。最后，作者希望赋予那些有共同价值观和道德观的人力量，追求一个技术帮助社会繁荣，社会促进技术发展的良性循环的未来。

1.5 总结

- 机器学习系统正在深刻影响着我们日常生活中的关键决策，然而，社会对其持有的信任度不高。
- 信任可分为 4 个主要属性，即基本性能、可靠性、人机交互和目标一致性。
- 本书的结构与上述提到的信任的 4 个属性相呼应。
- 尽管本书受到某些限制，但我们努力提供一套原则和理论，旨在不仅使机器学习系统更为可信，还能将这些算法和非算法的策略付诸实践。
- 读完本书后，当你构建和开发机器学习解决方案时，将更自然地将可信度因素融入整个解决方案的生命周期中。

① Carrie J. Cai, Philip J. Guo. "Software Developers Learning Machine Learning: Motivations, Hurdles, and Desires." In: *Proceedings of the IEEE Symposium on Visual Languages and Human-Centric Computing*. Memphis, Tennessee, USA, Oct. 2019: 25-34.

第2章

机器学习生命周期

假设你是 m-Udhār 太阳能公司(虚构)创新团队的项目经理。这家公司专为贫困农村提供按需付费的太阳能服务。目前,由于申请量日益增长,公司正面临挑战。为应对这一挑战,公司计划将太阳能电池板的安装业务从几个试点村庄扩展到整个州,但要达到这一目标,公司必须在不增加信贷员数量的前提下,每天处理比以前多25倍的贷款申请。此时,你认为机器学习可能是一个解决方案。

这真的是一个适合机器学习解决的问题吗?该如何启动这个项目?执行过程中需要遵循哪些步骤?哪些团队成员需要参与其中?需要哪些利益相关者的支持?更重要的是,为了确保系统的可信性,这些你应该采取哪些措施?确保机器学习系统的可信性,这些应该是事后考虑或附加项,而应该从项目开始时就纳入考虑范围。

机器学习端到端的开发过程或生命周期,包括如下几个阶段。

1. 问题描述。
2. 数据理解。
3. 数据准备。
4. 建模。
5. 评估。
6. 部署和监测。

在狭义的定义中,机器学习领域仅包括建模阶段,而其他阶段则被视为数据科学和工程领域更广泛的范畴。实际上,大部分关于机器学习的书籍和研究都主要关注建模阶段。但若只关注这一阶段,而忽视整个生命周期的其他部分,那么就无法真正成功地开发和部署一个可信机器学习系统,这里不存在捷径。本章将对此进行概述。

2.1 机器学习生命周期的心智模型

机器学习生命周期的6个步骤,如图2.1所示,是基于跨行业数据挖掘标准流程(CRISP-DM)的方法。这为我们在开发和部署机器学习系统时提供了一个核心的心智模型。尽管这些阶段主要是按顺序进行的,但在某些时候,可以返回到先前的阶段。需要注意的是,这只是一个简化的表示方式。在实际应用中,生命周期可能会更加复杂,但此模型中的核心思想依然适用。

由于建模阶段通常被高度重视,人们在制订项目计划时常会用洋葱进行类比:从核心的建模阶段开始,逐步延伸到数据理解、数据准备和评估阶段,然后进一步延伸到问题描述、

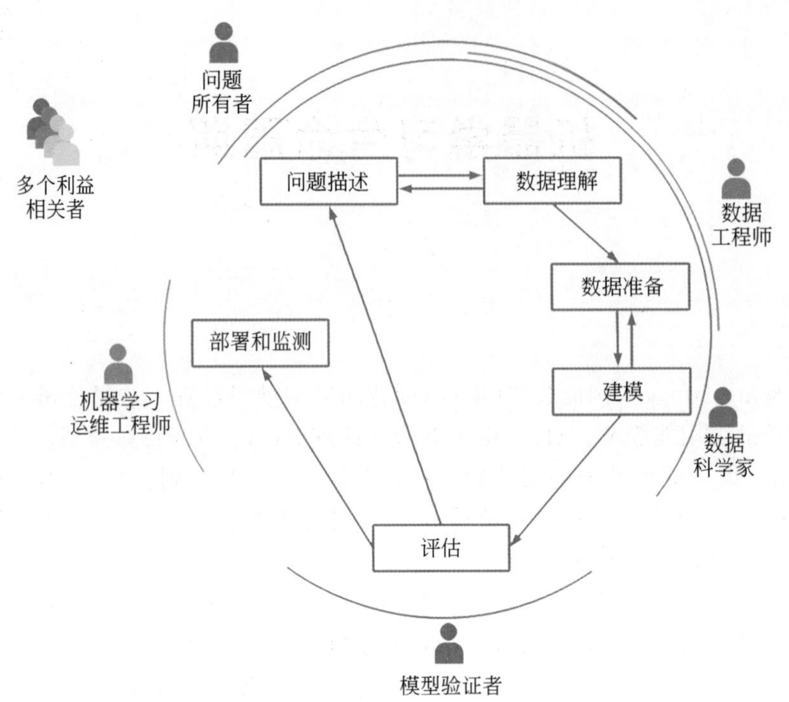

图 2.1 CRISP-DM 中的机器学习生命周期的 6 个步骤

其中,各个阶段由不同角色参与。这 6 个阶段构成一个环：①问题描述；②数据理解；③数据准备；④建模；⑤评估；⑥部署和监测。回溯路径有：从数据理解到问题描述；从建模到数据准备；从评估到问题描述。5 个角色与不同的阶段相关：问题所有者参与阶段 1～2；数据工程师参与阶段 2～3；数据科学家参与阶段 1～4；模型验证者参与阶段 5；机器学习运维工程师参与阶段 6。多个利益相关者监督所有阶段。

部署和监测阶段。例如,在通信系统中,这种类比在教学和技术开发方面都非常有效[①]。然而,对于可信机器学习系统来说,更适合的方式是从理解用例和明确问题开始,按照顺序依次进行。

> "人们参与人工智能生命周期的每个阶段,决定着解决哪个问题,使用哪些数据,优化哪些方面等。"
>
> ——詹恩·沃特曼·沃恩(Jenn Wortman Vaughan),微软研究员

不同阶段由不同角色完成,包括问题所有者、数据工程师、数据科学家、模型验证者和机器学习运维工程师。其中,问题所有者主要参与问题描述和数据理解,数据工程师负责数据理解和数据准备,数据科学家通常参与前 4 个阶段。模型验证者负责模型评估,机器学习运维工程师则负责部署和监测。

在可信背景下,还有一些其他重要角色,他们是系统的潜在信任方：受机器学习模型支持的人类决策者(m-Udhār 信贷员)、受决策影响的相关方(农村申请人,他们可能是边缘化群体的成员)、监管者和政策制定者以及普通公众。每个利益相关者都有不同的需求、关注

① C. Richard Johnson, Jr. William A. Sethares. *Telecommunication Breakdown: Concepts of Communication Transmitted via Software-Defined Radio*. Upper Saddle River, New Jersey, USA: Prentice Hall, 2003.

点、期望和价值观。要使系统可信，必须满足各方需求并与其价值观一致，才能被认为是可信的。多个利益相关者的参与至关重要，并且他们不能与技术设计和开发相脱离，记录并透明地报告生命周期的各个阶段，有助于在利益相关者之间建立信任。

2.2 问题描述

开发机器学习系统的第一步是定义问题。问题所有者希望达成什么目标，出于什么原因？m-Udhār 太阳能公司总监希望自动化实现一项对人们来说烦琐且代价昂贵的任务。在其他情况下，问题所有者可能希望增强人类决策者的能力，以提高他们的决策质量或实现一些其他目标。在某些情况下，问题就不应该解决，因为其解决方案可能会产生或加剧社会危害，或违反道德规范[①]。危害是指对个人生活和生产造成严重不良影响的结果，第3章将对危害的定义进行更精确的阐述。我们必须牢记：不要试图解决可能对某些人群造成危害的问题。

> "我们都有责任问自己，不仅是'我们能这样做吗？'，还有'我们应该这样做吗？'"
>
> ——凯茜·巴克斯特(Kathy Baxter)，Salesforce 的 AI 伦理实践架构师

问题的识别和理解最好通过问题所有者和数据科学家之间的对话完成，因为问题所有者可能无法想象通过机器学习可能实现的事情，而数据科学家则对问题所有者面临的痛点缺乏直观理解。问题所有者还应邀请边缘群体的代表参与问题探讨，倾听他们的需求[②]。问题识别无疑是整个生命周期中最重要、最困难的事情，包容性的设计过程至关重要。解决问题实际上并不那么难，但发现真问题可能非常困难。如果要解决问题，最好选择那些有利于人类福祉的问题，如帮助乡村居民改善生活。

一旦问题所有者确定了一个值得解决的问题，那么其就需要明确问题成功解决的度量标准。作为一家社会企业，m-Udhār 太阳能公司的度量标准是在可接受的违约风险范围内，为多少家庭提供服务。通常这些度量标准应该用与实际应用场景相关的术语进行表示，如挽救的生命、节省的时间或避免的成本[③]。接着，数据科学家和问题所有者将问题和评估指标从实际场景映射到机器学习任务上。其规范应尽可能清晰，包括要测量的数量和它们的可接受值。

目标不仅可以指定为传统的关键绩效指标，还可以包括在不同条件下维持性能，对不同群体和个人的结果公平性，对威胁的弹性，或为用户提供建议的数量等。此外，定义公平性和指定威胁模型也是这项工作的一部分。例如，m-Udhār 的目标是不因种姓或信仰而区别对待。同样，这些现实世界的目标必须通过问题所有者、多元参与者和数据科学家之间的对

---

① Andrew D. Selbst, Danah Boyd, Sorelle A. Friedler, et al. "Fairness and Abstraction in Sociotechnical Systems." In: *Proceedings of the ACM Conference on Fairness, Accountability, and Transparency*. Barcelona, Spain, Jan. 2020, 59-68.

② Meg Young, Lassana Magassa, Batya Friedman. "Toward Inclusive Tech Policy Design: A Method for Underrepresented Voices to Strengthen Tech Policy Documents." In: *Ethics and Information Technology* 21.2 (Jun. 2019): 89-103. 参与的多个利益相关者，特别是来自边缘群体的成员，应得到经济补偿。

③ Kiri L. Wagstaff. "Machine Learning that Matters." In: *Proceedings of the International Conference on Machine Learning*. Edinburgh, Scotland, UK, Jun.-Jul. 2012: 521-528.

话来明确。引导目标这一过程被称为价值对齐。

确定问题边界需要考虑的关键因素是资源可用性，既包括计算资源，也包括人力资源。例如，一个大型的国家或跨国银行会拥有比 m-Udhār 太阳能公司更为丰富的资源，而顶级的大型科技公司则拥有最为充足的资源。问题是否可以得到合理解决，往往依赖多种资源，如开发团队的技术水平、用于模型训练和新样本评估的计算资源，以及相关数据的规模。

机器学习并非解决所有问题的灵丹妙药。即使某问题有意义，其也未必是最佳解决方案。通常在进入后续阶段前，可以通过粗略估算判断机器学习是否可行。机器学习不可行最常见的原因是没有适当的数据，这将引出下一阶段，即数据理解阶段。

2.3 数据理解

一旦问题被识别和明确，就要开始收集相关数据集。如果现实问题是自动化实现现有决策过程，那么确定相关数据集就相对容易。m-Udhār 公司的数据集包括信贷员在过去用于做决策的属性和其他输入，以及他们的决策。在监督学习任务中，输入即特征，历史决策数据则作为标签，即使是信贷员未使用过的数据，也可为机器学习系统所用。所谓“大数据”的一个优势就是包含大量属性，这些属性与标签的相关性较弱，这会让人们感到不知所措，但对机器不是问题。为了使机器学习系统决策优于人类，理想的标签应为真实结果，而非决策本身，如理想的标签是申请人未来是否违约，而不是批准决策。

机器学习也可以应用到没有明确历史数据的新应用场景中。在这种情况下，必须识别代理数据。例如，一个健康管理系统希望主动为身体不适的个人提供家庭护理服务，但缺乏可直接支持该项服务的数据。这时可以使用患者之前与医疗系统的互动数据作为代理数据。而在其他情况下，可能需要收集新的数据。此外，还存在相关数据既不存在，也无法收集的情况，需要特殊处理。

一旦数据集被确定和收集完成，数据科学家和数据工程师需要通过咨询问题所有者、其他领域专家以及查阅数据字典(描述特征的文档，如果有的话)等方式了解各种特征及其值的语义，并进行探索性的数据分析和可视化。这可以帮助发现数据中的问题，如泄露(在已部署系统中，新样本的特征没有可预测标签的信息)，以及各种形式的偏差。一种重要的偏差形式是社会偏差，即标签代理并不能很好地反映感兴趣的真实标签。例如，由于经济差异的原因，相同健康水平下有些人看医生的次数会比其他人多，因此过去就医次数可能并不是一个好的衡量一个人生病严重程度的代理。类似的社会偏差源于偏见，人类历史决策的标签在不同群体之间存在系统性差异。还有一些重要偏差，如数据集低估了某些输入并高估了其他输入的总体偏差，以及与数据收集时间跨度相关的时间偏差。

在数据理解阶段，开发团队还需要考虑数据使用问题。即使某些特征可用(甚至可能提高模型性能)，也并不意味着就应当使用它们。由于不符合道德或未经许可，法律会禁止使用某些特征。例如，m-Udhār 公司可能已经收集了申请人的姓氏，该特征能反映申请人的种姓和宗教信仰，甚至可能提高模型性能，但使用此特征不道德。此外，其他特征的使用可能会带来隐私风险。数据相关问题将在本书第二部分详细讨论。

2.4　数据准备

机器学习生命周期中的数据准备阶段由数据整合、数据清洗和特征工程三部分构成。本阶段的最终目标是构建一个用于模型训练的最终训练数据集。从数据理解阶段获得的洞察开始，数据整合首先从不同的相关数据库和其他数据源中提取、转换并加载数据，然后将不同来源的数据整合为一个格式友好的单一数据集，以便进行后续建模。在处理庞大的数据源时，这个阶段是最具挑战性的。

数据清洗也是基于前一阶段的数据理解，其中的关键组成部分如下。

- 填补缺失值(称为插补)或丢弃。
- 对连续特征值进行离散化，以处理异常值。
- 对离散化的特征值分组或重新编码，以处理稀缺值或合并语义相似值。
- 删除会导致泄露或因法律、道德或隐私等不应使用的特征。

特征工程是通过对原始特征进行数学变换来生成新特征，包括通过多个原始特征之间的相互作用。除最初的问题描述外，特征工程是整个生命周期中最需要数据科学家发挥创造力的环节。在数据清洗和特征工程中，数据工程师和数据科学家要做出许多并没有对错答案的选择。m-Udhār 公司的数据工程师和数据科学家是否应该将家庭拥有摩托车数量大于 0 的数据归为一类？如何对申请人的职业进行编码？数据工程师和数据科学家应当回顾项目目标，持续咨询相关领域专家和不同观点的利益相关方，以做出合适的选择。在存在分歧时，应努力确保结果安全可靠，并符合已确定的价值观。

2.5　建模

在进入建模阶段前，需要明确问题描述(包括度量成功的标准)和确保有一个固定且干净的训练数据集。可信机器学习的心智模型的建模阶段主要分为如下三部分。

1. 对训练数据进行预处理。
2. 利用机器学习算法对模型进行训练。
3. 对模型的预测输出进行后处理。

这一基本思想如图 2.2 所示。本书后续内容将深入探讨这些步骤的详细内容，在这里先提供一个概述。

与数据准备不同，数据预处理旨在改变数据集的统计特性或属性以实现特定目标。域适应旨在解决环境变化(包括时间偏差)导致的数据鲁棒性不足的问题，预处理中的偏差缓解通过改变数据集克服社会偏差和总体偏差，数据清洗用于消除恶意数据投毒的痕迹，解耦表示旨在解决特征缺乏可解释性的问题。所有这些操作都应根据问题描述进行。

建模阶段的主要任务是使用一种算法，找到训练数据集中的模式，并从中拟合出一个模型，这个模型可以较好地对未见数据进行标签预测("预测"一词并不一定意味着预测未来，也可以指为未知值提供猜测)。对模型进行拟合有许多不同的算法，每种算法都有不同的归纳偏差，或者用于对模型泛化的一组假设。许多机器学习算法在生命周期中的问题描述阶段，就明确会对目标函数进行最小化。还有一些算法会对指定目标的近似值进行最小化，以

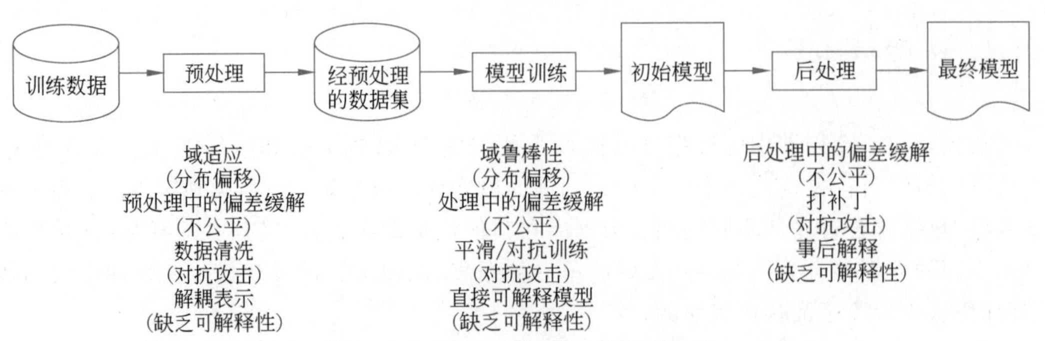

图 2.2 可信机器学习建模的主要环节

通过列举的各种技术,可以缓解分布偏移、不公平、对抗攻击和缺乏可解释性等问题。本书的后续章节将详细解读这些技术方法。这一框图展示了训练数据首先进入预处理模块,得到经过预处理的数据集,接着将该数据集输入模型训练模块,得到初始模型,最后将初始模型输入后处理模块中,输出最终模型。预处理示例包括:域适应(针对分布偏移);预处理中的偏差缓解(针对不公平);数据清洗(针对对抗攻击);解耦表示(针对缺乏可解释性)。模型训练示例包括:域鲁棒性(针对分布偏移);处理中的偏差缓解(针对不公平);平滑/对抗训练(针对对抗攻击);直接可解释模型(针对缺乏可解释性)。后处理示例包括:后处理中的偏差缓解(针对不公平);打补丁(针对对抗攻击);事后解释(针对缺乏可解释性)。

便更容易进行数学优化,这种常见的机器学习方法被称为风险最小化。

在机器学习中,“没有免费午餐”定理指出:不存在一种对所有问题和数据集均表现最优的机器学习算法[①]。最佳算法取决于数据集的特性。数据科学家会尝试多种方法,并调整其参数,以观察哪种方法在实际操作中效果最好。实证比较的方式是通过将数据集随机划分为训练集和验证集,使用训练集拟合模型,而使用验证集评估模型。这种划分和验证可进行一次或多次。若进行多次,则此过程称为交叉验证。它是一种高效的方法,能够表征结果的稳定性。对于样本数量较少的数据集,推荐采用交叉验证。

机器学习算法可以通过多种方式改进,以满足问题描述中的附加目标和约束条件。例如,增加不同操作条件下可靠性的方法称为域鲁棒性。减少不必要偏差的机器学习算法被称为处理中的偏差缓解。用于防御数据投毒攻击的方法称为平滑方法,而对抗性攻击(如逃逸攻击)的防御方法称为对抗训练。有些机器学习方法生成的模型结构较为简单,易于解释和理解。值得强调的是,所有这些优化措施都应根据具体的问题描述来决定。

后处理步骤可能会修改样本的预测标签或计算伴随预测标签的附加信息。后处理方法可分为两类,即开盒和闭盒。开盒意味着利用模型内部的信息,如其参数或参数的函数。闭盒则指只能查看由特定输入而生成的输出预测。在可能的情况下,开盒方法更为理想,尤其当模型的训练和后处理紧密集成时。但在某些情况下,由于逻辑或安全考量,后处理步骤(也称为事后步骤)需要与模型相互分离,此时应使用闭盒方法。为实现问题所有者的目标,我们应当审慎地采用提高可靠性、减少不良偏差、防御对抗攻击以及增强解释性的后处理技术。例如,为 m-Udhār 公司的信贷员提供决策的解释就非常重要,这样他们能更好地与申请人沟通。

在某些应用场景中,因果建模是必需的,即从训练数据中挖掘真正的因果关系,而不仅是相关模式。在这类问题中,对输入的干预旨在改变输出结果,例如,在指导员工成功时,仅

① David H. Wolpert. “The Lack of A Priori Distinctions Between Learning Algorithms.” In: *Neural Computation* 8.7 (Oct. 1996): 1341-1390.

知道加班可能与晋升有关是不够的。有利的建议应能体现真正的因果关系，如果员工确实开始加班，那么他们可以期待得到晋升。高质量的工作和加班之间可能有共同的原因，如责任心。但只有高质量的工作才会带来晋升，而单纯的长时间工作可能不会，因果建模可以揭示这一关系。

2.6 评估

当 m-Udhār 公司的数据科学家构建并测试了一个模型，并且认为此模型是最能满足问题所有者需求的，他们会将其交付给模型验证者。模型验证者将对这个模型进行更深入的独立测试和评估，通常采用一个与训练数据集毫不相干的、完全独立的验证数据集，这个数据集对数据科学家是不可见的。为了对模型的安全性和可靠性进行压力测试，模型验证者会在不同条件下收集数据、模拟小概率事件的数据，然后评估模型的性能。

模型验证者这一角色是模型风险管理的一部分。所谓模型风险，是指由统计或机器学习模型支持的决策产生严重后果的概率。这些问题可能源于模型开发过程的早期阶段：从不准确的问题描述，到数据质量问题，再到机器学习算法中的缺陷。即使在生命周期的后期，一旦发现某个问题，团队也可能需要重新开始。只有当模型验证者确认并批准了模型，它才会被正式部署。尽管在机器学习领域，这样的"批准"机制还未广泛被接受，但这可以被看作一种合规性声明。这种声明在许多行业和领域都是常见的，主要用于验证产品的功能性和安全性。

2.7 部署和监测

太阳能电池板已被装载到卡车上，而电工们正在等待那些预约安装的家庭信息。机器学习系统的生产部署这一长期过程的最后一步终于到来！此时，机器学习运维工程师将扮演核心角色。即使是一个已经得到验证的模型，还有许多问题需要解决，例如，哪些基础设施将为模型提供新的数据？预测是批量处理还是逐一进行？可以接受的延迟时长是多少？用户和系统又该如何互动？工程师需要与多个利益相关者合作来解答这些问题，进而构建出满足需求的基础设施，并最终完成模型的部署。

为了确保模型可信且其按照预期运行，机器学习运维工程师还需部署工具来监控模型的表现。如前文所述，表现不仅指传统的核心性能指标，而应包括问题描述中所有与成功相关的指标。如果输入数据在统计特性上与训练数据出现偏差，模型的表现可能会随时间变化而降低。如果监测到这种性能下降或数据偏移，监测系统应当及时通知开发团队和其他相关人员。关于模型可信性的 4 个属性(基本性能、可靠性、人机交互和目标一致性)将贯穿整个机器学习的生命周期，并在开发、部署和监测等各阶段都进行考虑。现在，m-Udhār 太阳能公司已经部署了其自动化的贷款授信系统，不仅能为本州的申请者提供服务，还可以扩展服务至邻近的州。

2.8 总结

- 机器学习生命周期主要包括 6 个连续的阶段：①问题描述；②数据理解；③数据准备；④建模；⑤评估；⑥部署和监测，这些阶段由不同角色的人员负责执行。
- 建模阶段可以进一步分为三部分：①预处理；②模型训练；③后处理。
- 要运行一个机器学习系统，从设定其问题描述开始，就需要针对可信性的多个属性进行详细规划。除基本性能外，其他因素不应在最后阶段才考虑，而应当在整个过程的每一步中考虑，结合各种利益相关者的建议共同制定，包括那些来自边缘化群体的受影响用户。

第3章

安 全 性

假设你是一家名为 ThriveGuild(虚构)的点对点(P2P)借贷公司的数据科学家,目前你正在开展关于借款人的评估和批准系统的工作,并处于机器学习生命周期的问题描述阶段。问题所有者、各个利益相关方以及你都希望该系统是可信和安全的,且不会对人们造成伤害。但在机器学习系统的语境下,何为伤害?何为安全?

"安全性"这个概念可以根据具体领域进行定义,例如,安全的玩具不应含有铅或可能引起窒息的小部件,安全的社区应当暴力犯罪率低,安全的道路曲率有一个最大阈值,但这些例子对于定义机器学习中的"安全性"概念并不直接适用。那么,是否有一个更通用的"安全性"定义,能够适用于机器学习领域呢?答案是有的,这可以基于如下 3 个关键要点来理解:①伤害;②偶然不确定性和风险;③认知不确定性[①]。(这些术语将在 3.1 节中定义。)

本章旨在引导你如何在问题描述阶段从安全性角度着手处理可信机器学习系统。更具体地说,通过将安全性定义为最小化的两种不同类型的不确定性,你可以与问题所有者合作,明确安全的要求和目标,并在生命周期的后续阶段努力达成这些目标[②]。本章涵盖以下内容。

- 从更基本的概念出发,构建适用于机器学习的安全概念,如伤害、偶然不确定性和认知不确定性。
- 解释如何区分两种不同类型的不确定性,以及如何使用概率论和可能性理论量化这些不确定性。
- 使用不确定性的综合统计指标明确问题要求。
- 讨论如何根据新信息更新概率。
- 应用不确定性的理论,深入了解属性之间的关系,以及哪些属性是相互独立的。

3.1 理解安全性

安全性涉及减少与伤害相关的偶然不确定性(或风险)和认知不确定性。首先,我们来讨论"伤害"。所有系统,包括你为 ThriveGuild 公司开发的那个贷款系统,都会根据其内部状态和接收到的输入产生特定的输出。在这个例子中,输入是申请人的信息,而输出是批准

---

① Niklas Möller, Sven Ove Hansson. "Principles of Engineering Safety: Risk and Uncertainty Reduction." In: *Reliability Engineering and System Safety* 93.6 (Jun. 2008): 798-805.

② Kush R. Varshney, Homa Alemzadeh. "On the Safety of Machine Learning: Cyber-Physical Systems, Decision Sciences, and Data Products." In: *Big Data* 5.3 (Sep. 2017): 246-255.

或拒绝贷款的决定。从 ThriveGuild 公司的角度看(如果我们真正坦诚地从申请人的角度出发),期望的输出是批准能够偿还贷款的申请人,而拒绝不能偿还贷款的申请人,反之则不是期望的输出。与此输出相关的成本可能是金钱或其他形式。如果这些成本超出某一预定阈值,那么非预期的输出就会被视为一种“伤害”。然而,轻微的非预期输出,如收到不合适的电影推荐,就不被视为伤害。

正如伤害被定义为超过某阈值的非预期输出的代价一样,信任也只在超过某个阈值的情况下被建立[①]。回忆第 1 章的内容,信任的形成需要信任方对被信任方产生某种脆弱性,而如果风险很小,信任方就不会觉得自己处于脆弱的位置。因此,涉及安全性的关键应用不仅是可信机器学习系统中最相关、最关键的领域,也是信任得以形成的领域。

接下来,从总体的角度深入探讨偶然不确定性和认知不确定性[②]。不确定性描述了在当前的知识状态下某些事物仍然未知的状况,例如,ThriveGuild 公司不确定某位借款人是否会违约。所有的机器学习应用中都存在某种形式的不确定性,而这种不确定性主要分为两类,即偶然不确定性和认知不确定性。

偶然不确定性,亦称为统计不确定性,指的是结果中固有的随机性,这种随机性是无法进一步减少的。偶然不确定性源于“掷骰子”的随机性,常用来描述如投掷硬币、骰子、热噪声以及量子力学效应等现象。例如,ThriveGuild 的贷款申请人未来可能遭遇的意外,比如他们的房屋屋顶被冰雹损坏,就可能受到偶然不确定性的影响,而所谓的风险是在这种偶然不确定性下的期望结果。

认知不确定性(也被称为系统不确定性)涉及那些在理论上可以得知但实际上尚未得知的信息。一旦获得了这些信息,认知不确定性便会减少。例如,通过进行工作核实,ThriveGuild 公司可以减少关于申请人贷款信用的认知不确定性。

> “不知道互斥事件的概率,与知道它们概率相等,是两种完全不同的知识状态。”
>
> ——罗纳德·A·费希尔(Ronald A. Fisher),统计学家和遗传学家

偶然不确定性是固有的,而认知不确定性是观察者所特有的。所有观察者的不确定性都是相同的吗？如果是,那么这就是偶然不确定性。如果某些观察者的不确定性更高,而其他观察者的不确定性更低,那么这涉及的就是认知不确定性。

这两种不确定性的量化方法是不同的:偶然不确定性用概率表示,而认知不确定性用可能性表示。你可能已经熟悉了概率论,但可能性理论对你来说可能还是陌生,在 3.2 节中将深入探讨其细节。再次强调安全性的定义,安全性是指降低预期伤害的概率和非预期伤害的可能性。可信机器学习的问题描述应包含这两方面,而不仅是前者。

降低偶然不确定性与可信性的第一个属性(基本性能)相关,而降低认知不确定性与可信性的第二个属性(可靠性)相关。表 3.1 总结了这两种不确定性的特性。在开发机器学习

① Alon Jacovi, Ana Marasović, Tim Miller, et al. “Formalizing Trust in Artificial Intelligence: Prerequisites, Causes and Goals of Human Trust in AI.” In: *Proceedings of the ACM Conference on Fairness, Accountability, and Transparency*. Mar. 2021: 624-635.

② Eyke Hüllermeier, Willem Waegeman. “Aleatoric and Epistemic Uncertainty in Machine Learning: An Introduction to Concepts and Methods.” In: *Machine Learning* 110.3 (Mar. 2021): 457-506.

模型时，请不要只关注偶然不确定性，也要关注认知不确定性。

表 3.1 两种不确定性的特性

类型	定义	源头	量化	可信度属性
偶然不确定性	随机性	固有的	概率	基本性能
认知不确定性	知识缺乏	观察者依赖	可能性	可靠性

3.2 用不同类型的不确定性量化安全性

在机器学习生命周期的问题描述阶段，你的目标是与 ThriveGuild 公司的负责人合作，为即将开发的系统设置定量要求。然后，在生命周期的后期，你可以构建满足这些要求的模型。因此，你需要量化安全性，进一步量化结果成本（是否造成伤害）以及偶然不确定性和认知不确定性。要量化这些不确定性，需要引入若干概念，如样本空间、结果、事件、概率、随机变量和可能性。

3.2.1 样本空间、结果、事件和成本

首先要介绍的是样本空间，通常记为 Ω，其中包含所有可能的结果。例如，ThriveGuild 公司的贷款决策的样本空间为 $\Omega=\{$批准，拒绝$\}$；申请人的一个特征，即就业状况，其样本空间为 $\Omega=\{$就业，失业，其他$\}$。

要量化样本空间及安全性，需要考虑集合的基数或大小，即它包含的元素数量，通常用双竖线 $\|\cdot\|$ 表示。有限集合包含固定数量的元素，例如，一个集合 $\{12,44,82\}$ 包含 3 个元素，所以 $\|\{12,44,82\}\|=3$。无限集合包含无尽的元素，其中，可数无限集包含的元素可以依次计数，如按 1，2，3，…编号，整数集就是这样的例子。离散值来源于有限集或可数无限集。不可数无限集则是稠密的，以至于你不能清晰地计算其中的元素，如实数集。尝试列举 2～3 所有的实数，你会发现这是一个无尽的任务。连续值来源于不可数无限集。

事件是一组结果的集合（即样本空间 Ω 的子集）。例如，一个事件是结果集合{就业，失业}，而另一个事件是结果集合{就业，其他}。一个包含单一结果的集合也被视为一个事件。你可以为一个特定结果或一个事件分配成本。有时，这些成本是明确的，因为它们与其他度量（如货币）的损失或增值相关。但在其他情况下，成本可能更为主观。例如，如何量化失去生命的代价？确定这些成本可能非常具有挑战性，因为它需要人们和社会为其赋予一个数值价值。在某些情境下，相对成本而非绝对成本可能就已足够。重要的是，只有那些带来足够高成本的不良结果或事件，才被视为伤害。

3.2.2 偶然不确定性和概率

偶然不确定性用事件 A 发生的可能性的数值进行量化，称为概率 $P(A)$。它是事件 A 的基数与样本空间 Ω 的基数的比率[①]，即

① 式(3.1)仅适用于有限样本空间，但相同的高级思想也适用于无限样本空间。

$$P(A)=\frac{\| A \|}{\| \Omega \|} \tag{3.1}$$

概率函数性质如下。

(1) $P(A) \geqslant 0$。

(2) $P(\Omega)=1$。

(3) 如果 A 和 B 是不相交的事件(它们没有共同的结果,即 $A \cap B=\varnothing$),则 $P(A \cup B)=P(A)+P(B)$。

这 3 个性质十分直观,它们将我们所讲述的概率性质进行了形式化。任何单一事件的概率都是一个 0~1 的数值。如果两个事件不共享任何相同的结果,那么它们联合发生的概率等于它们各自的概率之和。

概率质量函数(pmf)使描述离散样本空间中的概率变得简洁。它是一个函数 p,将某个结果 ω 作为输入,返回该结果发生的概率。样本空间中所有结果的概率质量函数之和必须为 1,即 $\Sigma_{\omega \in \Omega} p(\omega)=1$,这符合概率的第 2 个性质。

某一事件的概率是它包含的所有结果的概率质量函数之和。例如,若就业状况的概率质量函数分别为 p(就业)$=0.60$,p(失业)$=0.05$ 和 p(其他)$=0.35$,那么事件{就业,其他}的概率便为 P({就业,其他})$=0.6+0.35=0.95$。鉴于概率的第 3 个性质,通过概率质量函数求和得到整体概率是合理的。

在明确机器学习的安全性要求时,随机变量是一个极其重要的概念。随机变量 X 在测量或观察时会产生一个特定的数值 x,而这个数值是随机的。X 所有可能的取值构成一个集合,记作$\mathcal{X}$,其概率函数记作 P_X。X 取值可以是离散的或连续的,也可以表示为映射到有限数字集合的分类结果,如将{就业,失业,其他}映射到{0,1,2}。离散型随机变量的概率质量函数记为 $p_X(x)$。

对于不可数无限样本空间,概率质量函数并不总是适用。于是,我们采用累积分布函数(cdf)。累积分布函数表示连续随机变量 X 小于或等于某一特定 x 的概率,即 $F_X(x)=P(X \leqslant x)$。概率密度函数(pdf)是累积分布函数关于变量 x 的导数[1],即 $p_X(x)=\frac{\mathrm{d}}{\mathrm{d}x}F_X(x)$。注意,概率密度函数的某个具体取值并不是概率,但在特定区间内对它进行积分可得到该区间的概率。

为了更深入地了解累积分布函数和概率密度函数,考虑一下机器学习贷款模型中 ThriveGuild 公司的一个特征,即申请人的收入。收入是一个连续随机变量,其累积分布函数可能如下所示[2]。

$$F_X(x)=\begin{cases}1-\mathrm{e}^{-0.5x}, & x \geqslant 0 \\ 0, & \text{其他}\end{cases} \tag{3.2}$$

图 3.1 展示了这一分布曲线,以及如何从中计算概率。如图所示,申请人的收入小于或等于 2(以万美元为单位)的概率为 $1-\mathrm{e}^{-0.5\times 2}=1-\mathrm{e}^{-1}\approx 0.63$,因此大多数借款人的收入低于 2。概率密度函数是累积分布函数的导数,即

---

① 我重载了符号 p_X;从上下文中应该清楚引用的是概率密度函数还是概率质量函数。

② 这个特定的选择是指数分布。指数分布的一般形式为:$p_X(x)=\begin{cases}\lambda \mathrm{e}^{-\lambda x}, & x \geqslant 0 \\ 0, & \text{其他}\end{cases}$,对于任意 $\lambda>0$。

$$p_X(x)=\begin{cases}0.5\mathrm{e}^{-0.5x}, & x \geqslant 0 \\ 0, & \text{其他}\end{cases} \tag{3.3}$$

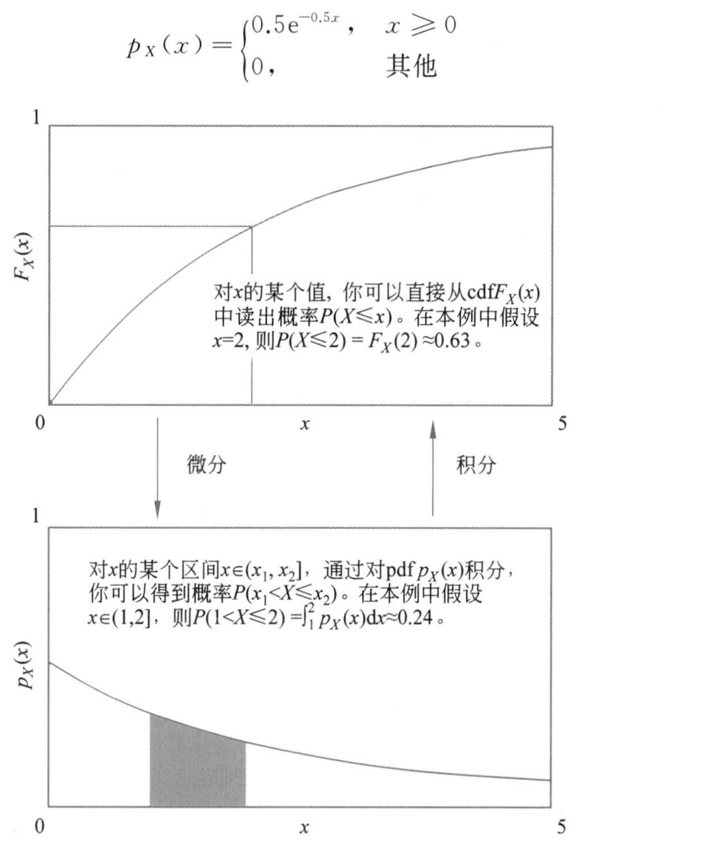

图 3.1　一个来自 ThriveGuild 公司收入分布示例的累积分布函数和概率密度函数图

图 3.1 上半部分表示累积分布函数，图 3.1 下半部分表示其相应的概率密度函数。求导操作是从图上半部分转换到图下半部分，而积分操作则是从图下半部分转换到图上半部分。图上半部分直观地展示了如何从累积分布函数中读取概率值，而图下半部分则展示了如何在特定区间内对概率密度函数进行积分以获取概率。

包含多个随机变量的联合概率质量函数、累积分布函数和概率密度函数均为多元函数，其中既可以包含离散随机变量，也可以包含连续随机变量，如 $p_{X,Y,Z}(x,y,z)$表示 3 个随机变量 X,Y,Z 的概率密度函数。为了得到随机变量子集的概率质量函数或概率密度函数，需要对子集以外的随机变量进行概率质量函数求和或概率密度函数积分，这一过程称为边缘化。由此得到的概率分布被称为边缘分布。请注意，这里的“边缘化”与社会学上的“社会边缘化”概念(指因个体或群体被视为无足轻重而导致的边缘化)是不同的。

在 ThriveGuild 公司模型中，就业状况特征和贷款批准标签是具有联合概率质量函数的随机变量。例如，这个多元函数可以是 p(就业，批准)$=0.20$，p(就业，拒绝)$=0.40$，p(失业，批准)$=0.01$，p(失业，拒绝)$=0.04$，p(其他，批准)$=0.10$，以及 p(其他，拒绝)$=0.25$，如图 3.2 所示。对该联合概率质量函数中的贷款批准进行求和，可以得到关于就业状况的边缘概率质量函数；对就业状况进行求和，可以得到贷款批准的边缘概率质量函数，如 p(批准)$=0.31$ 和 p(拒绝)$=0.69$。

概率、概率质量函数、累积分布函数和概率密度函数都是用来量化偶然不确定性的工具。它们在确定模型准确性的需求时非常重要，尤其是在风险最小化这个安全性的方面。

就业状况和贷款批准的联合概率质量函数

	就业	未就业	其他
批准	0.20	0.01	0.10
拒绝	0.40	0.04	0.25

就业状况的边缘概率质量函数

	就业	未就业	其他
批准	0.20	0.01	0.10
拒绝	0.40	0.04	0.25
相加	0.60	0.05	0.35

贷款批准的边缘概率质量函数

	就业	未就业	其他	相加
批准	0.20	0.01	0.10	0.31
拒绝	0.40	0.04	0.25	0.69

图 3.2 对联合分布中的一个随机变量进行边缘化的示例

在联合概率质量函数的表格中，就业状况作为列，贷款批准作为行，表中的每个条目代表相应的概率。对列的概率进行求和，可以得到就业状况的边缘概率质量函数。同样地，对行的概率进行求和，可以得到贷款批准的边缘概率质量函数。

正确的预测是一个事件，其概率就代表了这一预测的准确性。例如，在与问题所有者合作时，你可能会指定 ThriveGuild 公司的贷款模型应至少有 0.92 的准确概率。机器学习模型的准确性和其他相似的性能指标将在本书的第三部分第 6 章中进行讨论。

3.2.3 认知不确定性和可能性

偶然不确定性关注机会，而认知不确定性则与不精确、无知和知识缺乏有关。虽然概率可以很好地表示随机性，但在表示知识缺乏时，概率可能不是最佳的选择。考虑以下情境：如果你对于某个偏远地区的就业率和失业率一无所知，那么为“就业”“失业”和“其他”这些可能的状态赋予任何特定概率都是不恰当的。即使为它们赋予相同的概率也是不恰当的，因为这会暗示你确切地知道它们具有相同的机会。你真正能够说的只是结果会出现在集合 $\Omega=\{$就业,失业,其他$\}$中。

因此，对于这种认知不确定性，最好使用没有具体数值的集合表示。你可能能够明确地指定某个结果的子集，但不能明确知道该子集中的具体概率。在这种场景下，使用概率是不合适的，因为子集已经为你区分了哪些结果是可能的，哪些是不可能的。

就像偶然不确定性有与之对应的概率函数 $P(A)$，认知不确定性也有一个相应的可能性函数 $\Pi(A)$，其取值为 0 或 1，0 表示不可能的事件，1 表示可能的事件。例如，在一个政府为所有求职者提供工作的地方，失业的可能性是 0，即 Π(失业)$=0$。类似概率函数，可能性函数满足以下 3 个性质。

(1) $\Pi(\varnothing)=0$。

(2) $\Pi(\Omega)=1$。

(3) 如果 A 和 B 是不相交的事件(它们没有共同结果,$A \cap B=\varnothing$),那么 $\Pi(A \cup B)=\max(\Pi(A),\Pi(B))$。

其中一个区别是,可能性函数的第3个性质与概率函数不同:前者涉及最大值,而后者涉及加法。概率是可加的,但可能性则是可最大化的。一个事件的概率是其各个子事件概率的和,而一个事件的可能性则是其各个子事件可能性的最大值。这是因为可能性只能取0或1的值。假设有两个事件,其可能性都为1,那么如果想知道这两个事件之一发生的可能性,直接相加得到2是没有意义的。正确的做法是取两者的最大值,即1。

在为 ThriveGuild 机器学习系统定义需求时,应采用可能性来处理双重安全性定义中的认知不确定性(即可靠性)问题。例如,如果缺乏充足的正确训练数据,会导致对最优模型参数的认知不确定性。(理想情况下,你希望得到来自现实、公正的世界且未被破坏的数据。但常常不那么顺利,你可能得到的是过时的、来源于有偏差的环境或已受损的数据。)通过使用可能性函数,现有的数据可以帮助确定最佳参数的可能集合,并告诉你哪些模型参数可能是最优的,而哪些参数集不可能是最佳选择。问题描述可以限制可能性集合的大小。本书的第四部分将深入探讨,在泛化、公平性和对抗性鲁棒性背景下,如何处理机器学习中的认知不确定性。

3.3 不确定性的概括统计量

尽管全概率分布对于问题描述非常有用,但处理起来可能相对复杂,因此采用随机变量的描述性统计和概率分布来描述问题往往更为直观。

3.3.1 期望值和方差

最常见的统计量是随机变量的期望,其为分布的均值,即一种典型值或长期平均结果。它可以通过将概率密度函数与随机变量相乘,然后进行积分得到,即

$$E[X]=\int_{-\infty}^{\infty} x p_X(x)\mathrm{d}x \tag{3.4}$$

回顾之前的例子,ThriveGuild 借款人的收入对应的概率密度函数为:当 $x\geqslant 0$ 时为 $0.5\mathrm{e}^{-0.5x}$;对于其他情况,函数值为0。因此,收入的期望值为 $\int_0^{\infty} x\, 0.5\mathrm{e}^{-0.5x}\,\mathrm{d}x=2$ ①。当从 X 的概率分布中抽取一组样本,记为 $\{x_1,x_2,\cdots,x_n\}$ 时,你可以计算该样本集的期望值,即样本均值,记作 $\bar{x}=\frac{1}{n}\sum_{j=1}^{n}x_j$。不仅可以计算单一随机变量的期望值,还能计算随机变量的任意函数的期望值,该期望值是由概率密度函数与该函数乘积的积分得到的。通过确定期望性能值(也称风险),你可以指定系统在特定安全范围内的平均行为。

在 ThriveGuild 申请人中,你应该预测收入在什么范围内会变动?一个用来度量分布离散程度的重要统计量是方差 $E[(X-E[X])^2]$,它有助于回答这个问题。基于样本的方

① 一般指数分布的随机变量期望值为 $1/\lambda$。

差公式为 $\frac{1}{n-1}\sum_{j=1}^{n}(x_j-\bar{x})^2$。两个随机变量 X（如收入）和 Y（如贷款批准）之间的相关性也是一个期望值 $E[XY]$，其描述了两个随机变量之间的统计关联。协方差 $E[(X-E[X])(Y-E[Y])]=E[XY]-E[X]E[Y]$，则描述了两个随机变量之间的协同变化的关系，即当一个随机变量增加时，另一个是否也会随之增加，或者减少。这些不同的期望值和概括统计数据为我们提供了关于偶然不确定性的多角度视图，这些在问题描述中是需要约束的。

3.3.2 信息与熵

虽然均值、方差、相关性和协方差是描述不确定性的常见工具，但还有其他的描述性统计量，它们可以提供不同的洞察，有助于明确机器学习问题。另一种描述不确定性的方法是通过随机变量所包含的信息量。作为信息论的一部分，当离散随机变量 X 有一个概率质量函数 $p_X(x)$ 时，其信息为 $I(x)=-\log(p_X(x))$。通常，这个对数以 2 为底。对于接近 0 的很小的概率，信息量会非常大，这是因为稀有事件（即小概率事件）被视为具有高信息量。而对于接近 1 的概率，其信息量接近 0，因为常见的事件几乎没有信息量。例如，你会经常告诉别人你没中彩票吗？可能不会，因为这样的信息几乎没有价值。随机变量 X 的信息的期望值称为其熵，计算公式为

$$H(X)=E[I(X)]=-\sum_{x\in\mathcal{X}}p_X(x)\log(p_X(x)) \tag{3.5}$$

在所有可能的分布中，均匀分布（其中所有结果具有相同概率）具有最大熵。均匀分布的最大熵与某特定随机变量的熵之间的差值称为冗余度。当这种差值用于描述群体成员间的不平等性时，它被称为泰尔指数（Theil Index）。对于取非负值的离散随机变量（如测量个体的资产、收入或财富），泰尔指数定义为

$$\text{Theil index}=\sum_{x\in\mathcal{X}}p_X(x)\frac{x}{E[X]}\log\left(\frac{x}{E(X)}\right) \tag{3.6}$$

其中，$\mathcal{X}=\{0,1,2,\cdots,\infty\}$，所用的对数是自然对数，指数值范围为 0～1。在熵达到最大化的分布中，所有人口成员具有相同的值（即均值），泰尔指数为零，代表最大的平等性。而当泰尔指数为 1 时，这代表最大的不平等性。一个极端的泰尔指数（如 1）可以通过一个概率质量函数描述，其中一个非零值和所有其他值均为零（想想一个地主与多个农民）。在本书的第 10 章，你将学习如何利用泰尔指数明确地定义机器学习系统中的个体和群体公平性的要求。

3.3.3 K-L 散度和交叉熵

K-L（Kullback-Leibler）散度是用来比较两个概率分布的方法，为问题描述提供了一个新视角。对于定义在相同样本空间上的两个离散随机变量，其概率质量函数分别为 $p(x)$ 和 $q(x)$，K-L 散度定义为

$$D(p\,\|\,q)=-\sum_{x\in\mathcal{X}}p(x)\log\left(\frac{p(x)}{q(x)}\right) \tag{3.7}$$

该公式衡量了两个分布之间的相似性或差异性。在机器学习的上下文中，衡量实际分布与参考分布之间的相似性是一个常见的需求。

交叉熵是另一种用于描述在同一样本空间上定义的两个随机变量的度量，表示当用另

一个随机变量 $q(x)$ 来描述时，一个具有概率质量函数 $p(x)$ 的随机变量中的平均信息，即

$$H(p \parallel q) = -\sum_{x \in \mathcal{X}} p(x)\log(q(x)) \tag{3.8}$$

由此可知，它等于第一个随机变量的熵与两个变量之间的 K-L 散度之和，即

$$H(p \parallel q) = H(p) + D(p \parallel q) \tag{3.9}$$

当两个概率分布完全匹配（$p=q$）时，交叉熵等于第一个随机变量的熵 $H(p \parallel q) = H(p)$，因为此时的 K-L 散度接近 0。交叉熵常用作神经网络训练的损失函数，将在第 7 章中详细讨论。

3.3.4 互信息

在本节关于偶然不确定性的概括统计量中，最后要探讨的是互信息。它是联合分布 $p_{X,Y}(x,y)$ 与其边缘分布 $p_X(x)$ 和 $p_y(y)$ 乘积之间的 K-L 散度，即

$$I(X,Y) = D(p_{X,Y}(x,y) \parallel p_X(x)p_y(y)) \tag{3.10}$$

其中，两个参数是对称的，表示随机变量 X 和 Y 之间共享的信息量。在第 5 章中，我们将使用互信息设定隐私约束，即达到不共享信息的目的。此外，互信息在其他众多场景中都有应用。

3.4 条件概率

当你在为 ThriveGuild 公司开发贷款系统时，需要考虑所有不同的随机变量。你可以通过观察或测量某些随机变量来获得更多的信息，进而减少对其他随机变量的认知不确定性。事实上，观察一个随机变量的变化可能会影响另一个随机变量的概率。例如，考虑随机变量 X 取值 x 时的随机变量 Y，与仅有随机变量 Y，这两种情况是不同的。就如在不了解贷款申请人的具体情况下，贷款批准的概率与知道申请人已经就业的情况下的贷款批准概率是不同的。

这种基于已知信息的更新后的概率称为条件概率。它用于在已知某些额外信息的情况下某事件的概率。给定事件 B 发生的情况下，事件 A 发生的条件概率是事件 A 和事件 B 的交集的基数除以事件 B 的基数[①]，即

$$P(A \mid B) = \frac{\parallel A \cap B \parallel}{\parallel B \parallel} = \frac{P(A \cap B)}{P(B)} \tag{3.11}$$

换句话说，原始的样本空间从 Ω 变成了 B，因此，式(3.1)（$\parallel A \parallel / \parallel \Omega \parallel$）中的分母会从 Ω 变成式(3.11)中的 B，而分子 $\parallel A \cap B \parallel$ 表示事件 A 在新样本空间 B 中的大小。对于随机变量，也有类似条件概率分布、条件累积分布函数和条件概率密度函数的定义。

利用条件概率，不仅可以推理出分布和不确定性的一般特性，还可以洞察它们如何随着观察、结果的揭示和证据的收集而变化。在机器学习模型中，这类似在已知输入数据点的特征值的条件下，获得某标签的条件概率。例如，对于一个年收入为 15 000 美元且有稳定工作的申请人，贷款获得批准的概率就是一个条件概率。

---

① 事件 B 必须非空，且样本空间必须有限，才能应用这个定义。

在概括统计学中，给定事件 X 发生的前提下，随机变量 Y 的条件熵为

$$H(Y \mid X)=-\sum_{y\in\mathcal{Y}}\sum_{x\in\mathcal{X}} p_{Y,X}(y,x)\log\left(\frac{p_{Y,X}(y,x)}{p_X(x)}\right) \tag{3.12}$$

这表示在观察到事件 X 发生后，随机变量 Y 所保留的平均信息量。

互信息也可以用条件熵表示，即

$$I(X,Y)=H(Y)-H(Y \mid X)=H(X)-H(X \mid Y) \tag{3.13}$$

在此种形式中，互信息量化了当一个随机变量观测到另一个随机变量时，其熵减少的量，也称为信息增益。这是第7章决策树模型中使用的一个标准，另一个常用的标准是基尼(Gini)指数，即

$$\text{Gini index}=1-\sum_{x\in\mathcal{X}} p_X^2(x) \tag{3.14}$$

3.5 独立性和贝叶斯网络

如果确定某些随机变量是不相关的，那么理解这些随机变量的不确定性就变得相对简单。例如，如果某些特征与其他特征或标签无关，那么在描述机器学习问题时，可以不考虑它们。

3.5.1 统计独立性

为了理解不相关变量，首先定义一个关键概念，即统计独立性。如果一个事件的结果不为另一个事件的结果提供任何信息，那么这两个事件被认为是相互独立的。两个事件之间的统计独立性用 $A \perp\!\!\!\perp B$ 表示，定义为

$$A \perp\!\!\!\perp B \Leftrightarrow P(A \mid B)=P(A) \tag{3.15}$$

这意味着在已知事件 B 发生的情况下，事件 A 发生的概率不会因为知道 B 的结果而改变。假设在 ThriveGuild 公司的数据中，P(就业|拒绝)$=0.50$ 和 P(就业)$=0.60$，由于 0.50 和 0.60 这两个值不同，我们可以得出结论：就业状况和贷款批准并不是独立的，而是相关的。这说明在贷款审批过程中，就业状况是一个重要因素。条件概率进一步定义为

$$A \perp\!\!\!\perp B \Leftrightarrow P(A,B)=P(A)P(B) \tag{3.16}$$

联合事件的概率等于各边缘概率的乘积。此外，如果两个随机变量相互独立，则它们之间的互信息为 0。

独立性的概念可以应用于超过两个的事件。多个事件之间的相互独立性是一个更强的概念，它不仅意味着每对事件都是独立的，而且意味着任意一个事件与其他事件子集(不包含该事件)都是独立的。相互独立的随机变量的概率密度函数、累积分布函数和概率质量函数可以表示为其各组成随机变量的相应函数的乘积。在机器学习中，一个常见的假设是随机变量是独立同分布的(iid)，这不仅意味着这些随机变量是相互独立的，还意味着它们共享相同的概率分布。

另一个重要的概念是条件独立性，涉及至少 3 个事件。在已知事件 C 发生的前提下，事件 A 和 B 是条件独立的(记为 $A \perp\!\!\!\perp B \mid C$)。这意味着，当已知事件 C 发生时，事件 A 发生的概率不会因为事件 B 的发生而改变。与无条件的情况类似，在条件独立的情况下，联

合条件事件的概率是其各边缘条件概率的乘积。

$$A \perp\!\!\!\perp B \mid C \Leftrightarrow P(A \cap B \mid C) = P(A \mid C)P(B \mid C) \tag{3.17}$$

条件独立性也可以扩展到随机变量，以及它们的概率质量函数、累积分布函数和概率密度函数之中。

3.5.2　贝叶斯网络

为了充分发挥独立性的简化效果，需要密切关注申请人特征与贷款批准决策之间的所有依赖和独立关系。贝叶斯网络（也称有向概率图模型）能够帮助完成这一任务。这种方法充分利用了条件独立性，以结构化的形式表示多个事件或随机变量的联合概率。它之所以被称为“图模型”是因为每个事件或随机变量在图中被表示为一个节点，而节点之间的边代表依赖关系，如图3.3所示。其中 A_1 代表收入，A_2 代表就业状况，A_3 代表贷款审批，A_4 代表性别。这些边具有方向性，从父节点指向子节点。在这里，就业状况和性别是没有父节点的，就业状况是收入的父节点，而收入和就业状况都是贷款审批的父节点。一个参数节点的父节点集合可以表示为 $pa(\cdot)$。

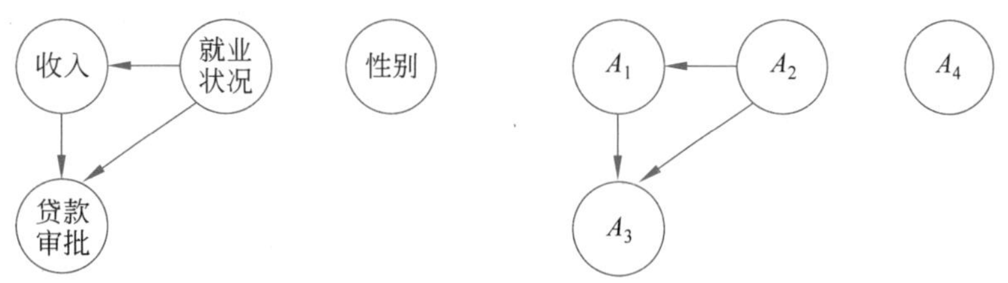

图3.3　一个由4个事件组成的图模型示例

就业状况和性别节点没有父节点，所以它们是起始节点；从就业状况到收入有一条边，意味着就业状况是收入的父节点。收入和就业状况都指向贷款审批，因此从它们到贷款审批都有边。图3.3左侧部分显示了各事件的名称，而右侧部分则显示了相应的符号。

图结构决定了统计关系，事件 $A_1, A_2, \cdots, A_n$ 发生的概率是所有事件以其父节点为条件的概率的乘积，即

$$P(A_1, A_2, \cdots, A_n) = \prod_{j=1}^{n} P(A_j \mid pa(A_j)) \tag{3.18}$$

作为式(3.18)的特例，图3.3中的概率可以表示为 $P(A_1, A_2, A_3, A_4) = P(A_1 \mid A_2)P(A_2)P(A_3 \mid A_1, A_2)P(A_4)$。一个有效的概率分布对应一个有向无环图(DAG)。如果按照箭头的方向行进，你永远无法回到你开始的节点，那么这个图被认为是无环的。一个节点的所有祖先包括它的父节点、其父节点的父节点，以及递归下去的其他所有节点。

从图3.3这样简单的图结构可以看出，贷款审批依赖收入和就业状况，收入又依赖就业状况，而性别与其他所有因素无关。然而，在更大、更复杂的图中，声明独立性会更加困难。为了确定所有事件或随机变量之间的不同独立关系，我们使用有向分离（d-分离）：如果节点子集 S_3 将 S_1 和 S_2 进行 d-分离，则节点子集合 S_1 在给定节点子集 S_3 的条件下，与另一个节点子集 S_2 相互独立。解释 d-分离的一种方式是考虑图3.4中展示的三个不同的节点模式，即因果链、共同原因和共同结果。这三者的区别在于箭头的方向。图的左边没有被条件约束的节点，即没有观察到这些节点的值。而图右侧的节点 A_3 被

设置为有条件约束，这些节点以阴影方式表示。在未设置条件节点时，因果链和共同原因是连接的，而在设置条件约束后是分离的，这意味着从 A_1 到 A_2 的路径被 A_3 阻断。没有条件节点约束的共同结果是分离的，A_3 为冲撞点，但在给定条件节点后，它们是连接的。此外，对 A_3 的任何子节点设置条件都会产生一条节点 A_1 和 A_2 的连接路径。最终，在节点集 S_3 的条件下，节点集 S_1 和 S_2 是 d-分离的，当且仅当 S_1 集合中的每个节点都与 S_2 集合中的每个节点分离①。

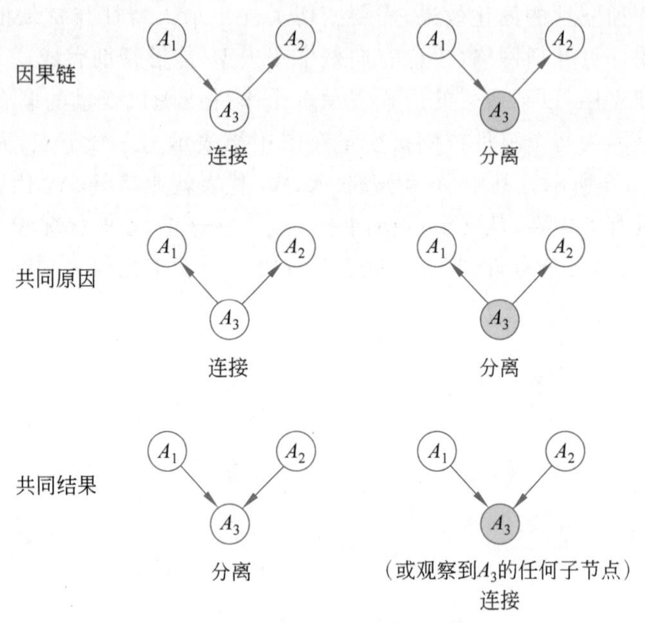

图 3.4 节点和边的连接和分离结构

其中灰色节点表示观察节点。因果链为 $A_1 \rightarrow A_3 \rightarrow A_2$，当 A_3 不是观察节点时，其为连接的；若 A_3 为观察节点时，其为分离的。共同原因为 $A_1 \leftarrow A_3 \rightarrow A_2$，当 A_3 不是观察节点时，其为连接的；若 A_3 为观察节点时，其为分离的。共同结果为 $A_1 \rightarrow A_3 \leftarrow A_2$，当 A_3 不是观察节点时，其为分离的；若 A_3 或任意子节点是观察节点时，其为连接的。

虽然两组节点之间的 d-分离可以通过上述所有的三节点模型进行判断，但存在一种更加直观的算法来检查 d-分离，具体如下。

(1) 构建 S_1、S_2 和 S_3 的祖先图，该子图包含 S_1、S_2 和 S_3 的所有节点、祖先节点以及由这些节点所构成的所有边。

(2) 对于具有公共子节点的每对节点，在它们之间添加一条无向边，这个步骤称为“道德化”②。

(3) 使所有边变为无向边。

(4) 删除所有 S_3 节点。

(5) 如果 S_1 和 S_2 在无向意义上是分离的，那它们就是 d-分离的。

如图 3.5 所示，使用构造算法检查 d-分离。

① 如果一个随机变量是另一个随机变量的确定性函数，则在结构中可能存在未体现的依赖性。

② “道德化”这个术语反映了某些社会但不是所有社会的价值观，即孩子父母结婚是合乎道德的。

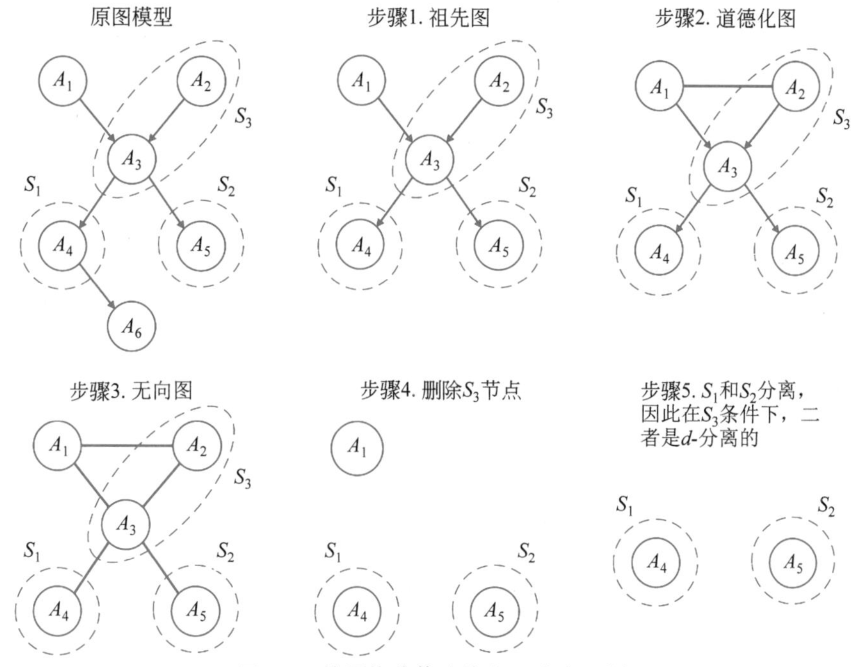

图 3.5　使用构造算法检查 d-分离示例

原图从 A_1 和 A_2 到 A_3，A_3 到 A_4 和 A_5，以及 A_4 到 A_6 都有边。S_1 只包含 A_4，S_2 只包含 A_5，S_3 包含 A_2 和 A_3。第 1 步移除 A_6，第 2 步在 A_1 和 A_2 之间添加一条无向边，第 3 步将所有边转为无向边，第 4 步保留 A_1，A_4 和 A_5，删除相应的边。第 5 步后只剩 A_4 和 A_5，相当于 S_1 和 S_2，它们之间没有边且分离，因此在 S_3 的条件下，S_1 和 S_2 是 d-分离的。

3.5.3　结论

独立性和条件独立性用于判断随机变量是否相互影响，这是理解系统关系的基石，能够指导我们在描述问题时确定哪些部分可以独立分析。图模型的一大优势是能够结构性地表示统计关系，从而使分离关系更为清晰，并提高计算效率。

3.6　总结

- 可信性的前两个属性，即准确性和可靠性，都体现在安全性这一概念上。
- 安全性旨在最大限度地减少不希望出现的高风险结果的偶然不确定性和认知不确定性。
- 偶然不确定性是某一现象固有的随机性，这种不确定性可以通过概率论进行有效的建模。
- 认知不确定性源于知识的缺乏，从理论上说，它是可以减少的，但在实际操作中往往不容易做到。可能性理论可以为其提供很好的建模方式。
- 可信机器学习系统中的问题描述可以采用概率论和可能性理论进行定量表达。
- 使用统计学和信息论的不确定性工具来描述这些问题通常比使用全分布方法更为简洁明了。
- 条件概率使你能够在获得新的测量数据后更新信念。
- 独立性和图模型编码确保随机变量之间互不干扰。

第二部分

第4章

数据来源与偏差

非营利组织 Unconditionally(虚构)的使命是慈善捐赠,其募集捐款并向东非贫困家庭发放无条件现金转账(没有任何附带条件的资金),受助家庭可以自由支配。该组织正在开展一个新的机器学习项目,旨在确定最为贫困的家庭,以便向其捐赠现金。他们希望尽快完成这个项目,这样就可以更迅速、更有效地将急需的资金送到受助者手中,特别是对于那些需要在雨季到来之前更换茅草屋顶的家庭。

该团队现在正处于机器学习生命周期的数据理解阶段。假如你是该团队中的一位数据科学家,正在考虑选择哪些数据源作为特征和标签来评估家庭的财务状况。考察数据包括白天和夜间的卫星图像、全国人口普查数据、家庭调查数据、移动电话的通话详细记录、移动支付交易记录以及社交媒体帖子等,你会选择哪些数据?为什么?你的选择是会产生意外的后果?还是会建立一个可信系统?

数据理解阶段是生命周期中一个充满挑战和机遇的阶段。问题目标已经明确,在与数据工程师和其他数据科学家合作时,你迫不及待地想开始获取数据并展开探索性分析。尽管数据是进行机器学习的基础,但不是所有数据都适合使用。此时,你和团队需要谨慎行事,避免为求快而走捷径。因为如果基础不稳固,哪怕你构建了一个外部看起来很"华丽"的系统,它也可能随时崩溃。

> "无效输入,无效输出。"
>
> ——威尔夫·海(Wilf Hey),IBM 计算机科学家

本章标志着本书第二部分的开始,主要讨论与数据相关的议题(请参考图 4.1,了解本书的组织结构)。

本章将深入探讨你和 Unconditionally 组织中的数据工程师和其他数据科学家应如何进行以下工作。

(1) 利用各种数据模态的特征评估数据集。

(2) 在众多数据来源中做出选择。

(3) 评估数据集的偏差和有效性。

对数据集偏差的评估对于确保其可信性至关重要,这也是本章的核心话题。在这个阶段,工作完成得越出色,那么在生命周期后续阶段需要纠正和降低损害的工作就越少。评估偏差应当考虑来自计划中使用机器学习系统的相关人员的反馈。如果发现与问题相关的所有潜在数据都存在显著的偏差,那么就应当与问题所有者和其他相关方进行讨论,决定是否

继续进行项目(第5章将进一步探讨数据隐私和知情同意)。

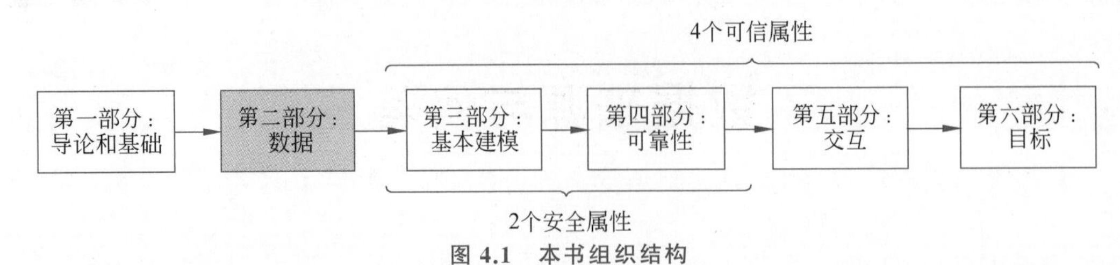

图 4.1 本书组织结构

第二部分聚焦于处理数据时应考虑的可信性的各方面。流程图从左到右有六个框：第一部分为导论和基础；第二部分为数据；第三部分为基本建模；第四部分为可靠性；第五部分为交互；第六部分为目标。在这六部分中，第二部分被突出显示，第三和第四部分被标注为安全属性，第三至第六部分则被标注为可信属性。

4.1 数据模态

在很多人的印象中，数据仅是某个记录系统中的会计电子表格数据。然而，机器学习系统的数据远不止这些，它可能包括数字家庭照片、监控录像、社交媒体推文、法律文件、DNA序列、计算机系统的事件日志、随时间变化的传感器读数、分子结构以及其他任何数字形式的信息。在机器学习的上下文中，数据通常被视为从任意基础概率分布中抽取出的有限样本。

上述数据示例来源于不同的数据模态，如图像、文本、时间序列等。数据模态是根据数据的接收、表示和处理方式定义的数据种类。图4.2展示了一个由多种数据模态构成的心智模型，但图中仍未涵盖所有的数据模态。

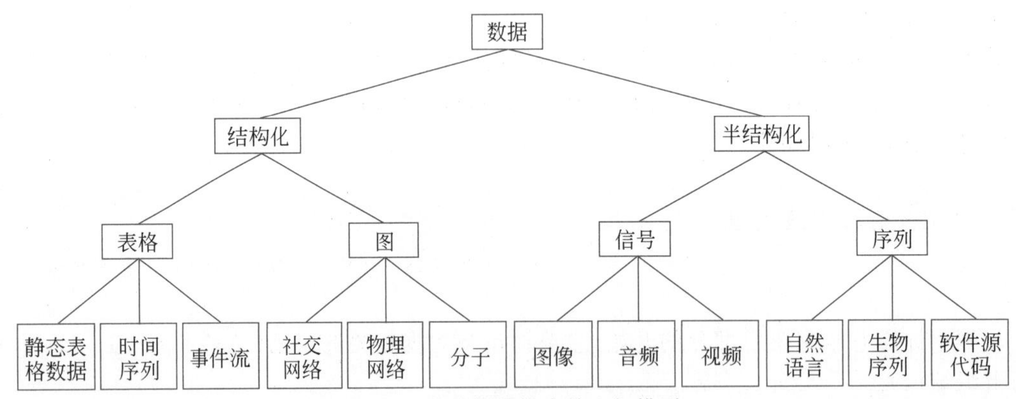

图 4.2 多种数据模态的心智模型

该模型是具有数据根节点的层次图。数据根节点有结构化和半结构化的两个子节点。结构化包括表格数据和图数据节点，表格数据进一步分为静态表格数据、时间序列和事件流数据；图数据有社交网络、物理网络和分子数据。半结构化数据包括信号数据和序列数据节点。其中信号数据涵盖图像、音频和视频数据节点，而序列数据包含自然语言、生物序列和软件源代码数据。

Unconditionally 可能使用的数据来源之一是家庭调查数据。这是静态表格数据模态的一个代表，属于结构化数据的一种[①]。该数据是静态的，它并不随时间或其他变量发生改

① 有些数据模态的结构比表格数据更丰富，如表示社交网络和化学分子结构的图。

变。列是可以作为特征和标签使用的各种属性，而行则表示各种记录或样本点，如不同的家庭或个体。列中可能包含数字、顺序值、分类值、文本字符串和日期等多种数据类型。尽管表格数据由于其结构化的特性看起来可能很正规、原始且完整，但它实际上可能掩盖了各种误设、错误、遗漏和偏差。

时间序列是另一种数据模态，也可以以表格形式存储。它是随时间变化的测量数据，通常是数字形式，适用于建模趋势并预测未来值。纵向或面板数据往往是时间序列数据，即对同一组体或个体在不同时间点进行的重复测量。但家庭调查数据通常不是纵向的，因为连续对同一群体进行调查在实际操作中较为复杂。与之相对，横断面调查通常涉及多个时间点的数据集，它们之间没有直接关系，因为无须跟踪相同的样本，这在操作上比纵向数据更为简单。

Unconditionally 的另一个潜在数据来源是移动支付交易记录。由于交易不总是在固定的时间间隔内发生，所以与时间序列不同，它们更加随机。每当移动支付客户进行交易时，无论是接收还是支付资金，都会异步生成一个交易事件，这个事件不受任何同步时钟的影响。这种交易数据是事件流数据模态的一个实例。除时间戳外，事件流还可能包含其他数据，如交易金额、收款人信息和购买的物品详情。其他类似的事件流数据包括医院的临床试验记录和客户接受的社会服务记录。

在 Unconditionally 中，也可以利用卫星图像估计贫困程度。近几年，数字图像作为半结构化数据的一种模态，在机器学习领域越来越受到重视。图像不仅是常规的光学图像，还可能是在电磁频谱等其他范围内测得的图像。图像原始数据主要由多通道的数字像素值构成，并通常展现出丰富的空间结构。视频则是随时间演进的图像序列，拥有丰富的时空结构特点。现代机器学习技术致力于在大量数据上训练以学习这些时空特征，但这些数据可能包含不必要的偏差和不恰当的内容(专为特定问题设计的模型往往基于大规模、更通用的数据集进行预先训练，然后进行微调。这些大型预先训练的模型被称为基础模型)。视频还可能包含音频信号。

尽管可能性较小，但 Unconditionally 的某位同事提出，通过文本消息和社交媒体帖子的内容，或许能预测一个人的经济状况。这类数据模态主要是自然语言或文本，其中包括正式文件、出版物等长篇文档。人类语言在句法、语义和语用学上都极为复杂。处理文本的方法之一是对其进行解析，创建语法树。另外，通过计算文档中的单词、二元组、三元组等，也可以将文本表示为稀疏的结构化数据。这些词袋模型和 N-Gram 模型现在逐渐被第三种方法替代，即复杂的大型语言模型。这种模型是通过大规模的文档语料库训练得到的。和图像时空特征的学习一样，语言模型学习中也可能出现偏差，特别是当训练语料库中的语言和实际应用的语言标准不符时，例如，基于大量美国报纸文章训练的模型可能不适合东非的简短、非正式和混合编码文本[①]。

一般来说，结构化数据模态是自身的建模表征，对应人们深思熟虑的决策过程。而半结构化数据模态通常需要更复杂的转换，对应直觉式的感知。现如今，对半结构化数据进行的复杂转换常常采用深度神经网络进行学习，这些网络是在超大规模数据上经过训练得到的，

---

① 其他具有类似自然语言特征的字符串，如 DNA 或氨基酸序列和软件源代码，目前正通过类似自然语言处理技术处理。

这一过程被称为表征学习。但由于初级的、不透明的、难以控制的表征学习会形成基础模型，任何在大型数据集中存在的偏差都可能传递到特定问题的微调模型中。因此，在处理半结构化数据时，不仅要评估针对特定问题的数据集，还要对背景数据集进行评估。而对于结构化数据，更加重视的是数据准备和特征工程的过程[①]。

4.2 数据来源

Unconditionally 考虑的各类数据不仅在模态上有所差异，它们的来源或出处也各不相同。作为对数据的理解过程，Unconditionally 团队需对数据来源进行严格评估，以确保数据的价值性。数据来源包括许多不同的类别，这也意味着在评估它们的质量时，需要考虑各种不同的因素。

4.2.1 有目的收集的数据

你或许会误以为，创建机器学习系统的数据大都是为了特定问题而精心筹备的，但这其实是一个误区。实际上，用于机器学习系统的绝大部分数据是被二次利用的。当然，也存在例外，如基于调查和人口普查所收集的数据。这些数据来源看似精心设计且偏差小，但实际操作中可能并不总是这样。例如，若完全依赖最近完成的肯尼亚全国人口普查，为 Unconditionally 的贫困预测项目提供特征或标签数据，你可能会遇到数据无回应或被恶意操纵的问题。

另外，科学实验也是有目的性数据收集的一种方式。理论上，经过妥善设计和执行的实验应当产生高可靠性的数据。然而，鉴于存在滥用数据分析、选择性呈现具有统计显著性的信息（即 P-Hacking 和文件抽屉效应）、实验结果无法复现以及明目张胆的欺诈行为等问题，科学研究方法的可靠性和有效性受到了普遍质疑。

4.2.2 行政数据

行政数据指组织因日常运营需求而非纯统计目的收集的数据。在 Unconditionally 考虑的可能数据集中，通话详细记录和移动支付交易都属于这种类型。数据科学家和工程师经常依赖这类行政数据来训练模型，原因是这些数据手头就有并且可供使用，有时，使用它们确实能带来有意义的结果。

由于行政数据本质上是运营记录，而这些记录可能直接涉及组织的盈利或受到审计，它们通常都相当准确。但当需要整合来自组织内不同来源的行政数据时，经常会面临挑战，因为这些数据在各个部门或团队之间可能是彼此独立的。此外，这类数据也可能包含一些历史偏见。

关于行政数据，需要特别注意的是，它可能与你的预测任务并不完全吻合。机器学习问题描述可能需要某种特定的标签，而行政数据中的字段可能仅仅是这一目标标签的代理。

---

① There are new foundation models for structured modalities. Inkit Padhi, Yair Schiff, Igor Melnyk, et al. "Tabular Transformers for Modeling Multivariate Time Series." In: *Proceedings of the IEEE International Conference on Acoustics, Speech, and Signal Processing*. Jun. 2021, 3565-3569.

尽管这种不匹配在平均水平上可能是一个可接受的代理，但对于某些特定个体或群体，这种不匹配可能导致不准确，甚至是误导性的结论。例如在第2章中提及的，如果某个群体由于某些外部原因难以获得医疗服务，那么他们的医疗访问次数就可能不是病情严重程度的准确指标。此外，数据的粒度也可能与问题的需求不符，比如在通话详细记录中，我们可能只记录了个人的电话号码，而并没有涉及整个家庭的通话活动。

4.2.3　社交数据

社交数据是关于人或由人产生的信息，包括用户生成的内容、人际关系及其行为痕迹[①]，如社交平台上发布的文本和图片、朋友网络和历史搜索记录等。与行政数据相似，这些数据并非是为解决某一特定问题而产生的，但可被用于预测或因果建模。很多时候，社交数据仅作为问题描述所需的代理，可能是误导性或完全不准确的。例如，你所分析的Unconditionally现金转账潜在受益者的社交媒体内容也可能存在这样的问题。

因为社交数据主要是为了交流、求职或建立和维护友情而创建的，所以它的质量、准确性和可靠性可能会比行政数据低得多。文本中可能充斥着各种俚语、非标准方言、拼写错误和主观偏见。社交数据的其他模态也存在许多不确定性。某些数据点的信息量可能相对较低。并且，由于不是所有人都同等地使用社交平台，因此可能存在显著的采样偏差，尤其是边缘化的群体在某些社交数据中可能不被充分反映。

4.2.4　众包

监督学习需要特征和标签，而未标记的数据通常更容易获得。众包成为了弥补这一差距的方式：众包工作者为句子标记情感、判断文本是否具有仇恨成分、在图像中标注物体等[②]。他们评估机器学习系统的可解释性和可信性，协助研究者深入理解人类行为和人机交互。Unconditionally与众包工作者合作，对卫星图像中的房屋屋顶类型进行标记。

在很多众包平台上，工作者往往是受金钱驱动的低技能者。他们有时会在众包平台外部沟通，试图为了自己的利益而操纵系统。由于众包工作者的薪酬可能很低，这会带来道德问题。他们可能对任务或其社会背景不熟悉，导致在标记上的偏差。例如，一个众包工作者可能不了解东非农村的住宅特点，从而在标记屋顶时产生偏差。操纵系统也可能导致偏差。尽管一些平台有质量控制机制，但如果标签任务设计得不好，仍可能收到质量不高的数据。在某些特定场景中，尤其是那些对社会有积极影响的项目中，众包工作者可能具有更高的技能，并受内在驱动去认真完成任务，但他们仍可能对任务背景不了解或存在其他偏见。

4.2.5　数据增强

有时候，特别是在特定的问题场景中，现有的数据量不足以训练出一个高性能的模型。数据增强可以在不进行额外数据收集的情况下，通过对当前数据集实施各种转换手段来扩充数据量。在图像数据中，增强的手法常包括旋转、翻转、偏移、扭曲和添加噪声等。对于自

---

① Alexandra Olteanu, Carlos Castillo, Fernando Diaz, et al. "Social Data: Biases, Methodological Pitfalls, and Ethical Boundaries." In: *Frontiers in Big Data* 2.13 (Jul. 2019).

② Jennifer Wortman Vaughan. "Making Better Use of the Crowd: How Crowdsourcing Can Advance Machine Learning Research." In: *Journal of Machine Learning Research* 18.193 (May 2018).

然语言数据，可以考虑用同义词替换作为数据增强的方法。这些启发式的转换方法带有一定的主观性，可能导致某些偏差。

另一种数据增强的方法是利用生成式机器学习：用现有数据训练一个数据生成模型，然后由该模型产生更多的样本供分类器训练使用。理想地，这些生成的数据应与原始数据集同样多样。但此方法存在所谓的模式坍塌问题，可能导致生成的样本仅来自原始数据概率分布的某一部分，从而在最终生成的数据集中产生显著偏差。

4.2.6 结论

虽然不同的数据来源有助于解决多种问题，但几乎每种来源都存在一定的偏差。多数数据来源实际上是被二次利用的。选择数据来源时，必须认真考虑每个来源可能带来的主要偏差。接下来的部分将从不同的视角描述这些偏差，并探讨它们在数据生命周期中的影响。

4.3 偏差类型

你的团队当前正在机器学习生命周期的数据理解阶段。你已经了解了不同数据模态和数据来源可能的问题和挑战。在评估数据的偏差和有效性时，需要特别关注这些问题，因为它们可能在机器学习的各阶段产生影响。图 4.3 提供了一个关于空间、有效性和偏差的参考模型。

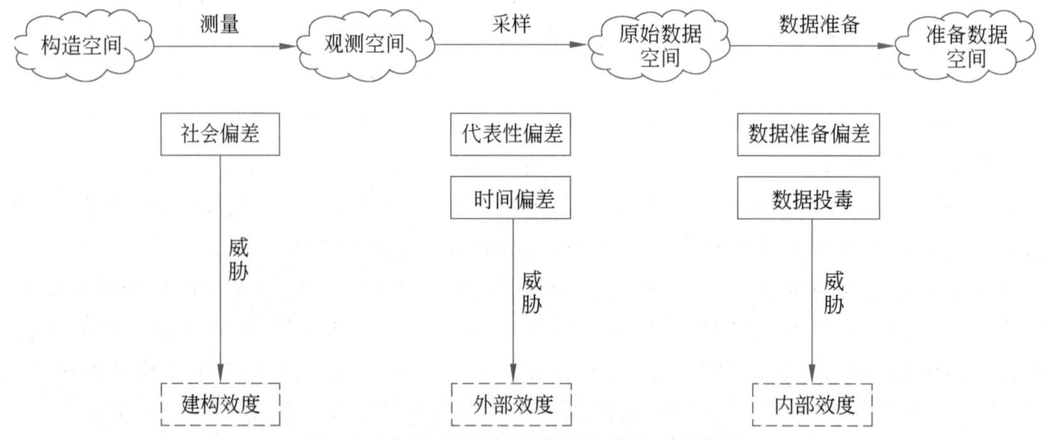

图 4.3 关于空间、有效性和偏差的心智模型

这个模型是由 4 个空间组成的序列，每个空间都用一朵云表示。构造空间经过测量转换为观测空间，观测空间经过采样转换为原始数据空间，原始数据空间则经过数据准备转换为准备数据空间。测量过程可能存在社会偏差，这会威胁建构效度。采样过程可能带有代表性偏差和时间偏差，威胁外部效度。数据准备过程可能产生数据准备偏差和数据投毒，从而威胁内部效度。

有效性主要有三类，即建构效度、外部效度和内部效度[①]。建构效度关心数据是否真正表征了其应该表征的内容。外部效度关注从某个特定人群获得的数据分析是否适用于其他

① Alexandra Olteanu, Carlos Castillo, Fernando Diaz, et al. "Social Data: Biases, Methodological Pitfalls, and Ethical Boundaries." In: *Frontiers in Big Data* 2.13 (Jul. 2019).

人群。而内部效度则关注数据处理过程中是否存在错误。

各种效度都会受到各种偏差的威胁。虽然存在许多类型的偏差，但为了简化，这里只关注以下五种[①]：社会偏差（威胁建构效度），代表性偏差和时间偏差（威胁外部效度），数据准备偏差和数据投毒（威胁内部效度），本节会详细讨论这些偏差。

可以设想，在不同的“空间”中存在各种数据的抽象和具体形式：构造空间、观测空间、原始数据空间和准备数据空间。构造空间是一个理论化的、抽象的、未被观测的空间，在这里不存在偏差。通过对特征和标签进行测量，构造空间转化为观测空间[②]。从观测空间中收集的特定人群的数据样本被存储在原始数据空间中，原始数据经过处理后，最终得到准备好的数据，供机器学习模型训练和测试使用。

4.3.1 社会偏差

无论是决策者还是众包工作者，他们的判断都涉及从构造空间的标签到观测空间的标签的转换。人类的判断易受认知偏差的影响，可能导致隐性社会偏差（如无意识中对特定群体的刻板印象），进而对弱势个体和群体造成系统性的不利影响[③]。如果决策者本身存有偏见，他们的行为也可能表现出显性的社会偏差。这些偏见不仅有害，而且可能加剧深层次的结构性不平等。在标注数据时，人们的认知偏差可能导致其他形式的系统性错误。

特征中也可能存在结构性不平等。例如，如果一项能力测试中包含依赖特定文化背景的问题，而非所有参与测试的人都熟悉这些文化内容，那么这一特征就可能不能真实反映出测试者的实际能力。大部分时候，这种隐含的知识往往偏向特定的特权群体。对于边缘化的社会群体，历史上的资源投入不足和机会的缺失等问题，也可能导致相似的特征偏差。

评估东非村庄的卫星图像中屋顶的众包标签时，你的团队发现一个揭示社会偏差的有趣案例。众包工作者不仅标注了家庭院落的主楼屋顶，还包括了同一家庭的其他独立建筑，如单独的厨房和卧室，工作者原本并不了解这是这一地区家庭的典型布局方式。如果没能及时发现并纠正这种偏见，可能会导致对该地区贫困状况的误判。

4.3.2 代表性偏差

在进入特征和标签的观测空间后，数据工程师需开始获取样本数据点。在理想情况下，采样应确保所得到的数据集能够代表总体人群。但在此过程中常常存在选择偏差，导致观测空间的概率分布与实际数据点的分布不符，从而可能影响外部效度。例如，如果数据集中弱势群体的代表性不足或者过于突出，机器学习模型可能会为追求平均性能指标而忽略其独特特征，或者过度强调它们，导致系统性错误。在评估 Unconditionally 手机数据集时，数据工程师发现老年群体的代表性不足，这是因为这一群体中的手机拥有率相对较低。此外，

---

① Harini Suresh, John Guttag. “A Framework for Understanding Sources of Harm Throughout the Machine Learning Life Cycle.” In: *Proceedings of the ACM Conference on Equity and Access in Algorithms, Mechanisms, and Optimization*. Oct. 2021: 17.

② Abigail Z. Jacobs, Hanna Wallach. “Measurement and Fairness.” In: *Proceedings of the ACM Conference on Fairness, Accountability, and Transparency*. Mar. 2021: 375-385.

③ Lav R. Varshney, Kush R. Varshney. “Decision Making with Quantized Priors Leads to Discrimination.” In: *Proceedings of the IEEE* 105.2 (Feb. 2017): 241-255.

他们还注意到国家人口普查可能低估了某些地区的人口数，原因是这些地方没有足够的人口普查员。

然而，代表性偏差并不局限于选择偏差。即使所有子群体都在数据集中得到了体现，这些子群体的特征和标签的特性仍可能存在显著差异。代表性不仅关乎数据点的有无，更涉及如数据质量的系统性差异等更为广泛的问题。

4.3.3 时间偏差

时间偏差是在对观测空间采样和收集原始数据时可能出现的另一种偏差，同样会对外部效度造成影响。如果在数据集完成收集之后，观测空间发生偏移或变动，那么数据集可能就不再与观测空间的分布保持一致。这里的“协变量偏移”涉及特征的分布，“先验概率偏移”关注标签的分布，而“概念偏移”则是在已知特征条件下的标签分布发生变化。这些分布的偏移或变化可能是逐渐发生的，或是突然发生的(第 9 章将对这些分布偏移提供更深入的讨论)。以“Unconditionally”的卫星图像数据集为例，其中一个协变量偏移的示例是有些地点的图像是在雨季拍摄的，而另外一些地点的图像是在旱季拍摄的。

4.3.4 数据准备偏差

在机器学习的生命周期中，数据准备阶段紧接着数据理解阶段。在数据准备过程中，可能会引入多种偏差，这些偏差可能影响内部效度。例如，数据工程师在处理包含缺失值的行时，如果按照常规方法删除这些行，而这些缺失值又与某些敏感特征有关(如某特殊团体的债务特征更容易出现缺失)，那么就可能引入新的偏差。其他偏差可能在数据清洗、数据丰富、数据聚合的步骤中，或在数据增强(参见 4.2.5 节)的过程中出现。

一个常常被忽略的偏差源是在标签中使用代理。例如，逮捕记录不是对犯罪行为的理想代理，因为无辜的人可能被逮捕，而且在警力部署较多的地区，逮捕可能更频繁发生。而医疗保健利用率也并不是健康状况的完美代理，因为不同群体对医疗保健系统的利用存在差异。数据准备中的偏差通常比较难以察觉，与数据工程师和数据科学家在工作中的决策相关，这些决策可能受到他们的个人或社会偏差的影响。为减少这些社会偏差，你可以在数据理解阶段从多元化的信息源中收集意见(第 16 章将更深入地探讨数据理解中多元化团队的重要性)。

4.3.5 数据投毒

最后，恶意攻击者可能在你不知情的情况下将偏差引入数据集中，称为数据投毒。数据投毒可以通过多种方式，如数据注入或数据操纵。数据注入是指添加具有敌方特定特征的数据点，而数据操纵是指修改数据集中已有的数据点(第 11 章将更详细地探讨数据投毒)。

本章介绍的许多偏差都可能被恶意利用，以降低机器学习系统的性能或产生其他问题。虽然安全分析师通常关注影响准确性的攻击，但其他因素(如公平性)也可能成为攻击目标。除降低性能外，数据投毒还可能为攻击者植入所谓的后门，方便他们日后利用。例如，试图欺骗 Unconditionally 系统的人可能会将卫星图像中位于河边的住户标记为极度贫困，这样你的模型可能会向这些沿河的社区提供更多的现金援助。

4.3.6　结论

本章探讨了不同类别的偏差及其对应的不同效度类型。评估与准备数据都是艰巨的任务，必须全面而不留遗漏地完成。与多元化程度低的团队相比，多元化程度高的团队能够头脑风暴提出更多有关效度威胁的思考。评估数据时，除深入探讨数据的形态和来源外，还需考虑其测量、采样和准备过程。偏差心智模型提供了一个检查清单，使用数据集训练机器学习模型前，需要确认：是否评估了可能的社会偏差？数据集是否具有充分的代表性？数据集是否存在时间偏移的情况？在数据准备过程中是否不经意地引入了偏差？是否有人为了恶意而潜入、访问并更改了数据？

当识别到偏差时该怎么办？通过收集更高质量的数据或改进数据准备流程，可以克服部分偏差。但也有一些偏差可能不被注意并会在机器学习生命周期的建模阶段导致结果不确定。在建模过程中，我们可以通过采用防御算法显式地，或增强模型鲁棒性来隐式地减少这些偏差的影响。在本书的第四部分，你将了解如何实施这些策略。

4.4　总结

- 数据是机器学习系统建模的基础，形态多样，来源各异，并且在整个过程中可能产生各种偏差。
- 识别数据集中存在的偏差是至关重要的，因为这些偏差可能威胁机器学习系统解决特定问题的效果。
- 评估结构化数据集涉及对数据集本身的评估，包括对数据准备过程的关注。而评估基础模型和学习表征表示的半结构化数据集，还涉及评估大规模背景数据集。
- 机器学习的大多数数据来源于为其他目的创建和收集的二次利用数据。评估数据创建的初始原因有助于了解数据集的偏差。
- 尽管我们可能非常小心，但完全无偏的数据集是不存在的。然而，建模前尽量发现并纠正偏差会提高最终模型的效果。
- 可信机器学习系统应在设计时考虑减少在数据理解和数据准备阶段可能忽略的偏差。

第 5 章

隐私和知情同意

随着全球病毒大流行的逐步减轻，众多组织正积极制订“重返工作岗位”的计划，期望让长期居家隔离的员工重新回到工作现场。为了实现这一目标，这些组织正在评估一款基于机器学习的移动应用程序——TraceBridge(虚构)。该应用通过收集并模型化位置轨迹、健康相关的测量数据、其他社交数据(如员工之间的内部社交媒体互动和日历邀请)以及行政数据(如空间布局信息和组织结构图)来进行数字化接触追踪，旨在了解感染者与他人之间的交互。TraceBridge 真的是个合适的解决方案吗？组织真的可以安全地重新开放办公室吗？还是员工仍然需要继续长期居家办公？

即使 TraceBridge 收集的数据没有受到第 4 章提到的各种偏差的影响，也存在其他的担忧。TraceBridge 是否应该将所有员工的数据都存放在一个集中的数据库中？谁有权访问这些数据？一旦数据泄露，会有哪些信息被暴露？员工是否被充分告知数据的可能用途，并且同意这种用途？组织是否有权与其他机构分享其数据？员工能否选择不使用该应用程序？这样的选择是否会对他们的职业生涯产生影响？谁可以知晓某个员工的疾病检测结果？谁能知道他们的身份以及与其接触的人？

在第 4 章中，数据科学家要对数据和问题描述中可能存在的偏差保持警觉，因为这些偏差可能会导致不良后果。而在本章，我们关注的是出于知情同意、权利和隐私的考虑①，某些数据是否应该被使用。现在，许多雇主正在评估这款应用程序。然而，在 TraceBridge 的设计和开发过程中，其问题所有者、开发团队和数据科学家必须考虑以下问题。

- 平衡数据使用的知情同意、权利分散与隐私保护的需求。
- 区分各种匿名化技术以确保隐私安全。
- 思考匿名是否是实现隐私的唯一途径。

让我们对他们做的选择进行批判性的评估。

5.1 知情同意、权利和隐私

TraceBridge 的设计利用了有目的地收集的数据、社交数据及行政数据，因为利用这些数据源作为特征，能够增强基础机器学习模型的性能。然而，该应用未告知员工其已访问了

① Eun Seo Jo, Timnit Gebru. “Lessons from Archives: Strategies for Collecting Sociocultural Data in Machine Learning.” In: *Proceedings of the ACM Conference on Fairness, Accountability, and Transparency*. Barcelona, Spain, Jan. 2020, 306-316.

内部社交媒体、日历邀请及行政数据。在应用设计过程中，雇主的组织领导对数据拥有完全的控制权。

尽管 TraceBridge 的设计团队认为他们的方法既简单又有效，但他们没有意识到涉及了数据使用的知情同意及权利分配问题。雇主在应用部署时具有全部的决策权，因为他们可以将该应用的使用作为雇佣条件，而不需要征得员工的同意，员工也无权在其数据的特定用途上发声或选择知情同意。雇主不仅可以使用数据进行病毒接触追踪，还可以监控员工的行为和沟通，例如监测员工休息时间是否过长或是否有非正式的聚会。没有任何约束可以阻止他们将数据出售给其他感兴趣的一方，这使得员工对其自身数据无能为力。总的来说，这种设计明显偏向强势地位的雇主，而非弱势地位的员工。

此外，TraceBridge 的系统设计将所有的个人身份识别数据都集中存储在一个数据库中，且没有进行加密或其他安全处理，并默认向组织的管理层提供，无模糊处理。当有感染者被检测出来时，整个组织都会收到警报，而感染者的详细身份信息则会被透露给管理层及所有推断出的接触者。

尽管 TraceBridge 团队可能觉得他们提供了一个不增加后端复杂性的综合解决方案，但这样的设计选择牺牲了隐私，即个人控制自己信息的权利。在众多的价值观念和法律体系中，隐私被认为是一项基本的人权。中心化存储个人身份信息且不对员工数据进行匿名处理的做法，使得任何人只需通过名字就能轻松获取员工的健康状态和日常活动。通过警报透露身份信息也没有确保匿名性。TraceBridge 团队在隐私方面的做法显然缺乏考虑，任何采用这款应用的组织都可能触犯相关法律。

从广义上讲，数据是一种有价值的商品，不仅能揭示人类行为的总体模式，还能反映个体行为特点。与其他自然资源相似，数据可能在未经弱势群体同意的情况下被利用，从而用于剥削他们[①]。有些人甚至认为，人们应得到对于出售个人数据的补偿，因为这涉及他们的隐私权益[②]。简言之，数据就是权力。

> “数据就是新石油。”
>
> ——克里夫·汉比(Clive Humby)，dunnhumby 公司的数据科学企业家

在机器学习领域，所使用的数据经常涉及权利与知情同意的问题，因为这些数据往往来源于其他原始用途，或被称为“数据废气”，即数字活动的副产物。例如，许多用于训练计算机视觉模型的大型图像数据集，往往是从互联网上爬取得来的，而未经发布者的明确同意[③]。尽管创意共享许可可能提供了某种形式的隐式同意，但缺乏明确的同意仍然可能导致问题，如某些情况下擅自获取和再利用数据时可能会违反版权法。

这种现象为何普遍存在？大多是因为系统设计者追求快速获取大量数据以证明其价

---

① Shakir Mohamed, Marie-Therese Png, William Isaac. “Decolonial AI: Decolonial Theory as Sociotechnical Foresight in Artificial Intelligence.” In: *Philosophy and Technology* 33 (Jul. 2020): 659-684.

② Nicholas Vincent, Yichun Li, Renee Zha, et al. “Mapping the Potential and Pitfalls of ‘Data Dividends’ as a Means of Sharing the Profits of Artificial Intelligence.” arXiv: 1912.00757, 2019.

③ Abeba Birhane, Vinay Uday Prabhu. “Large Image Datasets: A Pyrrhic Win for Computer Vision?” In: *Proceedings of the IEEE Winter Conference on Applications of Computer Vision*. Jan. 2021: 1536-1546.

值，而未充分考虑权利与知情同意的问题。那些社会地位较高的人群常常对这些权利问题较为迟钝，相对地，来自被边缘化的、少数族裔或其他弱势群体的人更容易理解权利差异的问题[①]。这种现象被称作“边缘化经验的认知优势”，在第16章中将有更深入的讨论。同样地，除在受严格监管的领域（如医疗卫生）外，隐私问题往往因为方便性而被忽略。但随着2018年在欧洲经济区实施的《通用数据保护条例》等综合性法律的推出，这种情况已经开始转变。

总之，数据科学家与问题所有者在数据收集过程中都不应忽视权利、知情同意及隐私问题。为了实现机器学习系统的第4个属性（目标一致性），我们必须确保数据使用是经过同意的，特别是对于那些弱势群体。在这点上，绝无例外。

5.2 实现隐私保护的数据匿名化

在收到各方的反馈，指出他们存在违反隐私法规的风险后，TraceBridge的开发团队决定重新审视设计。他们首先要明确“隐私”的真正含义，然后从众多可能的框架中进行选择，并将其整合到系统中。

关于隐私保护，主要有两个应用场景，即数据发布和数据挖掘。隐私保护的数据发布是指对数据进行匿名化处理，确保在不侵犯隐私的前提下最大限度地分享数据。而隐私保护的数据挖掘则是指在控制个体信息范围内对数据进行查询。前者也被称为非交互式匿名化，后者则被称为交互式匿名化。TraceBridge可能会需要采用这两种方式中的任一种或同时采用两种。例如，为组织领导或国家监管机构公开数据集进行审查，或发布接触者追踪警报而不暴露相关的个人身份数据。因此，他们需要对这两种方法进行深入研究，了解每种情境下应采用的技术手段，如用于数据发布的句法匿名和用于数据挖掘的差分隐私[②]。

在处理隐私问题时，我们主要关注三种变量，分别为标识符、准标识符和敏感属性。标识符是可以直接揭示个人身份的数据，如姓名、公民身份证号（如社会保障号）或员工编号。为了保护隐私，标识符应从数据集中删除，但仅删除标识符并非完整的解决方案。准标识符虽不能直接用于识别个体，但通过与其他信息结合，可以用来揭露个体身份，如性别、出生日期、邮政编码和团体成员资格。而敏感属性则是个人不愿公开的信息，如健康状况、投票记录、薪资和行动轨迹。简言之，句法匿名主要是通过修改准标识符来达到隐私保护目的，其方法如数据抑制、数据泛化和数据混淆。而差分隐私则是通过给敏感属性添加噪声来实现。这两种隐私保护的心智模型如图5.1所示。

为了让这个心智模型更具体化，我们可以考虑一个真实的例子：一个员工的样本数据集和他们的病毒诊断测试结果（具体是聚合酶链式反应测试的循环阈值），这被视为敏感数据。表5.1、表5.2和表5.3分别展示了原始数据集、经过k-匿名（$k=3$）处理后的数据集，以及经过差分隐私处理后的数据集（k-匿名和差分隐私的具体内容将在后续章节中详述）。

---

① Miliann Kang, Donovan Lessard, Laura Heston. *Introduction to Women, Gender, Sexuality Studies*. Amherst, Massachusetts, USA: University of Massachusetts Amherst Libraries, 2017.

② John S. Davis Ⅱ, Osonde A. Osoba. “Privacy Preservation in the Age of Big Data: A Survey.” *RAND Justice, Infrastructure, and Environment* Working Paper WR-1161, 2016.

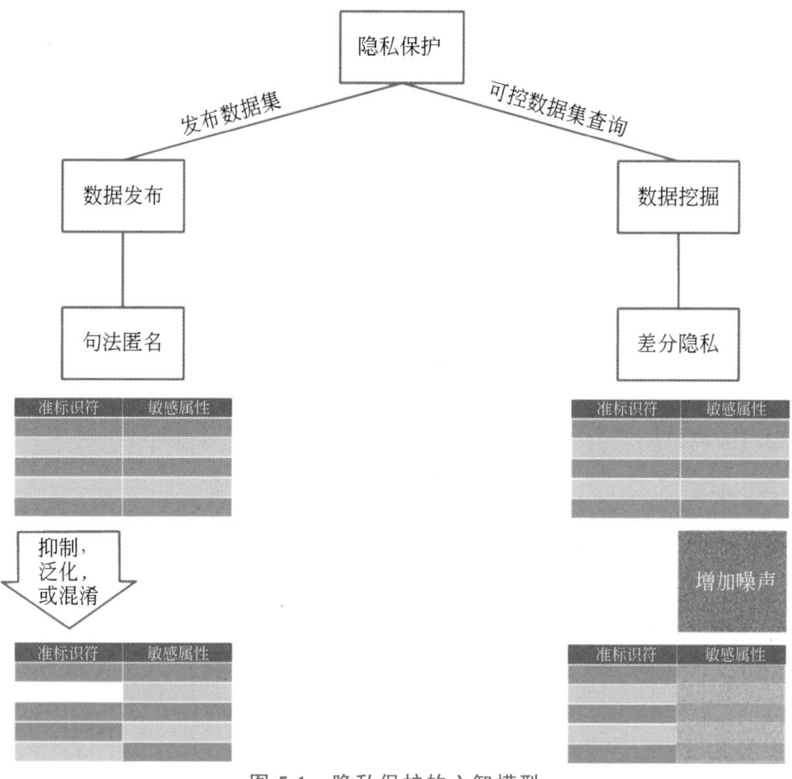

图 5.1　隐私保护的心智模型

隐私保护的心智模型分为两部分：一是通过句法匿名化处理数据发布；二是通过差分隐私进行数据挖掘。隐私保护的层次结构图：一个子节点是数据发布，当发布数据集时需要用到。数据发布的唯一子节点是句法匿名，用一个含有准标识符和敏感属性的表格进行表示，通过抑制、泛化或混淆准标识符的方式对数据进行处理，使得部分行数据重新排序，而其他行的数据值会发生变化。隐私保护的另一个子节点是数据挖掘，该方法用于可控数据集查询。数据挖掘的唯一子节点为差分隐私，也用一个表格表示，但处理方法是在敏感属性上添加噪声，使得表格内容变得模糊。

表 5.1　原始数据集

姓　　名	部　　门	CT 值
约瑟夫・奇波拉	可信人工智能	12
克韦库・耶菲	神经符号人工智能	20
安贾莉・辛格	人工智能应用	35
塞利娅・桑塔格	计算加速	31
菲德拉・帕拉吉奥斯	软件定义架构	19
陈春华	热管理封装	27

表 5.2　经过 k-匿名（$k=3$）处理后的数据集

组 织 机 构	CT 值
人工智能	12
人工智能	20

续表

组织机构	CT值
人工智能	35
混合云	31
混合云	19
混合云	27

表 5.3 经过差分隐私处理后的数据集

姓　　名	部　　门	CT值
约瑟夫·奇波拉	可信人工智能	13.5
克韦库·耶菲	神经符号人工智能	12.8
安贾莉·辛格	人工智能应用	32.7
塞利娅·桑塔格	计算加速	35.9
菲德拉·帕拉吉奥斯	软件定义架构	22.1
陈春华	热管理封装	13.4

5.2.1 数据发布和句法匿名化

句法匿名化的最基本形式是 k-匿名[①]。这种方法的核心思想是通过抑制(替换为 null 值)或泛化准标识符的值(例如,用邮政编码的前 3 位替代完整的 5 位邮政编码),形成至少有 k 个记录的组,这些记录在修改后的准标识符上完全相同,从而使得组内的所有记录变得难以区分。随机打乱这些准标识符内部的数据可以获得相同的效果。如果原始数据集有 n 个数据点,那么在匿名数据集中,理论上可以划分为 n/k 组,且每组的基数大致相等。

然而,k-匿名存在一些弱点,如它容易受到同质性攻击和背景知识攻击。同质性攻击是指 k 个成员的组中有多条记录具有相同的敏感属性值,这意味着即使不能精确地重新识别个体,其敏感信息也可能被泄露。背景知识攻击则是利用某个子群体的特定敏感属性信息,推断个体可能的敏感属性值。为了应对这些问题,提出了 l-多元化(l-diversity),这是 k-匿名的一个改进版本[②],要求每一 k 个成员的组中至少有 l 个不同的敏感属性值。

再进一步,为了加强隐私保护,提出了 t-近似(t-closeness)[③]。在 k-匿名的基础上,t-近似要求每一 k 个成员的组的敏感属性的概率分布与整个数据集的全局敏感属性的概率分布之间的差异不超过 t。简单来说,所有组在敏感属性的分布上应该是相似的,但找到给定数

---

① Latanya Sweeney. "*k*-Anonymity: A Model for Protecting Privacy." In: *International Journal of Uncertainty, Fuzziness and Knowledge-Based Systems* 10.5 (Oct. 2002): 557-570.

② Ashwin Machanavajjhala, Daniel Kifer, Johannes Gehrke, et al. "*l*-Diversity: Privacy Beyond k-Anonymity." In: *ACM Transactions on Knowledge Discovery from Data* 1.1 (Mar. 2007): 3.

③ Ninghui Li, Tiancheng Li, Suresh Venkatasubramanian. "*t*-Closeness: Privacy Beyond k-Anonymity and l-Diversity." In: *Proceedings of the IEEE International Conference on Data Engineering*. Istanbul, Turkey, Apr. 2007: 106-115.

据集的 t-近似变换在计算上是困难的。

k-匿名、l-多元化和 t-近似的再识别风险可以用互信息解释(这在第3章已有讨论)。如果 X 是原始数据集中的准标识符随机变量,$\widetilde{X}$ 是匿名数据集中的准标识符随机变量,而 W 是敏感属性的随机变量,那么可以得到以下的定量问题描述。

- $I(X,\widetilde{X})\leqslant\log\frac{n}{k}$($k$-匿名)。
- $I(W,\widetilde{X})\leqslant H(W)-\log l$($l$-多元化)。
- $I(W,\widetilde{X})\leqslant t$($t$-近似)①。

通过 k-匿名,再识别风险从全数据集降低到簇数量。当在 k-匿名基础上应用 l-多元化或 t-近似时,这限制了由匿名的准标识符预测到敏感属性的可能性。在推断匿名化所能保护的内容以及可能泄露的信息时,这些关系成为强大的工具。使用信息论中的标准统计术语描述它们,可以更广泛地考察并研究其他问题的描述和可信性要求。

5.2.2 数据挖掘和差分隐私

与匿名化技术相对应的是差分隐私,它更适用于查询数据集的场景,而不仅是发布数据集。具体设置如下:一个组织拥有一个数据集,并且预先知道它会执行哪些查询。某些查询可能返回数据集中某个特定值的数量或某列的平均值。有些查询甚至可能涉及返回一个在数据集上经过训练的机器学习分类器。部分查询容易进行匿名化处理,而另一些则较难。在差分隐私的场景设置中,组织必须始终控制数据集及其所有查询,这与句法匿名化形成鲜明对比,因为在句法匿名化后,数据集可以自由传播。差分隐私的基本思路是给敏感属性加入噪声。

进一步了解这方面的细节,假设 TraceBridge 拥有一个记录所有感染过病毒的员工的数据集 W_1。如果又有一名员工被检测出阳性,那么该员工的数据将被添加到数据集中,从而生成一个新的数据集 W_2,与原数据集的不同仅在于新增了一行数据。假设查询函数 $y(W)$是计算患有癌症的员工的数量,这对于更深入了解癌症与病毒性疾病之间的关系是很有价值的。由于癌症的诊断状态被视为敏感信息,为了保护这些隐私,差分隐私系统不会直接返回查询结果 $y(W)$,而是返回一个通过加入随机数值得到的带噪声的结果,记作 $\widetilde{Y}(W)=y(W)+$噪声。其中,$\widetilde{Y}$ 是一个随机函数,可以被看作一个随机变量的取样值 $\widetilde{y}$。差分隐私的目标可以通过原始数据集与新数据集的查询概率的下界限表示。

$$\text{对任意 }\widetilde{y},P(\widetilde{Y}(W_1)=\widetilde{y})\leqslant \mathrm{e}^{\epsilon}\,P(\widetilde{Y}(W_2)=\widetilde{y}) \tag{5.1}$$

ϵ是一个微小的正数,用于表示我们期望达到的隐私级别。当ϵ的值接近0时,e^{ϵ}的值则接近1;当ϵ等于0时,两个概率相等,这意味着这两个数据集无法被区分,这正是差分隐私追求的匿名化效果②。当数据集新增一个条目时,你无法从查询结果中辨识出任何区别,这

---

① Michele Bezzi. "An Information Theoretic Approach for Privacy Metrics." In: *Transactions on Data Privacy* 3.3 (Dec. 2010): 199-215.

② 对于某些区间或者其他集合 S,我们应写成 $P(\widetilde{Y}(W_1)\in S)\leqslant \mathrm{e}^{\epsilon}P(\widetilde{Y}(W_2)\in S)$,因为如果 $\widetilde{Y}$ 是一个连续随机变量,那么它取任何特定值的概率总是零,只有当它定义为一个集合时,才具有特定的概率。

意味着相较于原始数据集，你无法从新数据集中得到更多的敏感信息。

差分隐私中的核心技巧是确定添加到 $y(W)$ 中的噪声的类型及其强度。对于众多的查询函数，拉普拉斯分布产生的噪声往往是最为理想的[①]。正如前文提到的，有些查询比其他查询更为简单。这种简单程度可以通过全局敏感度量化，其衡量了数据集中单行对查询值的影响。全局敏感度较小的查询需要较低强度的噪声来实现ϵ-差分隐私。

与句法隐私相似，在考虑将差分隐私与其他可信机器学习问题（如准确性、公平性、鲁棒性和可解释性）结合时，使用信息论的语言来描述它，而非之前的专业术语，可能会更为直观。为此，设 W 是一个随机变量，并希望在两个数据集 w_1 和 w_2 下，带有噪声的查询结果 $\tilde{Y}$ 的概率分布 $P(\tilde{Y} \mid W=w_1)$ 和 $P(\tilde{Y} \mid W=w_2)$ 是相似的。接着，可以将差分隐私的目标设定为，最小化数据集和带噪声查询结果之间的互信息量 $I(W,\tilde{Y})$。通过进一步具体化这一目标最小化互信息量，可以得到一个关于ϵ-差分隐私ϵ的关系[②]。对于数据集和查询结果之间的互信息的一个观点是：互信息衡量了通过查询所获得的信息，减少了对数据集的不确定性，一个接近零的互信息值意味着从查询中未获得关于数据集内容的任何信息，这与差分隐私的核心理念一致。

差分隐私的目标是防止任何查询结果的变化被归因到数据集中的任何一个特定条目。但对差分隐私的一个批评是，如果数据集中的条目之间存在关联或相关性，它可能仍然允许敏感信息的推断。目前，已有人提出基于信息论概念的更严格的差分隐私形式，要求数据集中的条目必须是独立的。

5.2.3 结论

TraceBridge 在其应用程序和接触追踪系统中有多种使用场景。首先，它允许组织领导、外部监管机构或审计员查看公开的敏感数据。其次，它还可以在不泄露个人信息的前提下，交互式地从敏感数据中查询统计数据。这些使用场景各有所依赖的技术：第一个主要依赖句法匿名，而第二个则依赖差分隐私。这也意味着系统设计和所需的基础设施会有所不同。大多数地区和应用领域的法律主要关注第一个使用场景（数据发布），但这些法律在隐私的具体定义上通常不够明确。因此，TraceBridge 在开发其可信赖的系统时，可能需要同时采纳这两种隐私保护手段。

已经到本章的末尾，尚未讨论隐私与实用性之间的权衡。评估隐私保护手段时，我们需要考虑数据的使用方式，这是一种平衡。确实，这种权衡是有根据的。例如，在进行 k-匿名处理后，数据集的实用性通常对于一个相当大的 k 来说是很好的，但当进行了适当的 t-近似后，其实用性可能就大打折扣。同样，关于差分隐私常见的批评是，当ϵ值相对较小（噪声相对较大）时，查询的实用性较差。但这不能一概而论，我们必须根据具体的场景和数据集进行评估，并在选择隐私参数时谨慎行事，不走捷径，并听取多方利益相关者的建议。

---

① 拉普拉斯分布的概率密度函数为 $p_X(x)=\frac{1}{2b}\exp\left(-\frac{|x-\mu|}{b}\right)$，其中 μ 是均值，b 是一个比例参数，使得方差是 $2b^2$。

② Darakshan J. Mir. "Information-Theoretic Foundations of Differential Privacy." In: *Foundations and Practice of Security*. Montreal, Canada, Oct. 2012: 374-381.

5.3　其他隐私保护方法

虽然句法匿名和差分隐私是两种常见的数据匿名化技术，但它们并不是 TraceBridge 唯一可选择的隐私保护手段。一个非常简单的隐私保护方法是将数据锁定并丢掉钥匙。如果不发布数据也不提供查询功能，那确实能够达到完美的隐私。但如果这样，数据的价值如何体现呢？

第一个答案是，建立机构控制和程序，确保只有授权的用户才能访问数据，并仅限于特定的批准用途。例如，经过认证的数据科学家可能只被允许在安全的计算环境中访问数据，这些环境拥有强大的安全防止数据泄露的措施。此外，分散数据存储，而非集中化，也可以进一步降低数据泄露的风险。

第二个答案是，可以将算法应用到数据上，而不是将数据送入算法中。通过分布式计算，不同的数据可以存储在不同的位置，而安全的多方计算可以在不暴露原始数据的情况下进行。

第三个答案是，利用加密技术。TraceBridge 可以采用全同态加密技术在加密数据上进行计算，从而得到与未加密数据相同的结果。尽管这种方法在计算上的开销较大，但它正在变得越来越实用。

基于上述机构控制、安全多方计算和全同态加密三种方法，内容的计算仍然是一个待解决的问题。个人和组织在使用这些技术时，有可能仍然会输出一些泄露敏感个人信息的数值或统计数据。因此，将这些方法与差分隐私等技术结合使用可能是更为明智的选择。

5.4　总结

- 数据是人类的宝贵资源，使用前必须得到同意。未经授权，请勿访问或使用。
- 数据科学家有能力创建可能利用或压迫弱势群体的机器学习系统，但这并不意味着应该这样做。应该审慎行事，深入考虑其后果，并尊重及听取弱势群体的声音。
- 当人们同意使用他们的数据，并不意味着他们放弃了全部隐私权。存在多种方法可以帮助保护他们的隐私。
- 句法匿名化技术是将拥有相似准标识符的记录聚合在一起，并对这些准标识符进行模糊化，这种方法在发布个体级别的数据时特别有用。
- 差分隐私在用户通过特定和预定的查询与数据交互时，对敏感属性的查询结果添加噪声。当需要对数据进行统计分析或基于数据构建模型时，此方法尤为重要。
- 数据安全访问提供了一种可选择的方法，以避免直接对数据进行匿名化处理。

第 三 部 分

第6章

检测理论

让我们从第3章继续，假设你是一位数据科学家，负责为P2P借贷平台ThriveGuild（虚构）构建一个贷款审批模型。此时你正处于机器学习生命周期的第一阶段，需要与问题所有者一起明确系统的目标和关键指标。你已经认识到安全的重要性，它包括两部分，即基本性能（最小化偶然不确定性）和可靠性（最小化认知不确定性）。接下来，你打算深入讨论问题描述的第一部分，即基本性能（可靠性在本书的第四部分讨论）。

当你试图将特定的问题目标（例如，P2P借贷平台的预期收益）转换为机器学习的度量时，有哪些量化指标是可用的？当进入模型构建的阶段时，如何确定你有了一个表现良好的模型？在构建风险评估模型时，你需要考虑哪些特定的因素，确保它不仅给出“批准”或“拒绝”的输出？

机器学习模型可以视为一个决策函数：根据借款人的特征来决定批准或拒绝，从而辅助信贷员做出决策。将这种方法称为“统计歧视”是因为我们在一个类别标签与另一个类别标签之间进行了区分。这里的“歧视”并不是指具有偏见的行为，而是指在事物之间进行区分，正如你可能会与葡萄酒专家讨论某种酒的独特口感那样。这与第10章中讨论的算法偏见完全不同，那里的“歧视”指的是因为系统偏见而对某些群体产生不利影响。

本章开启了本书的第三部分“基本建模”（为了更好理解，请参照图6.1回顾本书的整体结构），并将利用决策理论，即关于分类输出的最佳决策的研究[①]，解答上述问题。

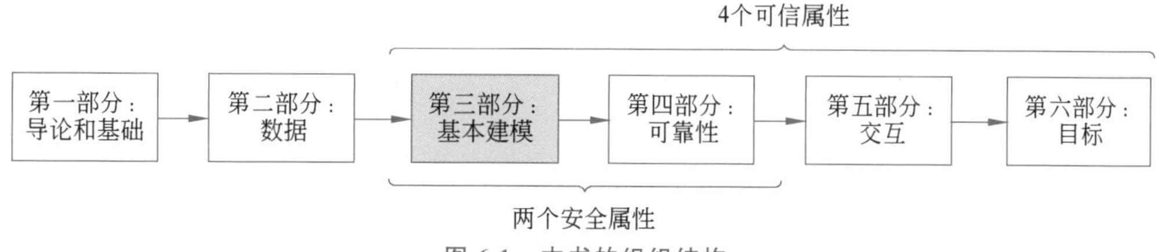

图6.1　本书的组织结构

第三部分聚焦可信的第一个属性，即基本性能，它对应于性能良好且准确的机器学习模型。从左到右的流程图包含6部分：第一部分为导论和基础；第二部分为数据；第三部分为基本建模；第四部分为可靠性；第五部分为交互；第六部分为目标。其中，第三部分被突出显示。第三和第四部分被标记为安全属性。而第三至第六部分被标记为可信属性。

具体来说，本章将关注以下内容。

- 如何选择指标量化决策函数的基本性能（尤其是涵盖在不同操作条件下的性能指标）。

---

① 估计理论研究是在连续输出响应情况下的最优决策。

- 如何测试决策函数是否达到其最优状态。
- 如何区分风险评估二元决策问题的性能。

6.1 选择决策函数的指标

作为 ThriveGuild 的数据科学家，你正在处理一个二元分类问题，即一个二元假设检验问题：预测哪些借款申请者可能会违约，从而决定批准或拒绝他们的申请[①]。设 Y 为借款批准决策，标签 $y=0$ 表示拒绝，标签 $y=1$ 表示批准。特征向量 X 则包含申请者的就业情况、收入和其他相关信息。$y=0$ 代表负样本，$y=1$ 代表正样本。特征和标签的随机变量由概率质量函数确定，即似然函数 $p_{X|Y}(x|y=0)$ 和 $p_{X|Y}(x|y=1)$，或者由先验概率确定，即 $p_0=P(Y=0)$ 和 $p_1=P(Y=1)=1-p_0$。基本任务是找到一个决策函数 $\hat{y}: \mathcal{X} \to \{0,1\}$，根据特征预测标签[②]。

6.1.1 量化可能出现的事件

在二元分类问题中，存在以下 4 种可能的事件。

(1) 决策函数预测为 0，真实标签为 0。

(2) 决策函数预测为 0，真实标签为 1。

(3) 决策函数预测为 1，真实标签为 1。

(4) 决策函数预测为 1，真实标签为 0。

真阴性意味着基于某种事实拒绝了应当被拒绝的申请者，假阴性是错误地拒绝了本应被批准的申请者，真阳性是正确地批准了应被批准的申请者，而假阳性则是错误地批准了本应被拒绝的申请者。可以用混淆矩阵来清晰地表示这些事件。

	$Y=1$	$Y=0$
$\hat{y}(X)=1$	TP	FP
$\hat{y}(X)=0$	FN	TN

(6.1)

这些事件的概率是

$p_{TP}=P(\hat{y}(X)=1 \mid Y=1)$	$p_{FP}=P(\hat{y}(X)=1 \mid Y=0)$
$p_{FN}=P(\hat{y}(X)=0 \mid Y=1)$	$p_{TN}=P(\hat{y}(X)=0 \mid Y=0)$

(6.2)

这些条件概率直接表示了事件的定义。概率 p_{TN} 被称为真阴性率，也被称为特异性或选择性。概率 p_{FN} 被称为假阴性率，或又被称为漏检概率或遗漏率。概率 p_{TP} 被称为真阳性率，或被称为检测概率、召回率、敏感性和效力。而概率 p_{FP} 被称为假阳性率，又被称为误报

---

① 为了便于在本章和本书后面部分的解释，我们主要介绍使用两个标签的情况，对多于两个标签的情况不深入研究。

② 这也是有监督机器学习的基本任务。在监督学习中，决策函数是基于来自 (X,Y) 的数据样本，而不是基于分布；监督学习将在第 7 章中介绍。

概率或误报率。这些概率还可以组织成如下形式。

$P(\hat{y}(X)\|Y)$	$Y=1$	$Y=0$
$\hat{y}(X)=1$	p_{TP}	p_{FP}
$\hat{y}(X)=0$	p_{FN}	p_{TN}

(6.3)

需要考虑这些事件本身以及它们与实际问题之间的关联。例如,假阳性,也就是批准了本应被拒绝的申请人,意味着 ThriveGuild 的借款人可能会面临违约风险,因此应当尽量避免。而假阴性,即错误地拒绝了本应被批准的申请人,意味着 ThriveGuild 失去了通过贷款利息获得利润的机会。

上述事件基于真实标签。以预测标签为条件产生的事件和概率同样也可用于描述性能。

$P(Y\|\hat{y}(X))$	$Y=1$	$Y=0$
$\hat{y}(X)=1$	p_{PPV}	p_{FDR}
$\hat{y}(X)=0$	p_{FOR}	p_{NPV}

(6.4)

这些条件概率与式(6.2)中的条件概率正好相反。概率 p_{NPV} 被称为阴性预测值,概率 p_{FOR} 被称为误遗漏率,概率 p_{PPV} 被称为阳性预测值或精确度,概率 p_{FDR} 被称为误发现率。如果你关心决策函数质量,请参考第一组概率(p_{TN},p_{FN},p_{TP},p_{FP}),而如果你关心的是预测质量,请参考第二组概率(p_{NPV},p_{FOR},p_{PPV},p_{FDR})。

当需要用数值计算这些概率时,可以将决策函数应用于一系列独立且同分布的样本(X,Y),并将 TN、FN、TP 和 FP 的事件数量分别用 n_{TN},n_{FN},n_{TP} 和 n_{FP} 表示,随后使用以下概率估计进行计算。

$p_{TP}\approx\frac{n_{TP}}{n_{TP}+n_{FN}}$	$p_{FP}\approx\frac{n_{FP}}{n_{FP}+n_{TN}}$
$p_{FN}\approx\frac{n_{FN}}{n_{FN}+n_{TP}}$	$p_{TN}\approx\frac{n_{TN}}{n_{TN}+n_{FP}}$

$p_{PPV}\approx\frac{n_{TP}}{n_{TP}+n_{FP}}$	$p_{FDR}\approx\frac{n_{FP}}{n_{FP}+n_{TP}}$
$p_{FOR}\approx\frac{n_{FN}}{n_{FN}+n_{TN}}$	$p_{NPV}\approx\frac{n_{TN}}{n_{TN}+n_{FN}}$

(6.5)

例如,假设 ThriveGuild 的决策统计为 $n_{TN}=1234$,$n_{FN}=73$,$n_{TP}=843$ 且 $n_{FP}=217$,利用上述公式,可以估算出各种性能概率。得出的结果是 $p_{TN}\approx0.85$,$p_{FN}\approx0.08$,$p_{TP}\approx0.92$,$p_{FP}\approx0.15$,$p_{NPV}\approx0.94$,$p_{FOR}\approx0.06$,$p_{PPV}\approx0.80$ 且 $p_{FDR}\approx0.20$。这些值在逻辑上是合理的,但其有效性仍需根据 ThriveGuild 的实际目标和需求评估。

6.1.2 概括性能指标

假阴性和假阳性在本质上都是错误。错误概率,也称为错误率,是假阴性率和假阳性率

的先验概率加权和，即

$$p_E = p_0 p_{FP} + p_1 p_{FN} \tag{6.6}$$

平衡错误概率，也称为平衡错误率，是假阴性率和假阳性率的非加权平均，即

$$p_{BE} = \frac{1}{2} p_{FP} + \frac{1}{2} p_{FN} \tag{6.7}$$

上述等式描述了决策函数的基本性能。你对每种类型的错误都持有相同的关心度，且一个标签的数据点远多于其他标签时，平衡错误率显得尤为重要。准确率，是错误概率的补数，即 $1-p_E$，而平衡准确率，是平衡错误概率的补数，即 $1-p_{BE}$，有时它们比错误率更易于被问题所有者理解。

F_1-score，即 p_{TP} 和 p_{PPV} 的调和平均值，是一种描述预测质量的综合性指标，与决策函数的描述有所区别，即

$$F_1 = 2\frac{p_{TP} p_{PPV}}{p_{TP} + p_{PPV}} \tag{6.8}$$

延续之前的示例，$p_{TP} \approx 0.92$，$p_{PPV} \approx 0.80$，假定 ThriveGuild 的申请被拒绝的先验概率为 $p_0 = 0.65$，申请被批准的先验概率为 $p_1 = 0.35$。然后代入相关等式，会得到 $p_E \approx 0.13$，$p_{BE} \approx 0.11$，以及 $F_1 \approx 0.86$，这些值都是合理的，并可能被问题所有者接受。

作为数据科学家，你可以用这些抽象的 TN、FN、TP 和 FP 研究各种事件，但必须将它们放在问题所有者目标的背景下。对 ThriveGuild 来说，关键是在借款人上做出明智的选择以实现盈利。在实际应用中，错误决策常常会给相关人员带来重大的后果，包括生命损失、自由受限或失去生计等。因此，考虑与各个事件相关的成本在描述决策函数性能时至关重要。这些成本可以通过成本函数 $c(Y, \hat{y}(X))$ 表示，记为 $c(0,0)=c_{00}$，$c(1,0)=c_{10}$，$c(1,1)=c_{11}$ 和 $c(0,1)=c_{01}$。

考虑到这些成本，描述决策函数性能的指标被称为贝叶斯风险 R，即

$$R = (c_{10} - c_{00}) p_0 p_{FP} + (c_{01} - c_{11}) p_1 p_{FN} + c_{00} p_0 + c_{11} p_1 \tag{6.9}$$

深入解析这一等式，你会发现两个错误概率 p_{FP} 和 p_{FN} 分别和它们相关的先验概率和成本相乘是主要部分，而非错误事件只是乘以它们的成本。在寻找最优决策函数时，贝叶斯风险是最常使用的性能指标。实际上，找到这样的决策函数意味着解决了贝叶斯检测问题。为确保价值的对齐，从问题所有者处获取特定问题的成本函数 $c(\cdot,\cdot)$，这将在第 14 章讨论。

图 6.2 展示了本章其余部分的心智模型或路线图。在此模型中，贝叶斯风险和贝叶斯检测问题是核心概念，所有其他概念都以不同方式和目的与其相互关联。接下来，介绍一些新概念。

因为做正确的决策是值得赞赏的，通常我们会假设正确的决策不会带来额外成本，即 $c_{00}=0$，$c_{11}=0$。在接下来的部分，本书将采纳这种假设。在这种情况下，贝叶斯风险可以简化为

$$R = c_{10} p_0 p_{FP} + c_{01} p_1 p_{FN} \tag{6.10}$$

为了得到这个简化的等式，你只需将式(6.9)中的 c_{00} 和 c_{11} 的值设为 0。在 $c_{10}=1$ 和 $c_{01}=1$ 的情况下，贝叶斯风险就是错误概率。

我们默认地假设 $c(\cdot,\cdot)$ 除需要 $\hat{y}(X)$ 外不依赖 X。这并不是一个严格的假设，仅是为了简化讨论。实际上，你可以轻易地构想出决策成本取决于某些特征的场景。例如，若

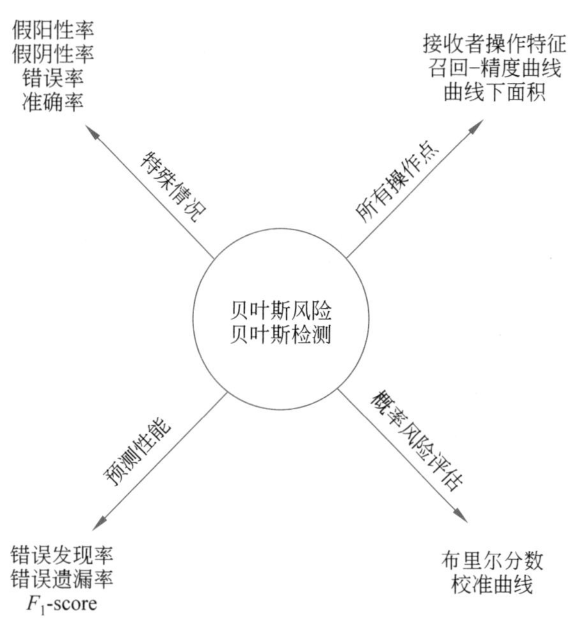

图 6.2 检测理论中围绕贝叶斯风险和贝叶斯检测为核心的不同概念的心智模型

以贝叶斯风险和贝叶斯检测为中心，其他4组概念从中心向外辐射。假阳性率、假阴性率、错误率和准确率是其中的特殊情况。接收者操作特征(ROC)、召回精度曲线及其曲线下面积存在于所有的操作点中。在概率风险评估中，你会遇到布里尔分数(Brier-score)和校准曲线。错误发现率、错误遗漏率和 F_1-score 都与预测性能相关。

ThriveGuild 在借款审批决策中考虑借款的金额作为一个特征，那么由此产生的错误成本(金钱损失)将依赖这一特征。然而，为了简化，我们通常认为成本函数并不直接依赖特征。在此假设下，例如，所有申请人的假阴性成本可能是 $c_{10}=100\ 000$ 美元，而假阳性成本可能是 $c_{01}=50\ 000$ 美元。

6.1.3 考虑不同操作点的问题

贝叶斯风险只适用于先验概率集和成本集固定的情况，但实际情况经常变化，如经济环境改善，潜在的借款人在偿还借款方面可能变得更为可靠。若有其他的问题所有者参与，并对机会成本有不同的看法，那么假阴性成本 c_{10} 可能会发生变动。在面对这些变动的值集合(即不同的操作点)时，你应该如何评估决策函数的性能呢？

很多决策函数是通过一个阈值 η 进行参数化的(包括6.2节中的最优决策函数)。你可以调整决策函数，让其对假阳性或假阴性更为宽容或更为严格，但这两者无法同时做到。改变 η 可以探索这两者之间的权衡，并产生不同的错误概率对(p_{FP}, p_{FN})，即不同的操作点。换句话说，不同的操作点对应不同的假阳性率和真阳性率对(p_{FP}, p_{TP})。当参数 η 从0变化到无穷大时，在 p_{FP}-p_{TP} 平面上绘制出的曲线就是 ROC。当 $\eta\to\infty$ 时，ROC 取值为($p_{FP}=0$, $p_{TP}=0$)；当 $\eta\to 0$ 时，ROC 取值为($p_{FP}=1$, $p_{TP}=1$)。这很直观，因为当决策函数总是判断为 $\hat{y}=0$ 时，既没有 FP 也没有 TP。而在另一种极端情况下，即决策函数总为 $\hat{y}=1$ 时，所有的决策要么是 FP，要么是 TP。

ROC 是一个凹形的、非递减函数，如图6.3所示。越接近左上角效果越好。对于判别来说，效果最好的 ROC 会直线上升至(0,1)，然后向右急转。最差的 ROC 是连接(0,0)和(1,1)的对角线，这对应随机猜测的情况。ROC 曲线下的面积，也被称为曲线下面积(AUC)，综合反映了所有操作点的性能。当同一个有阈值的决策函数应用于差异较大的操作条件时，应选择 AUC 作为性能度量。从最差(对角线)和最好(先直线上升，然后直线向右)的 ROC 曲线中，可以推断 AUC 的取值范围是从 0.5(右下角的三角形面积)到 1(整个正方形的面积)[①]。

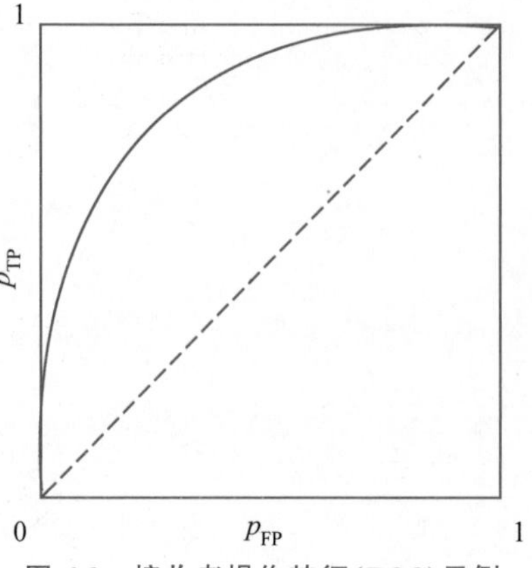

图 6.3 接收者操作特征(ROC)示例

其中，纵轴为 p_{TP}，代表真阳性率，横轴为 p_{FP}，代表假阳性率。两轴的取值范围均为 0～1。从(0,0)到(1,1)的虚线对角线表示随机猜测。而实线凸曲线从(0,0)到(1,1)表示 ROC，始终位于对角线的上方。

6.2 努力实现最佳表现

作为 ThriveGuild 的数据科学家，你已经为问题所有者提供了一系列基本性能指标供选择，并解释了每个度量的应用场景。贝叶斯风险是最具普适性并广泛应用的性能指标。假设你在机器学习生命周期的问题描述阶段选择了贝叶斯风险，此时包括决策成本。在建模阶段，你需要判断模型的表现。最佳的方式是优化贝叶斯风险，找到最小贝叶斯风险的最优决策函数，并将当前模型的贝叶斯风险与此进行对比。

> “很多主流的机器学习研究往往忽略了可预测性的上限。每个预测问题都有一个‘最好的’预测上限——这就是贝叶斯的最优表现。如果你对自己正在处理的问题了解不足，那你仍然是在摸黑前行。”
>
> ——萨布恩库·梅尔特·R(Mert R. Sabuncu)，康奈尔大学计算机科学家

定义最佳可能决策函数为 $\hat{y}^*(\cdot)$，其对应的贝叶斯风险为 R^*。它们可以通过期望成本的最小化来确定，即

$$\hat{y}^*(\cdot) = \arg\min_{\hat{y}(\cdot)} E[c(Y, \hat{y}(X))] \tag{6.11}$$

其中，期望是基于 X 和 Y 的。由于它实现了最小的期望成本，根据定义，函数 $\hat{y}^*(\cdot)$是最佳可能的 $\hat{y}(\cdot)$。无论其贝叶斯风险 R^* 是多少，其他决策函数的贝叶斯风险 R 都不能低于这个值。

我们在此不进行深入讨论，但式(6.11)中的最小化问题的解决方案可以表示为贝叶斯

① 召回-精度曲线是理解操作点性能的另一种方法。它是在 p_{PPV}-p_{TP}平面上从($p_{PPV}=0, p_{TP}=1$)开始，到($p_{PPV}=1, p_{TP}=0$)结束的曲线。它与 ROC 有一对一的映射关系，更容易被理解。“The Relationship Between Precision-Recall and ROC Curves.” In: *Proceedings of the International Conference on Machine Learning*. Pittsburgh, Pennsylvania, USA, Jun. 2006, 233-240.

最优决策函数，形式如下。

$$\hat{y}^*(\cdot)=\begin{cases}0, & \Lambda(x)\leqslant\eta\\1, & \Lambda(x)>\eta\end{cases} \tag{6.12}$$

其中，$\Lambda(x)$被称为似然比，定义如下。

$$\Lambda(x)=\frac{p_{X|Y}(x\mid Y=1)}{p_{X|Y}(x\mid Y=0)} \tag{6.13}$$

而 η 称为阈值，定义为

$$\eta=\frac{c_{10}p_0}{c_{01}p_1} \tag{6.14}$$

似然比实际上是两个似然函数的比值，即使在特征 X 为多变量的情况下，它也是一个标量。$\Lambda(x)$作为两个非负概率密度函数值的比值，其范围是$[0,\infty)$，可以看作一个随机变量。阈值由成本和先验概率决定。式(6.12)中给出的最优决策函数 $\hat{y}^*(\cdot)$称为似然比检验。

以 ThriveGuild 的贷款批准为例，其决策仅由特征 X 决定，即申请人的收入。回顾第 3 章，我们将收入按照指数分布进行了建模。具体来说，当 $x\geqslant 0$ 时，$p_{X|Y}(x\mid Y=1)=0.5\mathrm{e}^{-0.5x}$，$p_{X|Y}(x\mid Y=0)=\mathrm{e}^{-x}$。就像本章前面提到的，$p_0=0.65$，$p_1=0.35$，$c_{10}=100\ 000$，$c_{01}=50\ 000$，将这些数值代入式(6.13)，将得到

$$\Lambda(x)=\frac{0.5\mathrm{e}^{-0.5x}}{\mathrm{e}^{-x}}=0.5\mathrm{e}^{0.5x}, x\geqslant 0 \tag{6.15}$$

进一步地，将这些数值代入式(6.14)，将得到

$$\eta=\frac{100\ 000}{50\ 000}\frac{0.65}{0.35}=3.7 \tag{6.16}$$

将上述表达式代入式(6.12)中的贝叶斯最优决策函数，将得到

$$\hat{y}^*(x)=\begin{cases}0, & 0.5\mathrm{e}^{0.5x}\leqslant 3.7\\1, & 0.5\mathrm{e}^{0.5x}>3.7\end{cases} \tag{6.17}$$

它进一步简化为

$$\hat{y}^*(x)=\begin{cases}0, & x\leqslant 4\\1, & x>4\end{cases} \tag{6.18}$$

该等式是通过将不等式两边都乘以 2，然后取自然对数，再次乘以 2 得到的。收入小于或等于 4 的申请人会被拒绝，而收入大于 4 的申请人会获得批准。$X|Y=1$ 的期望值为 2，$X|Y=0$ 的期望值为 1。因此，在这个例子中，申请人的收入需要远高于平均值才能得到批准。

对于在给定数据分布的数据上训练的任何机器学习分类器，你应该使用贝叶斯最优风险 R^* 来限制其性能下界①。无论你多努力或多有创造力，都不能超越贝叶斯极限。因此，如果你的模型表现接近这个极限，你应该感到欣慰。如果贝叶斯最优风险过高，则应考虑返回到机器学习生命周期的数据理解和数据准备阶段，获取更有信息量的数据。

① 有一些技术可以在没有底层概率分布的情况下估计数据集的贝叶斯风险。Ryan Theisen, Huan Wang, Lav R. Varshney, et al. "Evaluating State-of-the-Art Classification Models Against Bayes Optimality" In: *Advances in Neural Information Processing Systems* 34 (Dec. 2021).

6.3 风险评估和校准

对于 ThriveGuild 来说，批准或拒绝的核心问题是：借款人违约的概率是多少？这个问题可能不只是一个二分类问题，更多的是关于概率风险评估。这是数据科学家与问题所有者在问题描述阶段需要考虑的内容。对概率风险评估进行阈值处理可以得到分类结果，但这其中涉及一些微妙的权衡。

似然比的范围从 0 到正无穷，在等概率和等成本的条件下，阈值 $\eta=1$ 是最优的。对似然比和阈值应用任何单调递增函数，得到的结果仍然是具有相同风险 R^* 的贝叶斯最优决策函数，即

$$\hat{y}^*(\cdot)=\begin{cases}0, & g(\Lambda(x))\leqslant g(\eta)\\ 1, & g(\Lambda(x))>g(\eta)\end{cases} \tag{6.19}$$

对于任何单调递增函数，$g(\cdot)$仍然是最优的。

将得分 $s(x)$ 限制在$[0,1]$的范围内更为直观，因为这与标签值 $y\in\{0,1\}$对应，并且它还可以被解释为概率。得分是决策函数的连续输出，可以视为预测的置信度，并可通过将合适的 $g(\cdot)$函数应用于似然比来计算。在此情境下，0.5 是等概率和成本的阈值。中值得分的置信度较低，而极端得分值(接近 0 和 1)的置信度较高。就如同似然比可以被看作一个随机变量 S，得分也同样可以。Brier 分数是评估决策函数连续输出得分的适当性能指标，即

$$\text{Brier 分数}=E[(S-Y)^2] \tag{6.20}$$

它计算得分 S 与真实标签 Y 之间的均方误差。对于有限的样本集$\{(s_1,y_1),(s_2,y_2),\cdots,(s_n,y_n)\}$，该分数计算如下。

$$\text{Brier 分数}=\frac{1}{n}\sum_{j=1}^{n}(s_j-y_j)^2 \tag{6.21}$$

Brier 分数可分为两部分，即校准(Calibration)和细化(Refinement)[①]。校准指得分与真实标签相匹配的程度。例如，若一组数据点的预测得分平均为 $s=0.7$，这意味着其中 70%的真实标签为 1，30%为 0。换句话说，完美的校准意味着在给定预测得分 S 为 s 的情况下，真实标签 Y 为 1 的概率恰好是 s 该值本身，即 $P(Y=1|S=s)=s$。校准在概率风险评估中至关重要，完美校准的得分可以解释为预测某一类的概率。这在评估因果推断(第 8 章)、算法公平性(第 10 章)以及描述不确定性(第 13 章)中也是关键概念。

由于可以对决策函数应用任何单调递增的变换 $g(\cdot)$，而不改变其判别能力，因此可以通过找到更好的 $g(\cdot)$来改善决策函数的校准。校准损失量化了决策函数与完美校准之间的差异。细化损失是描述得分分布紧密度的一个方差指标。根据分数值排序，将$\{(s_1,y_1),(s_2,y_2),\cdots,(s_n,y_n)\}$分成 k 组得到$\{\mathcal{B}_1,\mathcal{B}_2,\cdots,\mathcal{B}_k\}$，平均值为$\{(\bar{s}_1,\bar{y}_1),(\bar{s}_2,\bar{y}_2),\cdots,(\bar{s}_k,\bar{y}_k)\}$，即

---

① José Hernández-Orallo, Peter Flach, Cèsar Ferri. "A Unified View of Performance Metrics: Translating Threshold Choice into Expected Classification Loss." In: *Journal of Machine Learning Research* 13 (Oct. 2012): 2813-2869.

$$校准损失=\frac{1}{n}\sum_{i=1}^{k}\|\mathcal{B}_i\|(\bar{s}_i-\bar{y}_i)^2$$

$$细化损失=\frac{1}{n}\sum_{j=1}^{k}\|\mathcal{B}_i\|\bar{y}_i(1-\bar{y}_i) \tag{6.22}$$

如前所述,Brier 分数是校准损失与细化损失的和。

校准曲线(Calibration curve),也被称为可靠性图,用图形显示得分与真实标签($\bar{s}_k$,$\bar{y}_k$)的匹配程度,如图 6.4 所示。越接近从(0,0)到(1,1)的直线,其准确性越高。绘制此曲线是一个非常有用的诊断工具,可以帮助你了解决策函数的校准情况。

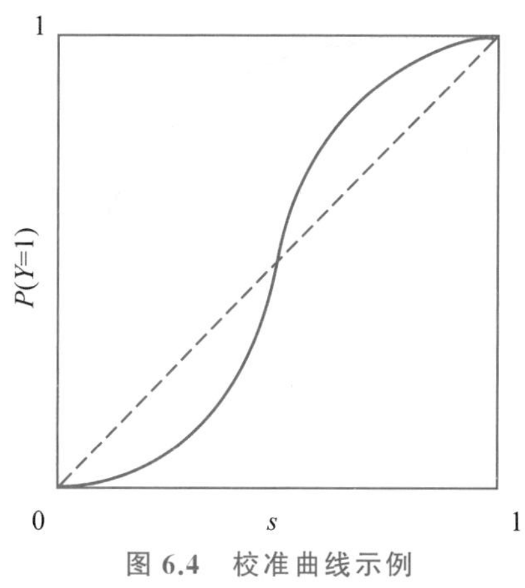

图 6.4 校准曲线示例

纵轴为 $P(Y=1)$,代表真实标签的频率,横轴为 s,代表预测得分。两个轴的范围都是 0~1。从(0,0)到(1,1)的虚线代表完美校准。从(0,0)到(1,1)的 S 形实曲线为实际的校准曲线,从右下角开始,经过对角线后到达左上角。

6.4 总结

- 二元决策会产生 4 种可能的结果:假阴性、真阴性、假阳性和真阳性。
- 将这些事件的概率以不同方式组合,我们可以得到各种用于衡量分类器在真实世界中性能的指标。
- 贝叶斯风险是一个重要的指标,它将假阴性和假阳性的概率与各自的错误成本和标签的先验概率进行加权组合。这是评估安全性和可信性第一个属性的基础性能指标。
- 检测理论,即对最优决策的研究,为机器学习模型可能达到的性能设定了基本限制,是评估模型基本性能的重要工具。
- 决策函数可能会输出连续的得分值,而不只是简单的 0 或 1 决策。这些得分表示对预测结果的置信度。而校准得分指的是得分值代表样本属于某个特定标签的概率。

第7章

监督学习

信息技术公司JCN(虚构)正致力于重塑其业务,将重点转向人工智能和云计算领域。作为这次企业转型中人才管理的一部分,该公司正展开一个机器学习项目,旨在通过各种数据源评估员工的技能水平,如技能自评、工作成果(如专利、出版物、软件文档、服务报告、销售机会等)、内部非私人社交媒体帖子,以及员工工龄、汇报链和薪资等级的表格数据记录。对于多种人工智能和云计算技能,一部分随机选择的员工已经进行了明确的二元(是/否)评估,这为机器学习提供了标记的训练数据。JCN公司的数据科学团队的任务是对公司所有其他员工的技能进行预测和评估。简单来说,我们只关注一个技能领域,即无服务器架构。

设想你是JCN公司数据科学团队的一员,已经完成了机器学习生命周期的问题描述、数据理解和数据准备阶段,现在进入了建模阶段。通过应用检测理论,你已选择了一个合适的性能评估方法来预测员工在无服务器架构技能方面的能力,即错误率(在第6章中介绍的假阳性和假阴性成本相同的贝叶斯风险)。

现在是时候从训练数据中构建一个决策函数(分类器)了,使其能够有效地预测未被标记的员工的技能标签。虽然深度学习是一个热门的分类算法,但还有许多其他类型的分类算法可供选择。如何评估这些不同的分类算法,从而为你的问题选择最佳算法呢?

> “在我看来,深度学习只是解决复杂自动化决策问题的方法中的一个小部分。”
>
> ——祖宾·加拉马尼(Zoubin Ghahramani),Uber首席科学家

在实践机器学习中有一个非常重要的概念是“免费午餐定理”,在第2章中首次提到。没有一种机器学习方法在所有数据集上都是最优的①。一个在某个数据集上效果良好的方法可能在另一个数据集上并不如此。这取决于数据集的性质和方法的归纳偏差,即分类器对训练数据外部的泛化能力。防止过拟合(学习与训练数据特征过于接近的模型)和欠拟合(学习没有充分捕获训练数据中模式的模型)以达到好的泛化和低误差率是关键。我们的目标是找到一个平衡点,既不过度拟合,也不欠拟合,而是恰到好处。

“没有免费的午餐”定理意味着你必须尝试多种方法来解决JCN公司的技能评估问题,并根据实践中的表现决定使用哪种方法。最直接的做法是训练各种不同的方法,并比较它们的测试误差来确定哪种最佳。但是,你决定更细致地分析不同分类器的归纳偏差。你的

---

① David H. Wolpert. “The Lack of A Priori Distinctions Between Learning Algorithms.” In: *Neural Computation* 8.7 (Oct. 1996): 1341-1390.

分析会揭示各种分类器的强项和弱项。它们在哪些类型的数据集上表现出色，以及在哪些类型的数据集上表现欠佳[①]。胜任力或基本准确性是可信机器学习的第一个属性，也构成了安全性的前半部分。

为什么选择这种细致的方法而不是直接使用一些现有的、未经归纳偏差分析的机器学习方法，比如 Scikit-learn、TensorFlow 或 PyTorch 中的方法呢？首先，你已经意识到在前几章中的警告：要确保安全，不能走捷径。更重要的是，你知道你将会开发出新的注重第二（可靠性）和第三（交互）属性的算法。在应用算法之前，你需要能够分析和评估它们。现在，开始分析 JCN 员工的技能评估分类器。

7.1 能力域

分类器在不同数据集上的表现依赖其数据集的特性[②]，但哪些特性是关键的？能力域的参数又是什么？为了回答这些问题，需要引入“决策边界”的概念。在第 6 章，你已了解贝叶斯最优决策函数实质上是一种似然比检验，其为一维似然比的阈值。如果对似然比进行逆操作，你可以进入具有 d 个特征维度 $x^{(1)}, x^{(2)}, \cdots, x^{(d)}$ 的特征空间，并找出与此一维阈值对应的边界或曲面。这组边界或曲面构成了似然比函数的等值线，被称为决策边界。可以将似然比函数视为地球的地形与海洋深度：水下的部分 $\hat{y}=0$ 代表“员工缺乏无服务器架构的技能”，而水面上的部分 $\hat{y}=1$ 代表“员工具备无服务器架构的技能”。海平面即是阈值，海岸线则是等值线或决策边界。一个二维特征空间中的决策边界如图 7.1 所示。

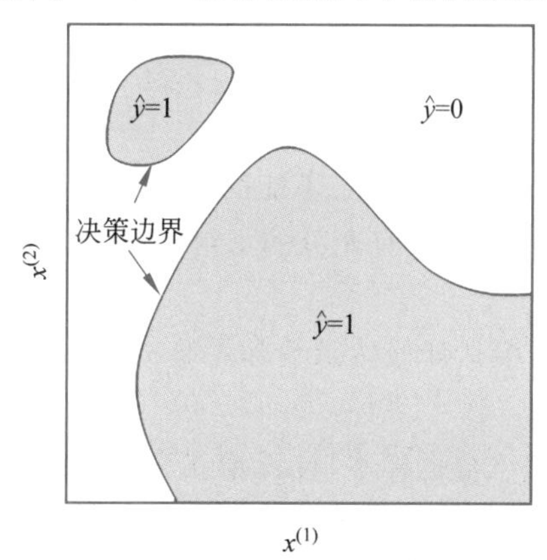

图 7.1 二维特征空间中的决策边界示例

灰色区域对应决策函数预测员工具备无服务器架构技能的特征。白色区域对应预测员工缺乏此技能的特征。黑线代表决策边界。横轴代表第一个特征维度 $x^{(1)}$，纵轴代表第二个特征维度 $x^{(2)}$。空间被划分为几个灰色区域，标记为 $\hat{y}=1$，白色区域标记为 $\hat{y}=0$，其中区域间的边界线为决策边界。分类器的区域不必都是连通的。

---

① Tin Kam Ho, Ester Bernadó-Mansilla. “Classifier Domains of Competence in Data Complexity Space.” In: *Data Complexity in PatternRecognition*. Ed. by Mitra Basu and Tin Kam Ho. London, England, UK: Springer, 2006: 135-152.

② Maniel Fernández-Delgado, Eva Cernadas, Senén Barro, et al. “Do We Need Hundreds of Classifiers to Solve Real World Classification Problems?” In: *Journal of Machine Learning Research* 15 (Oct. 2014): 3133-3181.

数据集的 3 个关键特征决定了分类器的归纳偏差如何与数据集匹配。

(1) 决策边界附近两类数据点的重叠度。

(2) 决策边界的线性或非线性程度。

(3) 数据点的数量、密度及其聚类程度。

分类器的能力域是基于上述 3 个因素定义的[①]。需要明确的是,能力域是相对的,并不是绝对的:一个分类算法能否比其他算法表现得更好[②]? 最终性能受到第 6 章中定义的贝叶斯最优风险的约束。例如,某个你已尝试的分类方法,可能只在具有较高类别重叠度、接近线性的决策边界且数据点较少的数据集上表现优于其他方法。而另一种方法可能在类别重叠度不高且决策边界复杂的数据集上更为出色。还有的方法在大型数据集上特别有效。在本章后续部分,你将对多种监督学习算法进行深入分析,旨在不仅了解其工作原理,还要探讨其归纳偏差和能力域。

7.2 两种监督学习方法

首先,需要整理你和 JCN 公司数据科学团队掌握的信息。你们的训练数据集由 n 组样本$(x_1,y_1),(x_2,y_2),\cdots,(x_n,y_n)$构成,这些样本是从概率分布 $p_{X,Y}(x,y)$中独立抽取而来。从随机变量 X 中采样的特征 x_j 来自技能自评、工作成果等方面的数值或分类量。特征有 d 个,所以 x_j 是一个 d 维向量。从随机变量 Y 中采样的标签 y_j,代表对无服务器架构技能的二进制评估(0 或 1)。值得注意的是,你无法直接获取整个 $p_{X,Y}(x,y)$分布,只能基于从该分布中抽取的有限样本。这正是监督机器学习问题与第 6 章中介绍的贝叶斯检测问题的一个核心区别。无论是在机器学习,还是在检测问题中,目标都是从特征中找出决策函数 $\hat{y}$ 来预测标签。

如何根据训练数据确定分类器 $\hat{y}$ 呢? 不能简单地去最小化贝叶斯风险或错误率,因为这需要对特征和标签的完整概率分布有充分的了解,但我们不具备这些。面对这个问题,你和团队有以下两种选择。

(1) 插值法:从训练数据中估计似然函数和先验概率,然后应用到第 6 章描述的贝叶斯最优似然比检验中。

(2) 风险最小化:基于训练数据样本,计算错误率的经验估计,并优化分类器。

这两大类的监督分类算法中都包括许多具体的方法。图 7.2 展示了监督机器学习中各种方法的心智模型。

---

① 在本章中,JCN 团队将这些特征以定性的方式用作获取直接的手段,对这些特征的定量度量参见文献 Tin Kam Ho, Mitra Basu. "Complexity Measures of Supervised Classification Problems." In: *IEEE Transactions on Pattern Analysis and Machine Intelligence* 24.3 (Mar. 2002): 289-300.

② 对于本章来说,"更好的工作"仅指基本性能(可信度的第一个属性),而不是可靠性或交互(可信度的第二和第三属性)。分类器的可靠性领域和交互质量领域也可以被定义。

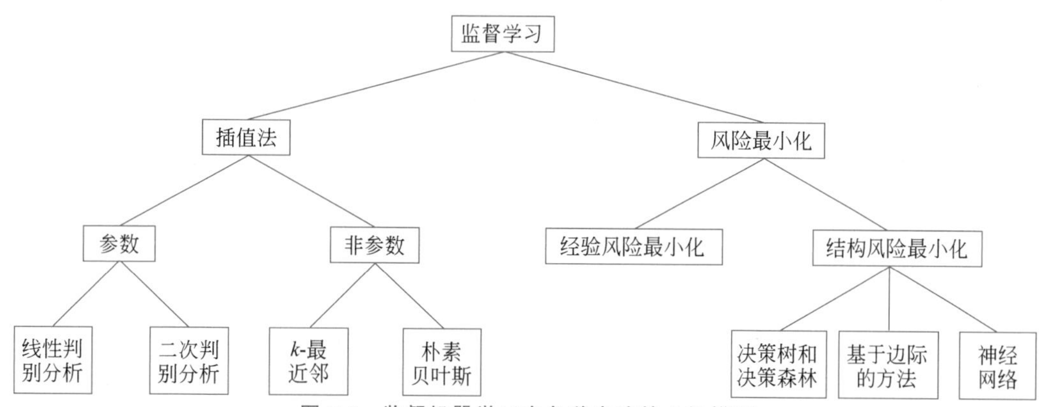

图 7.2　监督机器学习中各种方法的心智模型

以监督学习为根的层次结构图，监督学习的子节点为插值法和风险最小化。插值法又分为参数和非参数两类方法。参数方法包括线性判别分析和二次判别分析。非参数方法包括 k-最近邻和朴素贝叶斯。风险最小化分为经验风险最小化和结构风险最小化，其中结构风险最小化包括决策树和决策森林、基于边际的方法和神经网络。

7.3　插值法

首先，你和 JCN 公司的数据科学团队决定尝试用插值法进行监督分类。插值法的核心思想是使用训练数据估计似然函数 $p_{X|Y}(x|y=0)$ 和 $p_{X|Y}(x|y=1)$，然后将它们应用于似然比检验中，从而得到分类器。

7.3.1　判别分析

判别分析是一种直观的插值方法，其假设似然函数有某种参数形式，并尝试估计这些参数。之后，像在第 6 章中描述的那样，计算这些似然函数的比值并与阈值 η 进行比较，从而得到决策函数。实际的似然函数可能并不完全符合我们假设的形式，而在实际应用中通常也是如此。但只要实际的似然函数与我们假设的形式接近，这种方法就是有效的。这种假设的参数形式便是判别分析的归纳偏差。

如果假设似然函数的参数形式为 d 维度的多元高斯分布，其均值参数分别为 μ_0 和 μ_1，协方差矩阵参数为 $\boldsymbol{\Sigma}_0$ 和 $\boldsymbol{\Sigma}_1$①，那么首先要从训练数据中计算它们的经验估计值 $\hat{\mu}_0$，$\hat{\mu}_1$，$\hat{\boldsymbol{\Sigma}}_0$ 和 $\hat{\boldsymbol{\Sigma}}_1$，这些内容在第 3 章已经介绍过。接下来是将这些估计值带入似然比中，从而得到分类器的决策函数。在这样的高斯假设下，该方法称为二次判别分析，因为在重新排列并简化似然比后，与阈值对比的部分是关于 x 的一个二次函数。但如果进一步假设两个协方差矩阵 $\boldsymbol{\Sigma}_0$ 和 $\boldsymbol{\Sigma}_1$ 是相同的矩阵 $\boldsymbol{\Sigma}$，那么与阈值相比的量会更简单，它是 x 的一个线性函数，这种方法称为线性判别分析。

① 似然函数的数学形式为 $p_{X|Y}(x|y=0)=\frac{1}{\sqrt{(2\pi)^d\det(\boldsymbol{\Sigma}_0)}}\mathrm{e}^{-\frac{1}{2}(x-\mu_0)^{\mathrm{T}}\boldsymbol{\Sigma}_0^{-1}(x-\mu_0)}$ 和 $p_{X|Y}(x|y=1)=\frac{1}{\sqrt{(2\pi)^d\det(\boldsymbol{\Sigma}_1)}}\mathrm{e}^{-\frac{1}{2}(x-\mu_1)^{\mathrm{T}}\boldsymbol{\Sigma}_1^{-1}(x-\mu_1)}$，其中 det 是矩阵行列式函数。

图 7.3 展示了使用线性判别分析和二次判别分析分类器在 $d=2$ 维度上的训练结果。

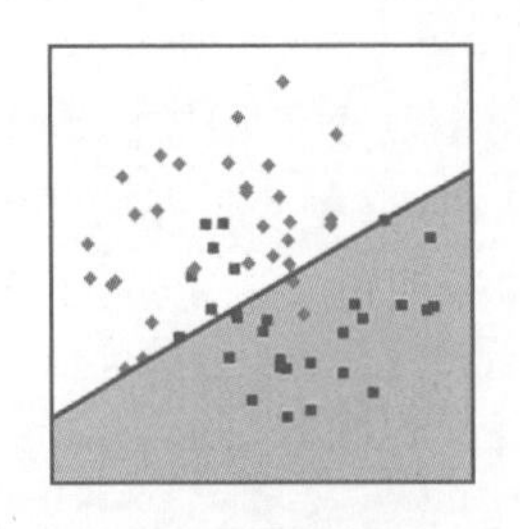

(a) 线性判别分析

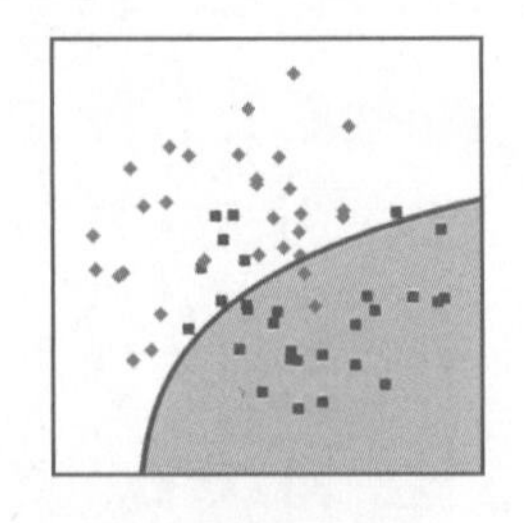

(b) 二次判别分析

图 7.3 分类效果示例

该图展示了两类数据点的分类情况。线性判别的决策边界是一条直线，正好穿过两类数据的中间。而二次判别的决策边界是一条略有弯曲的平滑曲线，以便更好地区分。

如图所示，红色菱形代表训练集中在无服务器架构方面技能较弱的员工，而黑色方块代表在此技能方面表现出色的员工。线性判别和二次判别分析的能力域是决策边界大致呈线性且边界附近两类数据点，分布较密集。

7.3.2 非参数密度估计

本节将继续通过分析不同的分类器，评估 JCN 员工的专业技能水平。与判别分析中采用的似然函数参数形式不同，这里将以非参数方式估计似然函数。"非参数"并不意味着类估计完全不涉及参数，而是指参数的数量与训练数据点的数量相当。

核密度估计是常用的非参数方法来估计似然函数。该方法的基本思想是以每个训练数据点为中心设置一个平滑函数，如高斯概率密度函数，并将所有这些函数的归一化和作为似然函数的估计。在此情境下，每个平滑函数的中心都是一个参数，因此参数的数量与数据点的数量相同。对两个似然函数进行这样的估计，取它们的比率，并与阈值进行比较，可导出一个有效的分类器。然而，该分类器相对复杂，尤其当数据特征维度 d 很大时，需要大量数据以获取良好的核密度估计。

不同于上述的完整密度估计，存在一种简化方法，该方法假设 X 的所有特征维度都彼此独立。在这个假设下，似然函数可以被分解为一系列的一维概率密度函数的乘积。每个一维密度函数可以独立地用更少的数据进行估计。如果采用这些一维概率密度函数的乘积(即似然比)并与阈值比较，得到的是一个朴素贝叶斯分类器。之所以称为"朴素"，是因为它基于所有特征维度都是独立的这一假设，尽管这在现实中不一定成立。名为"贝叶斯"的原因是它采用了贝叶斯的最优似然比检验。通常，这个分类器在准确性上可能不如其他方法，所以其能力域有限。

另一种非参数方法是 k-最近邻分类器，其核心思想很简单：考察一个数据点的 k 个最近训练数据点的标签，然后预测出现频率最高的标签作为该数据点的类别。这需要一个距离度量标准来衡量"接近"和"附近"，通常使用欧几里得距离(正常直线距离)，但也有其他的距离度量方法。k-最近邻方法在决策边界曲折、类别重叠不多的情境下，可能优于其他分类器。图 7.4 为二维朴素贝叶斯和 k-最近邻分类器的示例。图中 k-最近邻分类器中 $k=5$。

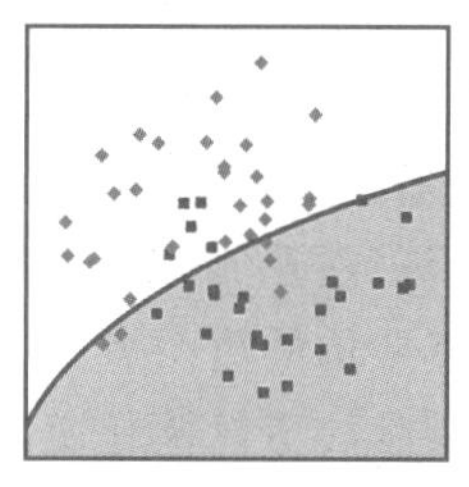
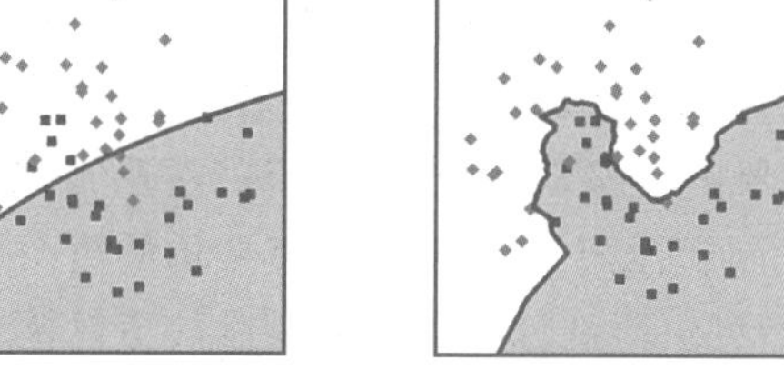

(a) 二维朴素贝叶斯　　　　(b) k-最近邻

图 7.4　分类器示例

该图显示两类数据点的分类效果。朴素贝叶斯分类器的决策边界是一条平滑的曲线，它略微弯曲以包围某一类别。而 k-最近邻分类器的决策边界则非常曲折，紧密地跟随类别的分布。

7.4 风险最小化原理

你与 JCN 团队已经探索了若干插值方法，用于预测员工的无服务器架构技能水平。现在，你们准备进入机器学习的另一个领域，即风险最小化。与插值法从数据中估计似然函数并在贝叶斯最优似然比检验中后退一步不同，风险最小化更进一步，直接寻找能最小化贝叶斯风险的决策函数或决策边界。

7.4.1 经验风险最小化

回顾第 6 章讨论的错误概率 p_E，其为在同等成本条件下，选择的贝叶斯风险性能指标的特殊情况，即

$$p_E = p_0 P(\hat{y}(X)=1 \mid Y=0) + p_1 P(\hat{y}(X)=0 \mid Y=1) \tag{7.1}$$

用类标签的先验概率 p_0 和 p_1 分别乘以决策函数出错的事件概率 $P(\hat{y}(X)=1|Y=0)$ 和 $P(\hat{y}(X)=0|Y=1)$。由于不能访问完整的潜在概率分布，因此无法直接计算错误概率。但是，是否可以使用训练数据计算得到的误差概率的近似值？

首先，考虑到训练数据是从潜在的分布中独立且同分布地随机抽取的，训练数据集中技术娴熟与技术不足的员工的比例应近似于它们的先验概率 p_0 和 p_1。因此，不必过多关注这些比例。然后，假阳性事件 $P(\hat{y}(X)=1|Y=0)$ 和假阴性事件 $P(\hat{y}(X)=0|Y=1)$ 的概率可以统一表示为 $P(\hat{y}(X)\neq Y)$，对应于训练数据样本中的 $\hat{y}(x_j)\neq y_j$。0-1 损失函数 $L(y_j,\hat{y}(x_j))$ 则在 $\hat{y}(x_j)\neq y_j$ 条件下返回 1，而在 $\hat{y}(x_j)=y_j$ 条件下返回 0。综上所述，误差概率的经验近似值或经验风险 R_{emp} 为

$$R_{\text{emp}} = \frac{1}{n}\sum_{j=1}^{n} L(y_j, \hat{y}(x_j)) \tag{7.2}$$

在所有可能的决策函数 $\hat{y}$ 中，最小化经验风险的方法确实是一个潜在的分类算法，但它可能并不是你和 JCN 团队的数据科学家真正需要评估的算法。下面深入探讨为什么不选这种方法。

7.4.2 结构风险最小化

当没有任何约束时，你确实可以找到将经验风险降为零的决策函数，但此决策函数在新

的、之前未见过的数据点上的泛化能力可能很差。考虑一个极端的例子：某个分类器记住了所有训练数据点，并且完美地分类，但在其他情境下总是预测为 $\hat{y}=0$(不擅长无服务器架构)。这并不是我们期望的效果，这是典型的分类器过拟合。因此，仅依靠最小化经验风险是不足够的。这样的分类器由于需要完全匹配训练数据，所以会非常复杂，不具有连续性，且不简单，它的不连续性与训练集中擅长无服务器架构的员工数量一样多。

为了避免过拟合，我们可以限制分类器的复杂度。更具体地说，如果将决策函数限制在某个特定的函数类或假设空间$\mathcal{F}$中，这个空间只包含低复杂度的函数，就可以避免过拟合。但是，过度的约束可能导致问题。如果假设空间过于狭小，无法包含足够捕获数据中关键模式的函数，那么分类器可能会出现欠拟合，同样不具备良好的泛化能力。平衡假设空间的大小是关键，这种平衡思想被称为结构风险最小化原则。

图 7.5 使用一系列嵌套假设空间$\mathcal{F}_1 \subset \mathcal{F}_2 \subset \cdots \subset \mathcal{F}_6$以图形方式展示了上述思想，其中$\mathcal{F}_1$可以是所有常数函数，$\mathcal{F}_2$可以是所有线性函数，$\mathcal{F}_3$可以是所有二次函数……$\mathcal{F}_6$可以是所有多项式函数。$\mathcal{F}_1$包含最小复杂度的 $\hat{y}$ 函数，而$\mathcal{F}_6$还包含更复杂的 $\hat{y}$ 函数。$\mathcal{F}_1$显示出欠拟合的特征，因为它在训练数据上的经验风险 R_{emp}和度量泛化能力的错误概率 p_{E} 都很大。$\mathcal{F}_6$显示出过拟合的特征，因为其经验风险 R_{emp}为 0 且泛化误差 p_{E} 值很大。而$\mathcal{F}_2$达到了这两者之间的平衡。

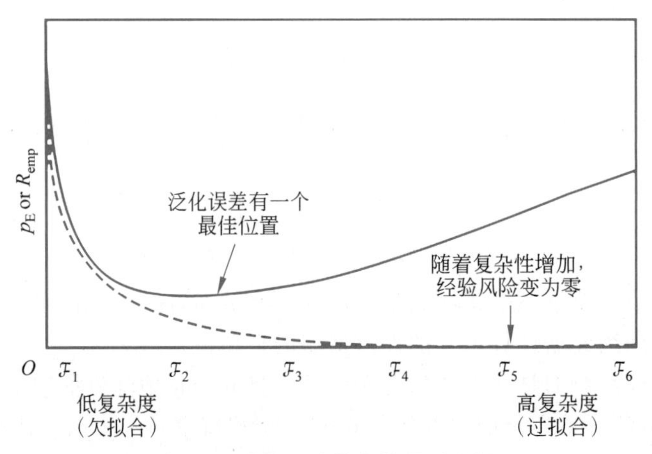

图 7.5 结构风险最小化原则示例

纵轴为 p_{E} 或 R_{emp}，横轴是假设空间的复杂度。随着复杂度的增加，经验风险持续降低到零。而泛化误差则先减小后增加，其中存在一个最佳点。

假设空间$\mathcal{F}$实质上决定了分类器的归纳偏差。在结构风险最小化原则的框架下，选择不同的假设空间会产生不同的能力域。在接下来的部分中，你和 JCN 的数据科学团队将探讨在实践中常用的几种结构风险最小化分类器，包括决策树、随机森林、基于边界的分类器(如逻辑回归和支持向量机)以及神经网络。

7.5 风险最小化算法

你现在正在探讨一些当前最受欢迎的分类器，这些分类器都基于风险最小化的思路。核心问题是在假设空间$\mathcal{F}$中寻找能最小化平均损失函数 $L(y_j, f(x_j))$的函数 f，即

$$\hat{y}(\cdot)=\arg\min_{f\in\mathcal{F}}\frac{1}{n}\sum_{j=1}^{n}L(y_j,f(x_j)) \tag{7.3}$$

这个等式可能让你觉得似曾相识,因为它与第6章中的贝叶斯检测问题有类似之处。在假设空间中,使训练数据损失和最小的函数为 $\hat{y}$。不同的方法有不同的假设空间$\mathcal{F}$和不同的损失函数 $L(\cdot,\cdot)$。控制分类器复杂度的另一种方法是不改变假设空间$\mathcal{F}$,而利用正则化参数 λ 加权的复杂度惩罚或正则化项 $J(\cdot)$,即

$$\hat{y}(\cdot)=\arg\min_{f\in\mathcal{F}}\frac{1}{n}\sum_{j=1}^{n}L(y_j,f(x_j))+\lambda J(f) \tag{7.4}$$

正则化项 J 的选择也引入一个与归纳偏差相关的问题。

7.5.1 决策树与森林

最简单的假设空间之一是单层决策树或单规则集合。这类分类器基于单一的特征维度进行分类,例如一个数值型的"专业自评"特征或"服务时长"特征。位于某个阈值一侧的所有数据点都被归为"擅长无服务器架构",而另一侧的数据则归为"不擅长无服务器架构"。对于分类特征来说,这样的分类只是基于该特征值将数据点分为两类。除用于做出决策的特征外,其他特征的取值可以是任意的。单层决策树的示例如图7.6所示,其中左侧显示了一个有两个分支的节点,右侧显示了决策边界。

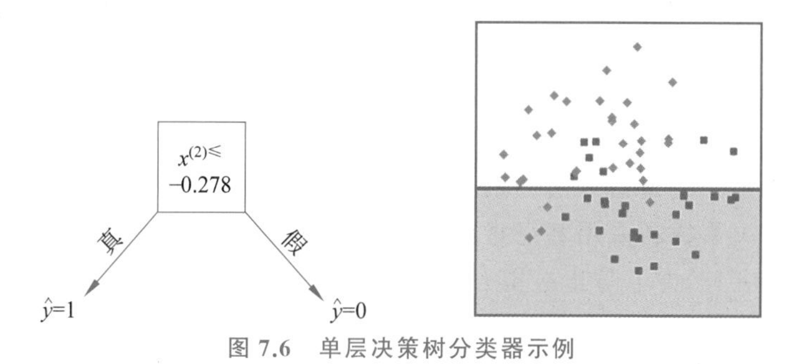

图7.6 单层决策树分类器示例

左侧是一个决策节点 $x^{(2)}\leqslant-0.278$。当其为真时,$\hat{y}=1$;当其为假时,$\hat{y}=0$。右侧展示了两类节点的分类效果。决策边界是一条水平线。

相较于单层决策树,决策树的假设空间可以包含更为复杂的决策函数。一棵完整的决策树可以在单层决策树的每个分支上继续做出基于特征的分割,并可以继续这种分割多次。图7.7展示了一个两层的决策树示例。

决策树可以比两层更深,从而形成非常复杂的决策边界。图7.8展示了一个多层决策树的复杂决策边界。图中展示了两类数据点的分类效果。决策边界由多条线段组成。

决策森林由多棵决策树组成。这些决策树通过投票共同参与决策,可能对每棵树的投票结果赋予不同的权重。加权的多数投票结果决定了最终的分类。决策森林的心智模型如图7.9所示,而由决策森林形成的决策边界如图7.10所示。

单层决策树和多层决策树都能够直接针对经验风险中的0-1损失函数进行优化[①]。然

① Oktay Günlük, Jayant Kalagnanam, Minhan Li, et al. "Optimal Generalized Decision Trees via Integer Programming." arXiv: 1612.03225, 2019.

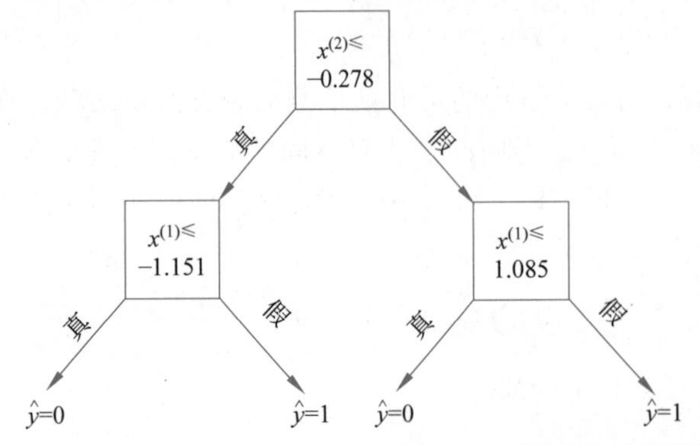

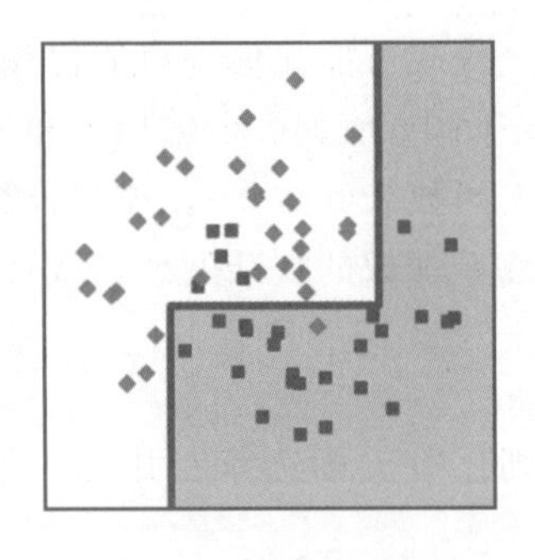

图 7.7 两层决策树分类器示例

图 7.7 左侧为决策节点 $x^{(2)}\leqslant-0.278$，当它为真时，进入决策节点 $x^{(1)}\leqslant-1.151$。若此决策节点为真时，$\hat{y}=0$；当它为假时，$\hat{y}=1$。当顶部决策节点为假时，进入决策节点 $x^{(1)}\leqslant1.085$。当此决策节点为真时，$\hat{y}=0$；当它为假时，$\hat{y}=1$。图 7.7 右侧所示为两类节点的分类效果。决策边界由三条线段组成：第一条线段是垂直的，它向右变成水平线段，然后再向上变成另一条垂直线段。

而，更普遍的做法是利用贪心启发式方法构建决策树，其中每个节点的分裂都从根节点开始，然后逐渐向下进行。分裂的选择目的是使每个子树在两个类别上达到最大的纯度。例如，分支的一侧主要为擅长无服务器架构的员工，而另一侧主要为不擅长无服务器架构的员工。纯度可以通过信息增益或基尼指数这两种信息论方法衡量，它们在第 3 章中已经介绍过。目前，两种常用的决策树算法分别是采用信息增益作为分裂准则的 C5.0 决策树和采用基尼指数作为分裂准则的分类和回归树（CART）。为了防止过拟合，需要限制决策树的深度。C5.0 和 CART 决策树主要应用于表格数据集，尤其是在特征表现出阈值和聚类趋势，且各类别之间重叠不多的情况下。

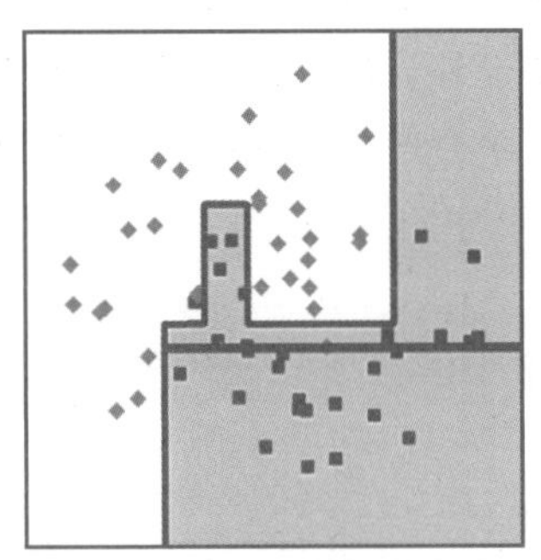

图 7.8 多层决策树的复杂决策边界

决策森林是由多个决策树（称为基分类器）构成的，这些决策树可以是 C5.0 或 CART 树。训练决策森林有两种常见方法，即装袋法（bagging）和提升法（boosting）。在装袋法中，每棵树都接受不同的训练数据子集进行训练，所有树在进行多数投票时权重相同。而在提升法中，训练是顺序进行的。首先正常训练第一棵树，第二棵树重点训练第一棵树分类错误的样本，第三棵树重点训练前两棵树分类错误的样本，以此类推，越早的树权重越大。决策森林之所以表现出色，是因为它利用了基分类器的多元化。只要每棵单独的树表现得不错，任何一棵树的特定错误都会被其他树抵消，从而在整体上提高了模型的泛化能力。

随机森林分类器是最常用的装袋法决策森林，而 XGBoost 分类器则是最常用的提升法决策森林。这两种算法都非常强大且稳健，几乎适用于所有类型的结构化数据集。它们经常被数据科学家选择作为实现高准确率模型的首选算法，并且在大多数情况下，都无须大量调整参数。

7.5.2 基于边际的方法

基于边际的分类器是监督学习算法家族中另一类广受欢迎的算法，包括逻辑回归和支持向量机（SVM）。这类分类器的假设空间相对于单层决策树要复杂，但与决策树有所不

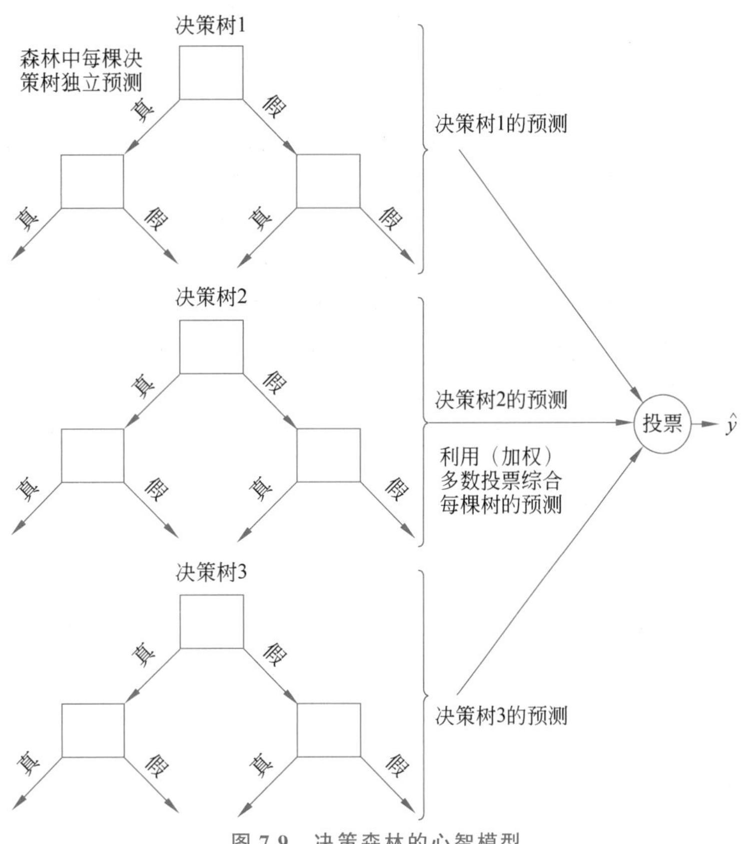

图 7.9　决策森林的心智模型

3 棵独立的决策树各自做出预测。它们的预测结果汇总至一个投票节点，该节点输出 $\hat{y}$，通过该节点进行（加权）多数投票，从而结合各棵树的预测。

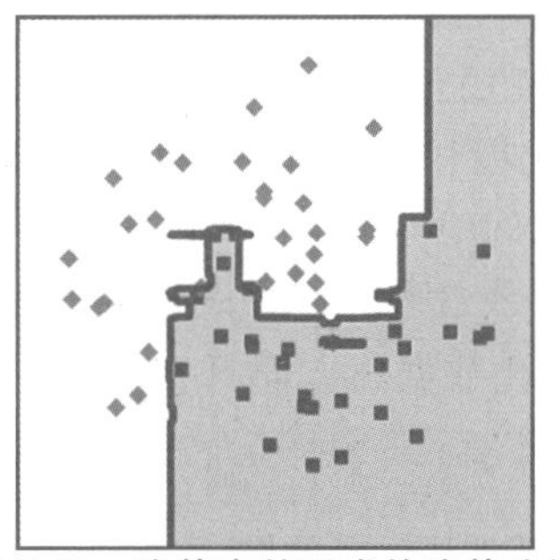

图 7.10　决策森林形成的决策边界

图 7.10 展示了两类数据点的分类情况。决策边界很曲折，主要是与轴平行的线段，并且紧随各类数据点的分布。

同。基于边际的分类器可以定义任意线性决策边界，而不仅限于与某一特征维度平行的决策边界。通过在特征上应用非线性函数，并在变换后的空间中找到线性决策边界，这些分类器在原始特征空间中可以展现出非线性决策边界①。

① 特征的非线性函数通常是核函数，它们满足某些数学特性，允许在训练期过程中进行高效优化。

边际，即数据点到决策边界的距离，是这些算法的核心概念。对于线性决策边界，分类器的形式可以表示为 $\hat{y}(x_j)=\text{step}(\boldsymbol{w}^{\mathrm{T}}x_j)=(\text{sign}(\boldsymbol{w}^{\mathrm{T}}x_j)+1)/2$ 的形式[①]，其中 $\boldsymbol{w}$ 是从训练数据中学习到的权重向量或系数向量。$\boldsymbol{w}^{\mathrm{T}}x_j$ 的绝对值是数据点到决策边界的距离，即边际。如果 x_j 在 $\boldsymbol{w}$ 定义的超平面的一侧，那么 $\boldsymbol{w}^{\mathrm{T}}x_j$ 为正；如果 x_j 在另一侧，则 $\boldsymbol{w}^{\mathrm{T}}x_j$ 为负。阶跃函数对于负边界给出 0(不擅长无服务器架构)的分类，对于正边界给出 1(擅长无服务器架构)的分类。使用符号函数(加 1 除以 2)只是重现阶跃函数行为的一种方式。

在最小化风险的问题中，通常使用 0-1 损失函数的代理损失函数。这些基于边际的损失函数通常采用单一参数 $(2y_j-1)\boldsymbol{w}^{\mathrm{T}}x_j$，而非两个参数。当 $\boldsymbol{w}^{\mathrm{T}}x_j$ 乘以 $(2y_j-1)$ 时，正确分类的结果为正，而错误分类的结果为负[②]。对于负输入，损失值较大；对于正输入，损失值较小或为零。在逻辑回归中，损失函数为逻辑损失 $L((2y_j-1)\boldsymbol{w}^{\mathrm{T}}x_j)=\log(1+e^{-(2y_j-1)\boldsymbol{w}^{\mathrm{T}}x_j})$，在 SVM 中，损失函数为铰链损失 $L((2y_j-1)\boldsymbol{w}^{\mathrm{T}}x_j)=\max\{0,1-(2y_j-1)\boldsymbol{w}^{\mathrm{T}}x_j\}$。这些损失函数曲线如图 7.11 所示。

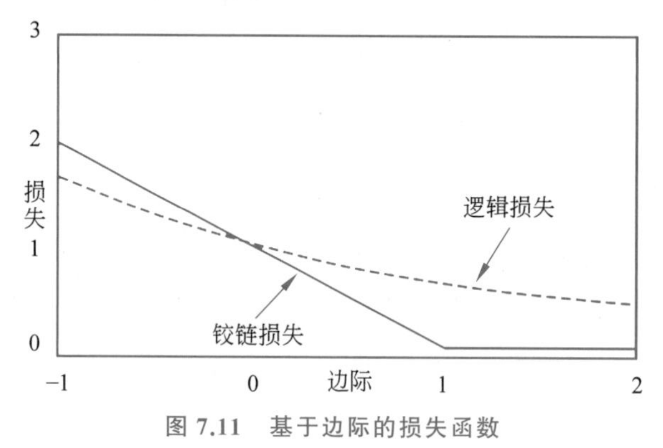

图 7.11 基于边际的损失函数

图 7.11 中的纵轴为损失，横轴为边际。逻辑损失平滑减少，铰链损失线性减小直到点(1,0)，之后对于较大边际值的损失均为 0。

标准形式的逻辑回归和 SVM 的正则化项 J 为 $\|\boldsymbol{w}\|^2$，即系数向量长度的平方(也称为 ℓ_2-范数平方)。损失函数、正则化项和非线性特征映射共同决定了分类器的归纳偏差。另一种常见的正则化项是 $\boldsymbol{w}$ 中系数的绝对值之和(也称为 ℓ_1-范数)，其为 $\boldsymbol{w}$ 提供了许多零值系数的归纳偏差。图 7.12 展示了线性和非线性逻辑回归和 SVM 分类器的示例。基于边际的分类器在处理中等规模的结构化数据集方面具有广泛的能力。当数据特征带有噪声时，SVM 的性能往往略优于逻辑回归。

7.5.3 神经网络

你和其他 JCN 公司的数据科学家分析的最后一种分类器类型是人工神经网络。神经网络在大规模半结构化数据集(如图像分类、语音识别、自然语言处理、生物信息学等)的任

① 在非线性情况下，用核函数 k，将 $\boldsymbol{w}^{\mathrm{T}}x_j$ 替换为 $\boldsymbol{w}^{\mathrm{T}}k(x_j)$，为了避免混淆数学符号，总是假设 x_j 或 $k(x_j)$ 有一个全为 1 的列，以允许进行常数位移。

② 计算 $(2y_j-1)$ 是应用符号函数、加 1 和除以 2 的逆操作。这样做是为了从类标签中得到 −1 和 +1 的值。当分类正确时，$\boldsymbol{w}^{\mathrm{T}}x_j$ 和 $(2y_j-1)$ 有相同的符号。两个具有相同符号的数相乘会得到一个正数。当分类错误时，$\boldsymbol{w}^{\mathrm{T}}x_j$ 和 $(2y_j-1)$ 有不同的符号。两个具有不同符号的数相乘会得到一个负数。

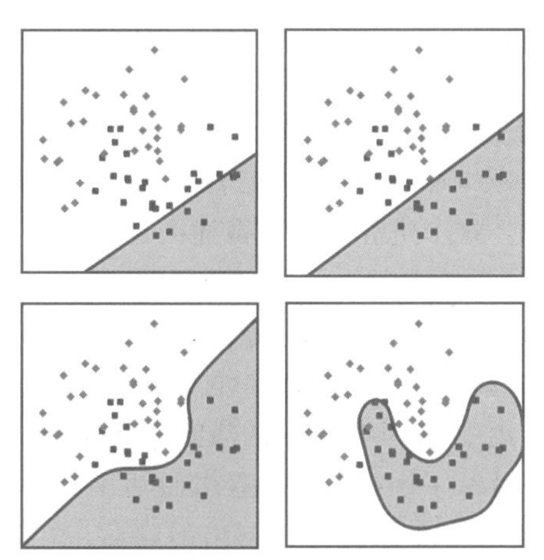

图 7.12 线性逻辑回归(左上)、线性 SVM(右上)、非线性逻辑回归(左下)和非线性径向基函数 SVM 分类器(右下)

图 7.12 为对两类节点的分类效果。线性逻辑回归和线性 SVM 的决策边界是穿过数据空间的对角线。多项式 SVM 的决策边界是一条具有平滑突起的对角线,具有更好的分类效果。径向基函数 SVM 的决策边界平滑地围绕一个类。

务上性能出色,因此它们已变得非常流行,这正是其能力域。神经网络的假设空间由简单函数(通常称为神经元)组成的复合函数构成。为了理解这一假设空间,可以将神经元按图层分组,用节点表示,并通过权重连接各个节点。其中有三种类型的层,分别为输入层、可能存在的多个隐藏层和输出层,如图 7.13 所示。常听到的"深度学习"这个词,实际上指具有多个隐藏层的深层神经网络。

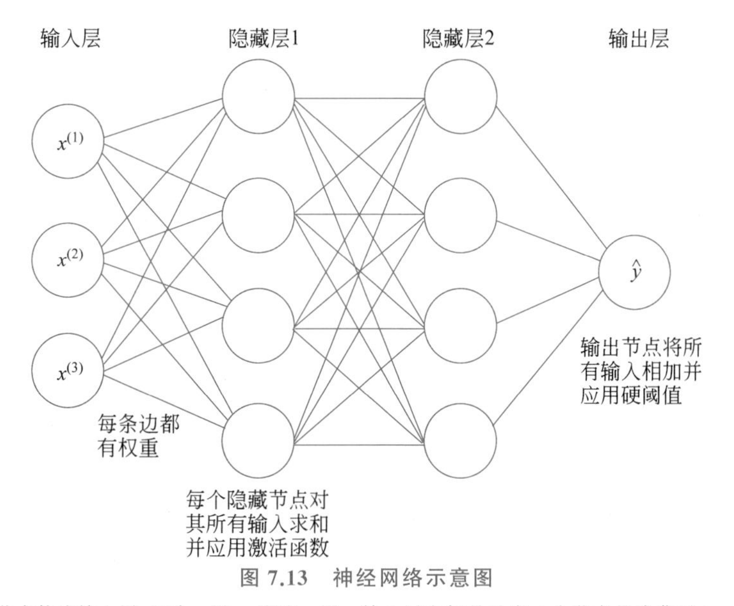

图 7.13 神经网络示意图

左侧的 3 个节点构成输入层,记为 $x^{(1)}$,$x^{(2)}$ 和 $x^{(3)}$。输入层右侧是具有 4 个节点的隐藏层 1。隐藏层 1 右侧是具有 4 个隐藏节点的隐藏层 2。隐藏层 2 的右侧是输出层,由 1 个节点组成,表示为 $\hat{y}$。每个节点之间都有连接,每条连接都带有权重。每个隐藏层的节点对其所有输入进行求和,然后应用激活函数。输出节点对所有输入求和并应用硬阈值。

实际上，逻辑回归可以视为一个非常简化的神经网络，它只有一个输入层和一个输出节点。我们从这个点开始。输入层由一组节点组成，每个节点对应 d 维特征 $x^{(1)}, x^{(2)}, \cdots, x^{(d)}$ 中的一个，与预测员工专业技能相关。输入层的节点与输出层的节点通过加权边连接，边的权重是 $\boldsymbol{w}$ 中的系数，即 $w^{(1)}, w^{(2)}, \cdots, w^{(d)}$。输出节点对输入加权求和，计算 $\boldsymbol{w}^{\mathrm{T}}x$，然后将该求和值输入阶跃函数中。这个过程与之前描述的逻辑回归完全一致，只不过这里采用图形表示方法。

对于具有一个或多个隐藏层的神经网络，隐藏层的节点首先从加权求和开始。但与此不同的是，隐藏层的节点在求和后通常会使用一个更柔和、变化更平缓的激活函数，而不是突然的阶跃函数。在实际应用中，有几种不同的激活函数，选择不同的激活函数会导致不同的归纳偏差。例如，图 7.14 展示了 sigmoid 或逻辑激活函数 $1/(1+\mathrm{e}^{-z})$ 和线性整流函数(ReLU)或激活函数 $\max\{0,z\}$。在深度神经网络的隐藏层中，通常会选择 ReLU 激活函数，因为它在与激活函数梯度相关的优化技术上表现出色。

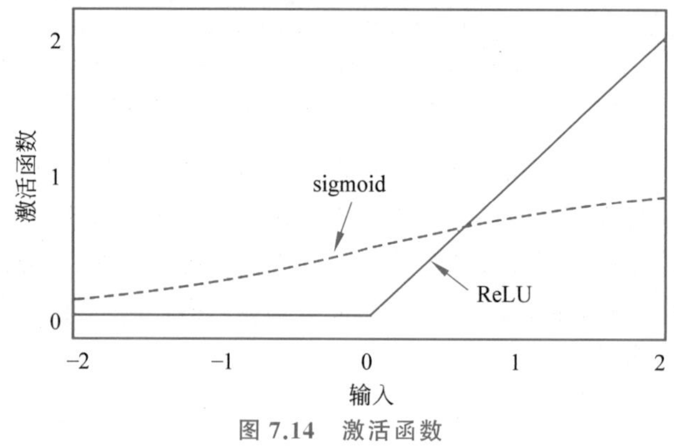

图 7.14 激活函数

纵轴为激活函数，横轴为输入。sigmoid 函数是一条平滑的 S 形曲线，当输入为 0 时，其值为 0.5；当输入趋于负无穷大时，其值趋近于 0；当输入趋于正无穷大时，其值接近 1。对于 ReLU 函数，所有的负输入值得到的输出都是 0，而从 0 开始其输出线性增长。

当有多个隐藏层时，一个隐藏层的节点的输出会传递给下一个隐藏层的节点。因此，神经网络的计算是由一系列步骤组成：加权求和、应用激活函数、再次加权求和、再次应用激活函数，如此循环，直到到达输出层，最后应用一个阶跃函数。每个隐藏层的节点数量和隐藏层的数量都是由 JCN 公司的数据科学家确定的。

你和你的团队已经分析了假设空间，现在要分析的是神经网络的损失函数。回忆一下，使用阶跃函数之前，基于边际的损失函数会将真实标签 y_j 与预测距离 $\boldsymbol{w}^{\mathrm{T}}x_j$ 相乘(而不是预测标签 $\hat{y}(x_j)$本身)。交叉熵损失，作为神经网络中最常用的损失函数，也做了类似的事情。在应用阶跃函数到输出节点之前，它将真实标签 y_j 与输出范围为[0,1]的软预测 $\varphi(x_j)$进行比较。交叉熵损失函数为

$$L(y_j, \varphi(x_j)) = -(y_j \log(\varphi(x_j)) + (1-y_j)\log(1-\varphi(x_j))) \tag{7.5}$$

这个表达式的形式来自交叉熵，其度量了使用预测的随机变量 φ 描述真实标签随机变量 y 时的平均信息量(详见第 3 章)。因为我们希望预测能够与真实情况一致，所以应当最小化交叉熵。事实上，交叉熵损失在二分类问题中与基于边际的逻辑损失是等价的。但数学上的证明较为复杂，因为基于边际的损失函数是一个将预测和真实标签相乘的单变量函

数，而交叉熵损失中这两个参数是分开考虑的[①]。

尽管可以在交叉熵损失中加入 ℓ_1-范数、ℓ_2-范数或其他形式的惩罚，但神经网络中最常用的正则化技术是 dropout（也称为丢弃法）。它的核心思想是在每次训练迭代中随机关闭网络中的一些节点。dropout 的目标与 bagging（装袋法）类似，但不同之处在于它并没有显式地创建多个神经网络，而是使每次迭代看起来像来自不同神经网络集合中的一个网络，从而增强模型的多元化和泛化能力。图 7.15 展示了一个具有一个隐藏层和 ReLU 激活函数的神经网络分类器的示例。重申本节之初的观点，人工神经网络尤其适合处理拥有大量数据点的半结构化数据集。

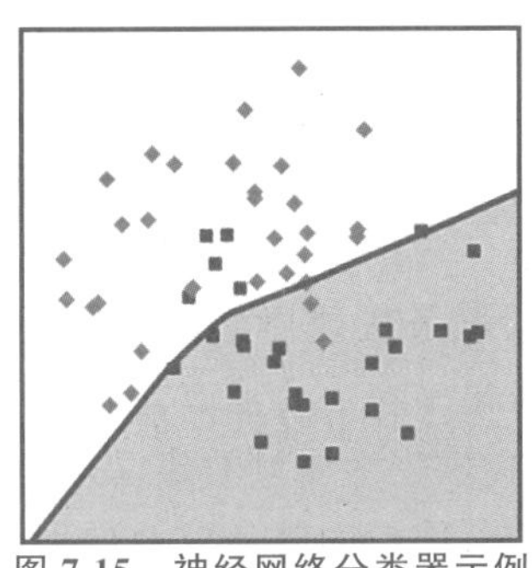

图 7.15 神经网络分类器示例

图中展示了两类数据点的分类效果。其中，决策边界基本上是平滑的，由两段近似直线的对角线组成，其交汇处略显弯曲。

7.5.4 结论

你已经深入研究了多种类型的分类器，对比和分析了它们各自的能力域，并评估了它们在你的专业预测任务中的适用性。你的数据集主要包括结构化数据，规模适中，而且在员工对无服务器架构技能的水平上存在明显的特征轴分隔。基于这些因素，你有理由相信 XGBoost 可能是解决问题的理想分类器。但你仍然应该对几种不同的方法进行实证测试。

7.6 总结

- 从有限数量的训练样本中寻找决策函数有许多不同的方法，每种方法都有它们自己的归纳偏差，决定其如何进行泛化。
- 不同的分类器有其各自的能力域：在某些类型的数据集上，它们的泛化误差可能低于其他方法。
- 参数和非参数的插值法（如判别分析、朴素贝叶斯、k-最近邻）以及风险最小化方法（如决策树和森林、基于边际的方法、神经网络）在实际机器学习问题中起到了关键作用。
- 分析分类器的归纳偏差和能力域至关重要，不仅是为了给特定问题选择最合适的方法，而且还可以通过扩展它们以实现公平性、鲁棒性、可解释性和其他可信性因素。

---

① Tyler Sypherd, Mario Diaz, Lalitha Sankar, et al. "A Tunable Loss Function for Binary Classification." In: *Proceedings of the IEEE International Symposium on Information Theory*. Paris, France, Jul. 2019: 2479-2483.

第 8 章

因果建模

在美国各大城市，脱贫困难加剧了人们获得社会服务的难度，如就业培训、心理健康护理、金融教育课程、法律咨询、儿童看护和紧急食品援助。这些社会服务在不同的地点由各种机构提供，且有各自的资格要求。贫困人口难以应对这种情况，并充分利用他们应得的服务。为了应对这一挑战，综合社会服务提供者"ABC 中心"（虚构）采纳了一种整合性的方法，该中心将许多分散的社会服务集中在一个地方，并有专业的社会工作人员来指导他们的客户。为了更有针对性地为客户提供生活质量的建议，ABC 中心的管理和执行团队希望分析他们收集的客户数据，包括客户所使用的服务以及他们生活中的实际效果。作为问题拥有者，他们不确定应选择构建哪种数据模型。假定你是与 ABC 中心合作的数据科学家，负责分析情况并提出相应的问题描述、准备并理解可用的数据，然后进行建模。本章涉及机器学习生命周期的大部分内容，而之前的章节主要集中在小部分上。

你的首要建议可能是让 ABC 中心采纳机器学习的方法，根据一系列特征（如参与的课程和培训），预测客户的生活结果（如教育、住房、就业等）。通过检查训练模型的关联性和相关性，你可能会获得一些洞察，但这样也可能会忽略一些关键因素。那是什么呢？就是因果关系！如果仅仅采用标准的机器学习描述，你不能断言参加汽车维修培训课程会导致 ABC 中心客户的收入增长。当你想要了解某种干预措施（或特定行动）对结果的具体影响时，除了机器学习，还需要引入因果建模[①]。因果关系对于深入理解现实世界是至关重要的，但标准的监督学习往往不能真正揭示这种关系。

为了向 ABC 中心提出问题描述、理解相关数据，并建模，本章将学习以下内容。

- 区分何时需要因果模型与何时仅需标准的预测机器学习模型。
- 探索系统中所有随机变量的因果关系图结构。
- 计算干预对结果的定量因果效应，这也包括从观测数据中获得的信息。

8.1 因果建模和预测建模的对比

一个 ABC 中心的客户完成了一对一的咨询课程，这可能导致他们的焦虑水平有所下降。但是，完成课程并不会导致鸡蛋价格的上涨，哪怕在课程结束后的第二天鸡蛋价格真的上涨了。因为鸡蛋价格与 ABC 中心并没有直接关联。此外，还有两个不同的因素，如咨询

① Ruocheng Guo, Lu Cheng, Jundong Li, et al. "A Survey of Learning Causality from Data: Problems and Methods." In: ACM Computing Surveys 53.4 (Jul. 2020): 75.

课程和工资增长，都可能导致焦虑减少。还有“共同原因”这样的误区：例如，一个客户找到了稳定的住房后买了一辆二手车。稳定的住房并不是其购车的直接原因，更可能的是因为他的收入有所增长。

那么这种难以明确的因果关系究竟是什么呢？它与相关性、预测性甚至统计依赖性是不同的。还记得我们是如何将可信度和安全性的概念细化成更小的部分（在第 1 章和第 3 章）吗？但对于因果关系，我们无法这样做，因为它是一个基本而不可再分的概念。简单来说，因果关系就是：如果一个行动导致了另一个事物的发生，那么这个行动就是该事物发生的原因。这里的关键词是“行动”。因果关系涉及行动，这种行动被称为干预或治疗。这些干预可以是人为的或自然的，而本章主要讨论的是有意的人为干预。

> “概率描述我们对静态世界的信念，而因果关系告诉我们当世界因为某种干预或假设而发生变化时，概率如何发生变化。”
>
> ——朱迪亚·珀尔（Judea Pearl），加州大学洛杉矶分校计算机科学家

8.1.1　结构因果模型

因果模型是一种尝试基于概率论来捕捉随机变量间的因果关系。结构因果模型是因果建模的一个核心方法，它包括两部分，分别为因果图（与第 3 章介绍的贝叶斯网络图类似）和结构方程。图 8.1 展示了一个由咨询课程、工资变化和焦虑构成的因果图。该图呈现了共同的结果：咨询课程→焦虑←工资。另一个由工资、稳定住房和二手汽车构成的图呈现了共同的原因：住房←工资→汽车。此外，图中还包括另一个共同的原因：儿童看护对工资和稳定住房都有可能的影响（如果客户有儿童看护，他们在寻找工作和住房时会更为方便，因为他们不需要时刻携带孩子）。

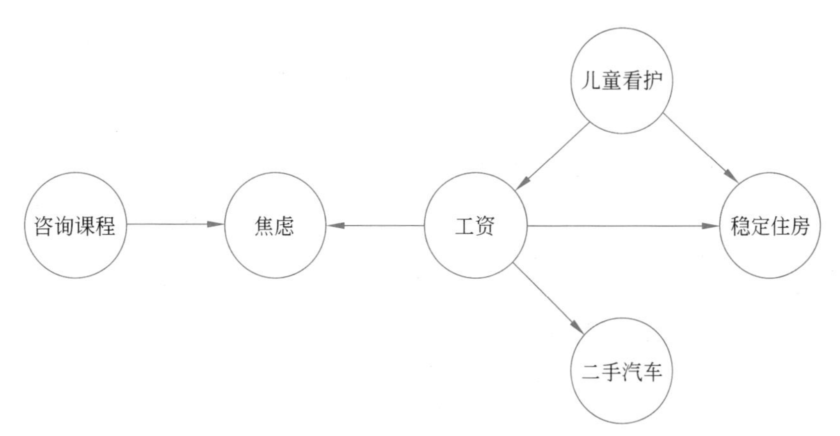

图 8.1　ABC 中心客户对干预措施和生活变化的因果关系示意图

图 8.1 中包含 6 个节点：咨询课程、焦虑、工资、儿童看护、二手汽车和稳定住房。连接咨询课程和焦虑、焦虑和工资、工资和二手汽车、工资和稳定住房，以及儿童看护与工资和稳定住房的边都代表因果关系。

与贝叶斯网络一样，结构因果模型中的节点代表随机变量。但是，这里的边不只代表统计上的依赖，它们也代表因果关系。从一个随机变量 T（如咨询课程）指向另一个变量 Y（如

焦虑)的有向边,代表前者对后者的因果影响。由于结构因果模型是贝叶斯网络的一般化,贝叶斯网络中用于表示概率的因子形式和通过 d-分离确定条件独立性的计算方法在此仍然适用。但结构因果模型所捕获的不仅仅是统计关系。

结构方程也叫作函数模型,它能告诉我们当某一行为发生时会产生何种结果。“做某事”或“干预”指的是使随机变量取特定值的动作。需要注意的是,这不仅仅是被动地观察某个随机变量取某个值后的所有相关变量的情况——这只是一个条件概率。结构性因果建模引入了一个新的操作符 do(·),代表干预。当一个随机变量 T 被强制取值 t 时,另一个随机变量 Y 的分布就是干预分布 $P(Y|\mathrm{do}(t))$。对于一个只有两个节点(咨询课程 T 和焦虑 Y),并且从 T 到 Y 有一条定向边($T\to Y$)的因果图,其结构方程可以表示为

$$P(Y \mid \mathrm{do}(t)) = f_Y(t, \mathrm{noise}_Y) \tag{8.1}$$

其中,noise_Y 是咨询课程 Y 中的随机噪声,f_Y 是任意函数。当一个咨询课程开始(变量从 0 变为 1)时,它与客户焦虑度之间的关系可以通过一个明确的方程来描述。这个方程的关键在于,这个概率可以被表示为一个方程,其中的干预被视为函数右边的一个参数。对于有多个父节点的变量,函数 f_Y 中的参数会包括这些父节点。例如,如果一个变量 Y 有 3 个父节点,则函数形式为 $P(Y|\mathrm{do}(t))=f_Y(t_1,t_2,t_3,\mathrm{noise}_Y)$(回忆第 3 章,有向边从父节点指向子节点)。

8.1.2 因果模型与预测模型

如何判断一个问题是否需要因果模型,而不是标准监督机器学习中的预测模型呢?关键是确定是否存在一个或多个可以被主动改变的特性。例如,对借款人进行分类,判断他们是否适合贷款,并不会改变他们当前的任何情况,因此需要一个预测模型(也称为关联模型),正如第 3 章和第 6 章中 ThriveGuild 所使用的模型。但若想要了解为 ABC 中心的客户提供就业培训(主动改变他们的就业准备程度)是否会影响他们被 ThriveGuild 批准的概率,则是一个因果建模问题。

误用预测模型得出因果结论可能会导致严重误导。改变预测模型的输入特征并不保证输出标签会如预期那样变化。如果决策者错误地期望某种输入变化会带来预期的输出变化,但模型输出根本不变或朝相反方向变化,结果可能会很糟糕。因为 ABC 中心想要对客户在接受社会服务后发生的事情进行建模,你应该建议管理者将问题描述聚焦在因果模型上,以了解 ABC 中心的各种干预措施(即各种社会服务)与其脱贫结果的关系。

值得注意的是,即使一个模型只用于预测,而不用于做改变输入的决策,因果模型依然能帮助规避第 4 章中介绍的问题,例如建构有效性(数据的真实测量)、内部有效性(数据处理中无误)和外部效度(能否泛化到其他场景),因为它要求预测基于真实且显著的现象,而不仅仅是特定数据集中的噪声。因此,因果关系是可信机器学习的关键部分,并在本书第四部分的可靠性讨论中被提及。仅仅满足于预测模型是一种狭隘的看法,而投入一些额外的努力来探索因果模型会带来显著的区别。

8.1.3 两个问题表述

在因果建模中,ABC 中心在项目生命周期的问题描述阶段需考虑两个主要问题:首先是确定因果图的结构,这有助于他们了解哪些服务可能影响哪些结果。其次是确定一个数值来量化给定的处理变量 T(如完成汽车维修课程)与结果变量 Y(如工资)之间的因果效

应。这个问题将在 8.2 节中进一步阐述。

在生命周期的数据理解和准备阶段，因果建模可能涉及两种类型的数据，即干预数据和观测数据，它们将在 8.3 节中详细讨论。简单来说，干预数据来源于特定的实验设计，而观测数据则不是。使用干预数据进行因果建模相对简单，而使用观测数据进行因果建模则更为复杂。

在处理观测数据的建模阶段，上述两个问题对应两种不同的方法。因果发现旨在学习结构因果模型，而因果推断旨在估计因果效应。8.4 节和 8.5 节分别详述了从观测数据中进行因果发现和因果推断的具体方法。图 8.2 展示了基于观测数据的因果建模方法的分类。

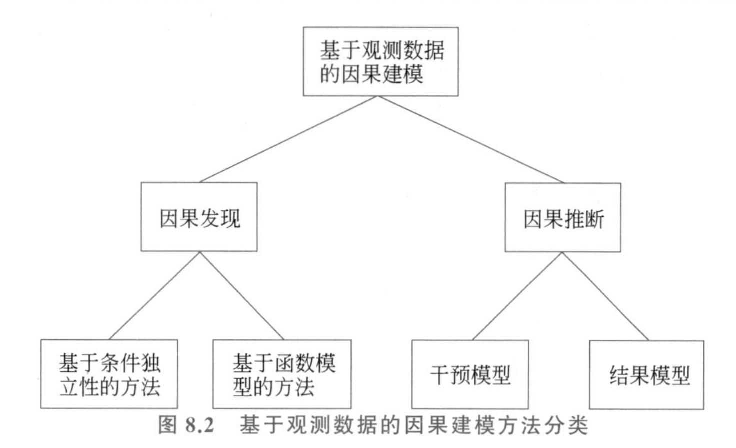

图 8.2　基于观测数据的因果建模方法分类

因果建模的层次图的根是观测数据，根有两个子分支：因果发现和因果推断。因果发现进一步分为基于条件独立性的方法和基于函数模型的方法，而因果推断则分为干预模型和结果模型。

8.2　量化因果效应

第二个问题描述如何计算平均干预效果。为简化说明，我们将其视为一个二元变量，它的取值为{0,1}：客户要么没有参加汽车修理课程，要么已参加。那么平均干预效果 τ 表示为

$$\tau = E[Y \mid \mathrm{do}(t=1)] - E[Y \mid \mathrm{do}(t=0)] \tag{8.2}$$

这个公式表示在两种干预情况下结果标签的期望值之差，它精确地揭示了由干预引起的结果变化。汽车修理课程会导致工资发生多大的变化？由于涉及期望值，因此术语中有“平均”二字。

例如，若 $Y|\mathrm{do}(t=0)$ 是一个高斯随机变量，其均值为 13 美元/小时，标准差为 1 美元/小时[①]，$Y|\mathrm{do}(t=1)$ 也是一个高斯随机变量，其均值为 18 美元/小时，标准差为 2 美元/小时，则平均干预效果为 18－13＝5(美元/小时)。接受汽车维修培训后，客户的收入潜力将增加 5 美元/小时。这里的标准差不是关键点。

---

① 高斯随机变量 X 的概率密度函数(pdf)具有均值 μ 和标准差 σ，表示为 $p_X(x)=\frac{1}{\sigma\sqrt{2\pi}}\mathrm{e}^{-\frac{1}{2}\left(\frac{x-\mu}{\sigma}\right)^2}$，其期望值为 μ。

8.2.1 后门路径和混杂因素

需要注意的是，平均干预效果取决于 do(t)，而不是 t，而且 $P(Y|\mathrm{do}(t))$ 和 $P(Y|t)$ 通常是不同的。具体来说，当 Y 和 T 之间存在后门路径时，它们就不相同。在此背景下，路径是沿着图中边的一系列步骤，而不考虑其方向。后门路径是从 T 到 Y 的任何路径，它满足以下两个条件：①起始于指向 T 的边；②没有被阻断。之所以称为"后门"，是因为第一条边反向进入 T（前门路径的第一条边从 T 出发）。回顾第 3 章，如果 T 和 Y 之间的路径包含以下任何一个模式，则该路径会被阻断。

(1) 有观察的中间节点的因果链模式，即以中间节点为条件。

(2) 有观察的中间节点的共同原因模式。

(3) 无观察的中间节点的共同结果模式，也称为冲撞点。

而后门路径可以在 T 和 Y 之间有：①无观察的共同原因模式；②有观察的共同结果模式。图 8.3 展示了阻断和非阻断路径的例子。

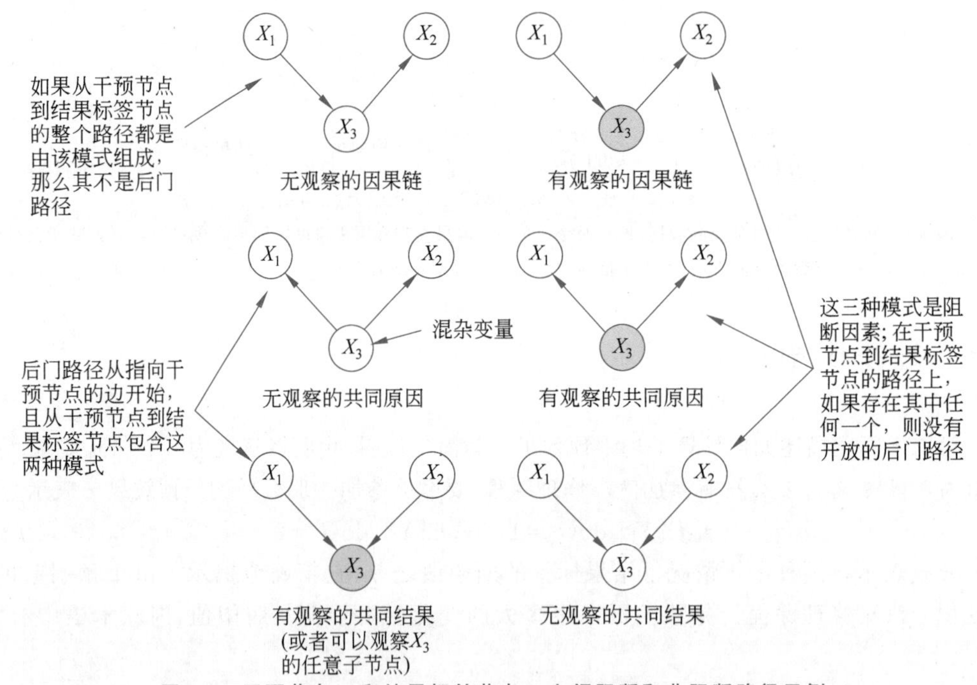

图 8.3 干预节点 T 和结果标签节点 Y 之间阻断和非阻断路径示例

后门路径未被阻断。如果整条路径由无观察的因果链（$X_1 \rightarrow X_3 \rightarrow X_2$）组成，那么它不是后门路径。后门路径从指向干预节点的边开始，可能包含无观察的共同原因（$X_1 \leftarrow X_3 \rightarrow X_2$；$X_3$ 是混杂变量）和有观察的共同结果（$X_1 \rightarrow \underline{X_3} \leftarrow X_2$；下画线表示 X_3 或其任何子节点可观察）。在这种情况下，X_3 在无观察的共同原因中是一个混杂变量。其他 3 种模式分别为有观察的因果链（$X_1 \rightarrow \underline{X_3} \rightarrow X_2$）、有观察的共同原因（$X_1 \leftarrow \underline{X_3} \rightarrow X_2$）和无观察的共同结果（$X_1 \rightarrow X_3 \leftarrow X_2$），都是阻断因素。如果从干预到结果标签的路径上存在这些情况之一，那么就没有开放的后门路径。

干预分布 $P(Y|\mathrm{do}(t))$ 和关联分布 $P(Y|t)$ 之间的差异被称为混杂偏倚[①]。后门路径上

① 在涉及选择偏差的特殊情况下，即使没有后门路径，也可能存在混杂偏差。选择偏差是指干预变量和其他变量是结果标签的共同原因。

任何共同原因模式的中间节点都被称为混杂变量或混杂因素。当你试图在不可能进行干预的情况下(你无法进行 do(t))推断平均干预效果时,混杂是一个核心挑战。8.5 节介绍了如何在估计平均干预效果时减轻混杂。

8.2.2 示例

图 8.4 展示了在量化因果效应时,使用 ABC 中心的因果图(在图 8.1 中引入)的示例。

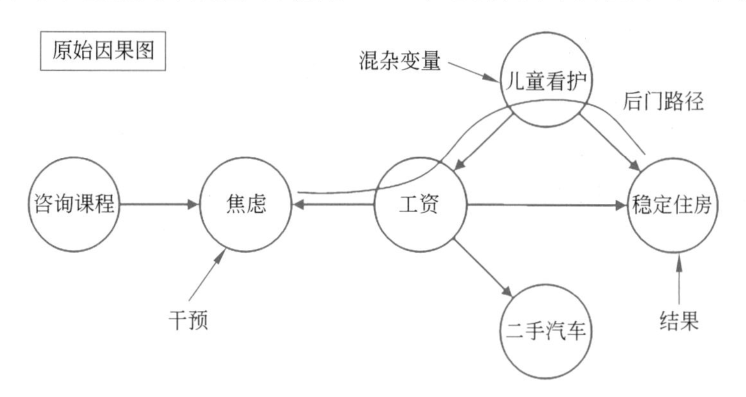

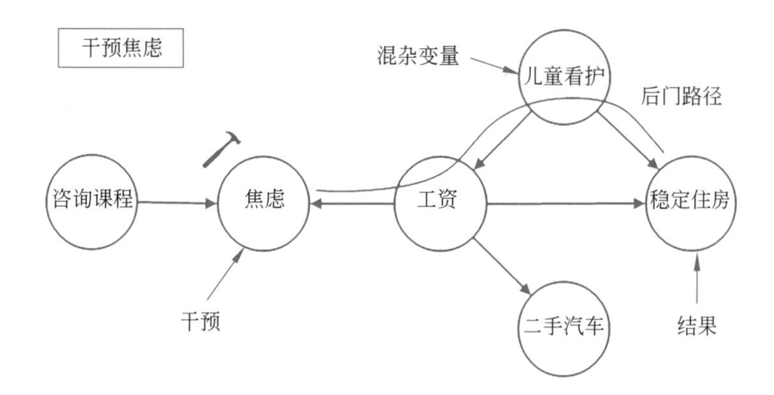

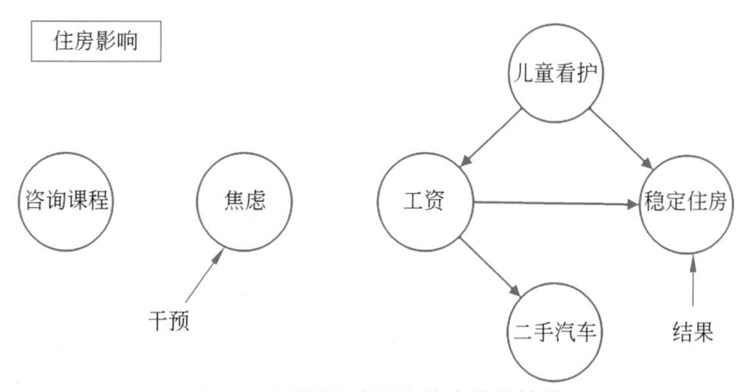

图 8.4　可干预时因果效应量化情景

在图 8.1 的因果图中,焦虑被标记为干预点,稳定住房则被标记为结果。两者间存在一条经过工资和儿童看护的后门路径,其中,儿童看护被标记为混杂变量。焦虑的干预以锤子标记,其结果是从咨询课程和工资到焦虑的连线被消除,从而后门路径也被消除。

该中心想进行一项测试，将客户的高焦虑度降低到低焦虑度是否会影响他们的稳定住房状况。从焦虑到稳定的住房之间有一条通过工资和儿童看护的后门路径，该路径起始于指向焦虑的箭头。存在一个无观察的共同原因模式：工资←儿童看护→稳定住房，它是唯一的非阻断路径。作为共同原因的中间节点，儿童看护是一个混杂变量。如果你能进行干预（即干预焦虑），用图中的锤子表示，那么指向焦虑的边会被移除，从咨询课程和工资指向焦虑的边就会被移除，后门路径消失，你就可以估计干预效果了。

但在实际情况中，你可能无法进行这样的干预。这是一个观察性场景而非干预性场景，两者完全不同。图 8.5 描述了这种情形。因为不能移除焦虑与工资之间的边，所以你必须在模型中调整那个混杂变量——客户是否需要儿童看护，这样才能正确估计焦虑与稳定住房之间的因果效应。包含、观察，或以混杂变量为条件被称为调整混杂变量。在 ABC 中心的图里，除考虑儿童看护外，调整工资也是阻断后门路径的另一种方式。

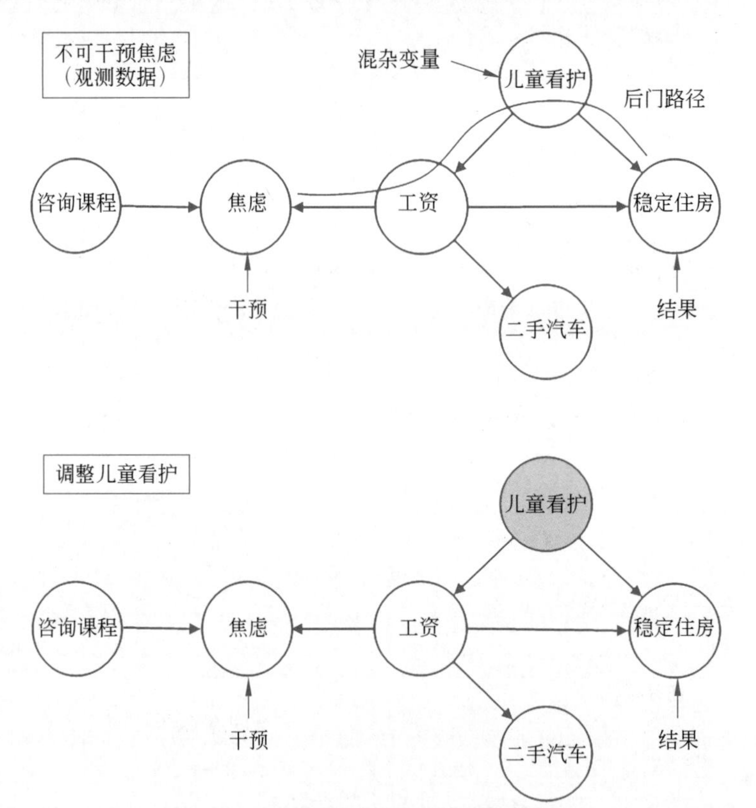

图 8.5　不可干预时因果效应量化的场景

这时必须调整后门路径上变量。在图 8.1 中的因果图中，焦虑被标记为干预点，而稳定住房被标记为结果点。两者之间有一条经过工资和儿童看护的后门路径。其中，儿童看护被标记为混杂变量。调整儿童看护使其节点变为灰色，这也消除了后门路径。

核心上，计算因果效应的最终目标是指导决策。如果 ABC 中心可以为客户提供两种可选的社会服务，那么因果模型会推荐效果更为显著的那一种。下面将学习如何从数据中找到合适完成此任务的模型。

8.3 干预数据和观测数据

在完成与 ABC 中心主管的问题描述阶段后，你决定采用因果建模方法而非传统的机器学习方法，为客户提供更高生活质量的干预方案。你还确定了因果建模的具体方式：要么构建结构因果模型，要么估计平均干预效果。机器学习的下一个阶段是对数据进行理解和准备。

在因果建模中，存在两种类型的数据，即干预数据和观测数据。8.2 节已经介绍了这两者的应用场景。干预数据是在实际进行干预时收集的，通常作为预设计的实验的一部分。为获取干预数据，ABC 中心可能会做如下实验：邀请一组客户参加金融教育课程，而另一组不参加。参与金融教育课程的是干预组，未参与的是对照组。ABC 中心将搜集这些客户的多维数据，作为下一阶段建模的数据集。对所有可能的混杂因素进行数据收集是非常关键的。

如前面章节所述，不论是通过干预收集还是观测收集，随机变量分别是表示干预组和对照组的实验 T(焦虑干预)，结果标签 Y(稳定住房)，以及其他特征 X(儿童看护和其他)。从这些随机变量中收集的样本构成了用于估算平均干预效果的数据集，即$\{(t_1,x_1,y_1),(t_2,x_2,y_2),\cdots,(t_n,x_n,y_n)\}$。图 8.6 展示了这种数据集的示例。在估算结构因果模型时，你只需要随机变量 X，并在必要时明确干预和结果标签。

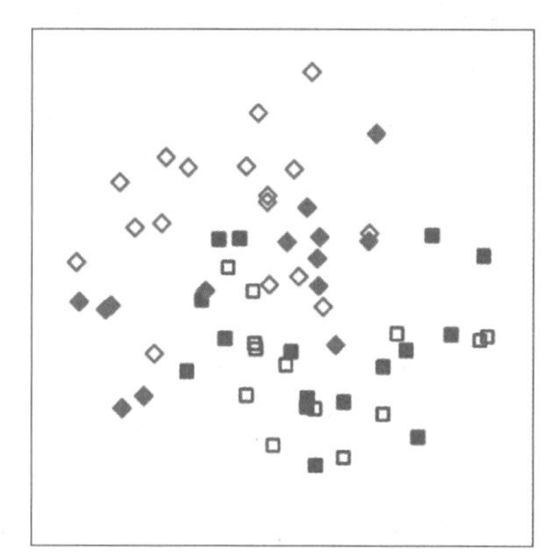

图 8.6 用于估计干预效应的数据集示例

坐标轴是 x 的两个特征维度。空心数据点代表对照组 $t=0$，实心数据点代表干预组 $t=1$。菱形数据点的结果标签是 $y=0$，方形数据点的结果标签是 $y=1$。

若 ABC 中心的目标是对所有因果关系有一个总体了解，那么可以从整个数据集中估算因果图。此外，如果中心管理者希望测试某一具体假设，例如焦虑缓解培训是否对稳定住房产生因果效应，那么可以仅从干预、混杂因素和结果标签变量中估算因果效应。随机试验是一种特殊的实验，它通过随机地将客户分配到干预组和对照组，从而降低研究样本中的混杂。

由于同一人在同一时间内无法既接受干预又不接受，所以无法同时观察到 $t=0$ 对照下的结果标签 y 和在干预 $t=1$ 下其反事实 y。这个挑战被称为因果建模的基本问题。随机化可以在一定程度上缓解这个问题，因为平均来看，干预组和对照组由相似的客户组成。但是，随机化不能解决外部效度问题（如第 4 章所讲，外部效度关于数据集在不同人群中的泛化能力）。例如，同一属性的所有客户可能都受到其他不同人群中某些特定变量的影响。

随机试验被视为因果建模的黄金标准，应当尽可能地进行。但是，由于伦理和资源限制，随机试验和干预数据的收集并不总是可行的。例如，为了测试某一假设而放弃一个已知的有效方法（如职业培训课程）是不道德的。从资源的角度看，ABC 中心可能无法为一半的客户提供 1000 美元的现金支持（如第 4 章中提到的“无条件”的做法），以测试这种干预是否真正改善了稳定住房的情况。即使没有伦理和资源的障碍，ABC 中心的领导和执行团队在收集数据后，可能还想探索新的因果关系。

在上述种种情况下，你可能只能依赖观测数据，而非干预数据。在观测数据的情境下，干预变量的值并未被有意设定为特定值，而是基于其他各种因素偶然取得的值。因为观测数据通常更容易获得且并非为特定目的而收集，它可能缺乏一些潜在的混杂变量。

在观测数据中，因果建模的基本问题尤为突出，使得测试和验证因果模型变得更具挑战性。检验因果模型的唯一（令人不满意）方法是：通过模拟生成事实和反事实的数据，或同时从相似的群体中收集干预数据。但如果只有观测数据，那么在生命周期的建模阶段你能做的只是最大限度地利用这些数据。

8.4 因果发现方法

在数据理解阶段之后，接下来便是建模阶段。如何为 ABC 中心构建出如图 8.1 所示的因果图结构呢？以下 3 种方法是可行的[①]。

（1）请 ABC 中心的专家人工为所有节点（随机变量）之间的关系手动绘制所有的箭头（因果关系）。

（2）设计并进行实验以梳理因果关系。

（3）基于观测数据发现图结构。

第一种手动方法是个不错的选择，但它可能引入人为偏差，并且难以应用于有大量变量（如超过 20 或 30 个）的问题上。第二种实验方法也很好，但对于涉及大量变量的问题，进行每个可能边的干预实验是不现实的。第三种方法，即从观测数据中进行因果发现，实践中最为实用，也是你应该与 ABC 中心共同采纳的方法[②]。

你或许听过“能者多劳，庸者多教”的说法，其简化版为“庸者多教”。当只有观测数据但无法进行干预，需要进行因果建模时，一个重要的原则是“庸者假设”。如图 8.2 所示，因果发现有两个主要分支，每个分支都需要我们做出某种假设。第一个分支基于条件独立性检验，它依赖于忠实性假设。忠实性假设的主要思想是利用随机变量之间的条件依赖和独立性来揭示因果关系。如果随机变量之间没有掩盖其因果关系的偶然或确定性关系，那么贝叶斯网络的边则与结构因果模型的边相对应。通常，忠实性在实践中是成立的。

一个概率分布可以通过对不同的变量集合进行条件化，从而得到多种不同形式的分解，

---

① Clark Glymour, Kun Zhang, Peter Spirtes. “Review of Causal Discovery Methods Based on Graphical Models.” In: *Frontiers in Genetics* 10 (Jun. 2019): 524.

② 有一些先进的因果发现方法从观测数据开始，可告诉你一些重要的实验，以得到一个更好的图，但其超出了本书的范围。

这可能产生不同的图结构。改变箭头的方向也会得到不同的图。所有由相同概率分布得出的这些不同的图被称为马尔可夫等价类。马尔可夫等价类的一个经典例子是：有两个随机变量，如焦虑和工资[①]，焦虑作为父节点，而工资作为子节点的图，以及工资作为父节点，焦虑作为子节点的图，它们具有相同的概率分布，但因果关系是相反的。因果发现方法中条件独立性检验分支的一个重要观点是，寻找马尔可夫等价类的图结构，而不是单个的图结构。

因果发现的第二个分支是基于对结构方程 $P(Y|\mathrm{do}(t))=f_Y(t,\mathrm{noise}_Y)$（式(8.1)）所作的假设。这个分支中有多种不同的子类。例如，一些类型假设函数模型具有线性函数 f_Y，有的类型假设函数模型具有附加噪声 noise_Y 的非线性函数 f_Y，甚至还有一些类型假设噪声 noise_Y 的概率分布的熵较小。根据这些假设的函数形式，我们对观测数据进行拟合。这个分支上的假设比条件独立性检验的假设要更为严格，但得到的结果是一个具体的图，而不是一个马尔可夫等价类。这些特征在表 8.1 中进行了总结。

表 8.1　因果发现方法的两个分支的特征

分支	忠实性假设	函数模型假设	马尔可夫等价类输出	单个图输出
条件独立	X		X	
函数模型		X		X

下面介绍因果关系发现的两种主要方法，即基于条件独立性检验的 PC 算法和基于函数模型的加性噪声模型方法。

8.4.1　基于条件独立性检验的方法示例

PC 算法是最古老、最简单且常用的基于条件独立性检验的因果发现方法之一。该算法是一种贪心算法，得名于算法提出者彼得・斯皮特斯（Peter Spirtes）和克拉克・格莱默（Clark Glymour）。图 8.7 给出一个以 ABC 中心为例的 PC 算法，包括工资、儿童看护、稳定住房和二手汽车等节点，具体步骤如下。

第 0 步：整个 PC 算法从一个完整的无向图开始，所有节点对之间都有边连接。

第 1 步：对每一对节点进行测试；如果它们是独立的，则删除它们之间的边。接下来，继续进行条件独立性测试，如有条件独立性存在，则删除相应的边。最终结果是因果图的无向骨架。

第 1 步原因如下。当且仅当节点 X_1 和 X_2 在所有其他节点的每个可能子集上条件相关时，节点 X_1 和 X_2 之间存在一条无向边。（如果一个图有另外 3 个节点 X_3、X_4 和 X_5，那么你要寻找的 X_1 和 X_2 是：①在没有给定其他变量的情况下，无条件相关；②与给定的 X_3 相关；③与给定的 X_4 相关；④与给定的 X_5 相关；⑤与给定的 X_3、X_4 相关；⑥与给定的 X_3、X_5 相关；⑦与给定的 X_4、X_5 相关；⑧与给定的 X_3、X_4、X_5 相关。）这些条件依赖关系可以用 d-分离（第 3 章）解决。

第 2 步：在尽可能多的边上添加箭头。算法对三节点链的第一个和第三个节点进行条

① Matthew Ridley，Gautam Rao，Frank Schilbach. "Poverty，Depression，and Anxiety：Causal Evidence and Mechanisms." In：*Science* 370.6522 (Dec. 2020)：1289.

件独立性检验。如果它们依赖包含中间节点的一组节点，那么就会形成一个带有箭头的共同结果（冲撞点）模式。最终结果是一个部分有向的因果图。算法可能无法完全确定边的方向，所有可能的方向选择都构成了马尔可夫等价类中的不同图。

第 2 步原因如下。当且仅当 X_1 和 X_3 依赖于包含 X_2 的每个可能的节点子集时，节点 X_1、X_2 和 X_3 之间的无向边可以被定向到 $X_1 \rightarrow X_2 \leftarrow X_3$。这些条件依赖关系也可以通过 d-分离解决。

在图 8.7 结束时，马尔可夫等价类包含了 4 个可能的图。

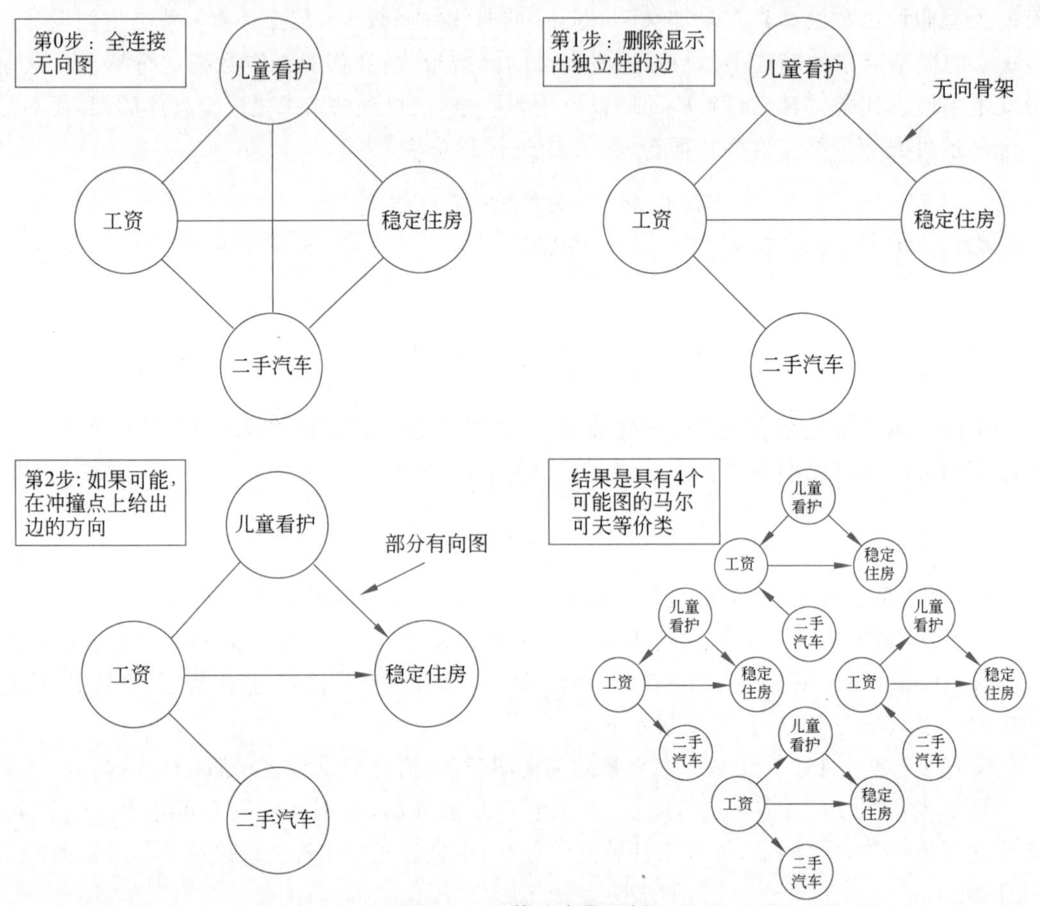

图 8.7 PC 算法步骤示例

第 0 步：建立一个全连接无向图，其中的节点包括儿童看护、工资、稳定住房和二手汽车。

第 1 步：由于儿童看护和二手汽车，稳定住房和二手汽车之间表现出条件独立性，所以这两对节点之间的连接线被删除，形成无向骨架。

第 2 步：儿童看护和稳定住房之间的边被定向为从儿童看护指向稳定住房，工资和稳定住房之间的边被定向为从工资指向稳定住房。儿童看护和工资以及工资和二手汽车之间的边仍然是无向的，这就构成了部分有向图。4 种可能的有向图构成了马尔可夫等价类解：边从儿童看护指向工资和从二手汽车指向工资；边从儿童看护指向工资和从工资指向二手汽车；边从工资指向儿童看护和从二手汽车指向工资；以及边从工资指向儿童看护和从工资指向二手汽车。

在第 3 章中，d-分离用于理想情况，即你完全了解每对随机变量之间的依赖性和独立性。但在实际处理数据时，这种完美知识并不存在。在数据上进行的条件独立性测试通常基于随机变量间的互信息估计。连续随机变量的条件独立性检验看似简单，但涉及许多技巧。这些技巧仍在研究中，且超出了本书的讨论范围[①]。

8.4.2 基于函数模型的方法示例

在条件独立性检验方法中，对 $P(Y|do(t))=f_Y(t, noise_Y)$ 的函数形式没有强假设。因此，如你在 PC 算法中所见，某些边的方向可能仍然存在混乱。你无法判断两个节点哪个是原因，哪个是结果。而基于函数模型的方法对 f_Y 做出了假设，并设计用于避免这种混乱。对于只有两个节点的情况最容易理解，如 T 和 Y（工资和焦虑）。你可能会认为工资的变化会导致焦虑的变化（T 导致 Y），但实际上，这种关系可能是相反的（Y 导致 T）。

一个具体的基于函数模型的因果发现方法称为加性噪声模型。此模型要求 f_Y 是非线性函数，同时噪声是加性的，即 $P(Y|do(t))=f_Y(t)+noise_Y$；这里的 $noise_Y$ 不应依赖 t。在图 8.8 中，你可以看到一个非线性函数的示例，及其噪声的量化情况。由于噪声与变量 t 无关，对于所有的 t 值，该噪声在函数不同 t 上的高度都是相等的。现在考察以 t 为纵轴，y 为横轴时的情况。对于所有的 y 值，噪声在函数不同 y 上的高度是否仍然相等？答案是不，这便是关键的观察。当原因为横轴时，噪声在函数的纵向上维持恒定的高度；但当结果为横轴时，该高度就不再恒定。存在多种方法可以从数据中识别这种现象，而如果你理解了图 8.8，就能够洞悉其中道理。当 ABC 中心试图探究焦虑的减少是否会导致工资上涨，或工资的增长是否会导致焦虑下降时，你就能够明确如何进行分析。

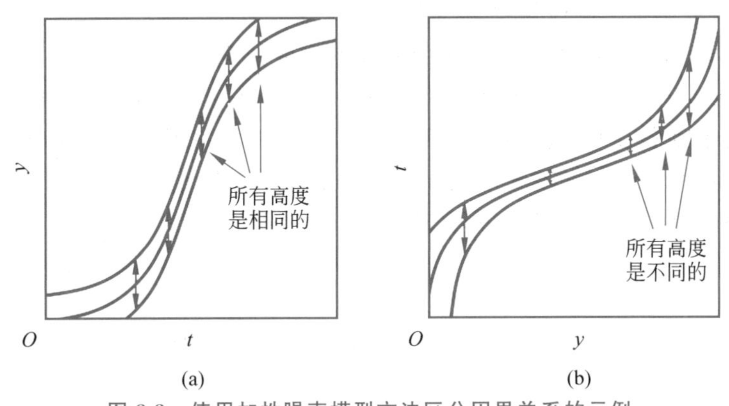

图 8.8 使用加性噪声模型方法区分因果关系的示例

由于噪声带在所有 t 上的高度相同，而在所有 y 上不同，因此 t 是原因，y 是结果。两图均关于同一个非线性函数及其噪声带。图 8.8(a) 纵轴是 y，横轴是 t；图 8.8(b) 纵轴是 t，横轴是 y。在第一个图中，不同 t 值的噪声带高度始终保持相同。而在第二个图中，不同 y 值的噪声带高度有所不同。

当函数为线性时，这种现象不会发生。想象一下，把图 8.8 画为线性函数，然后进行翻转。你会发现在两种情况下噪声的高度都是相同的，因此你不能确定哪个是原因，哪个是结果。

---

① Rajat Sen, Ananda Theertha Suresh, Karthikeyan Shanmugam, et al. Dimakis, and Sanjay Shakkottai. "Model-Powered Conditional Independence Test." In: *Advances in Neural Information Processing Systems* 31 (Dec. 2017): 2955-2965.

8.5 因果推断方法

继 8.4 节之后，你现在拥有了用于评估 ABC 中心收集的随机变量之间因果关系结构的工具。但仅知道这些关系对管理者来说是不够的，他还希望量化特定干预与结果标签之间的因果效应。更具体地说，他想了解减轻焦虑对稳定住房的影响。为此，你开始研究平均干预效果估计方法。你正在使用观测数据，因为 ABC 中心并未实施控制实验来明确这种因果关系。从图 8.5 可知，儿童看护是一个混杂因素。由于已经进行了适当的前瞻性规划且未走捷径，你已经收集了所有必要的数据。t_i 表示接受了减轻焦虑干预的客户，x_i 表示客户的儿童看护状况以及其他可能的混杂变量，而 y_i 则是客户稳定住房的结果标签。

请记住我们的工作准则："庸者假设"。观测数据的因果推断和因果发现一样，都需要基于一定的假设。因果推断中的一个核心假设与第 3 章中介绍的机器学习的独立同分布假设相似，这个假设是稳定单元干预值假设(The Stable Unit Treatment Value Assumption, SUTVA)。简言之，一个客户的结果仅取决于对该客户的干预，并不受其他客户接受干预的影响。还有以下两个重要的假设。

1. 混杂性假设，即没有未测量的混杂变量(No Unmeasured Confounders)假设，也叫作可忽略性假设。数据集中应该包含 X 中所有的混杂变量。

2. 重叠性(Overlap)假设，也称为正值假设或存在性假设。在混杂变量条件下，干预变量 T 的概率不能为 0 或 1，它必须是一个严格大于 0 且小于 1 的值。这解释了为什么叫作正值性，因为这个概率必须是正的，而不能为 0。从另一个角度解释该假设，干预组和对照组的概率分布应该有重叠；在两个分布中，一个分布不应在另一个分布不支持的区域有支持。图 8.9 用两组数据展示了重叠和非重叠的情况。

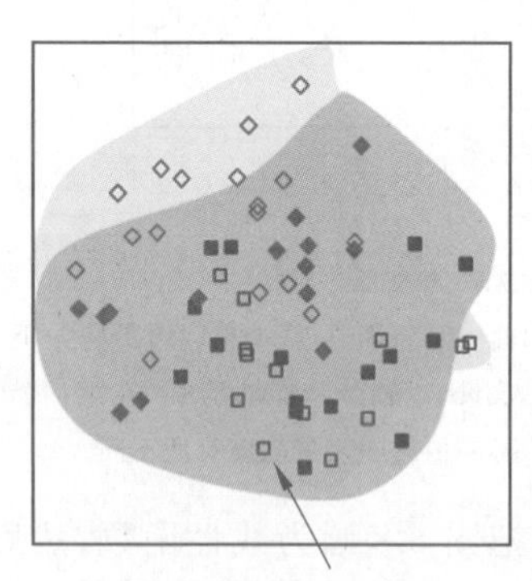

(a)

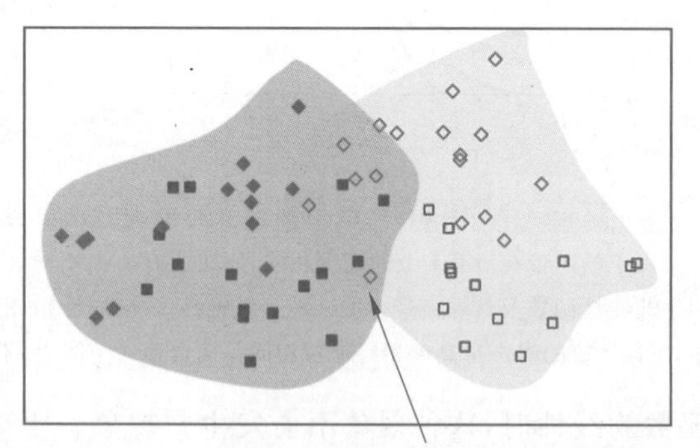

(b)

图 8.9 干预组和对照组的数据点分布图

其中重叠部分显示它们的基础分布支持区域。图 8.9(a)中干预组和对照组的分布有大量重叠，因此可以估计平均干预效果。而图 8.9(b)中重叠部分很少，因此不适用于估计平均干预效果。

这两种假设统称为强可忽略性假设。如果这些假设不成立，那么你不应当基于观测数据来估计平均干预效果。为什么我们需要这两种假设？它们为何如此重要？如果数据中包含所有潜在的混杂因素，你可以对它们进行调整，消除任何可能的混杂偏差。而当数据有重叠性时，你可以对数据进行调整或平衡，确保干预组和对照组尽可能地相似。

若你正开始使用 ABC 中心经过清洗和准备后的数据来估计平均干预效果，接下来该如何操作呢？你需要按照图 8.10 所示，循环完成以下 4 个步骤。首先是确定因果推断方法，在干预模型和结果模型中选择一个。两者都是基于观测数据进行因果推断的主要途径，如图 8.2 所示。下面会对其进行详细介绍。其次是选择一个用于指定因果推断方法的机器学习算法。对于干预模型和结果模型这两种因果推断方法，都存在相应的机器学习方法。第三步是训练所选模型。最后是评估你的假设，确定结果是否真的可以视为因果效应[①]。我们继续按照这些步骤为 ABC 中心解决问题。

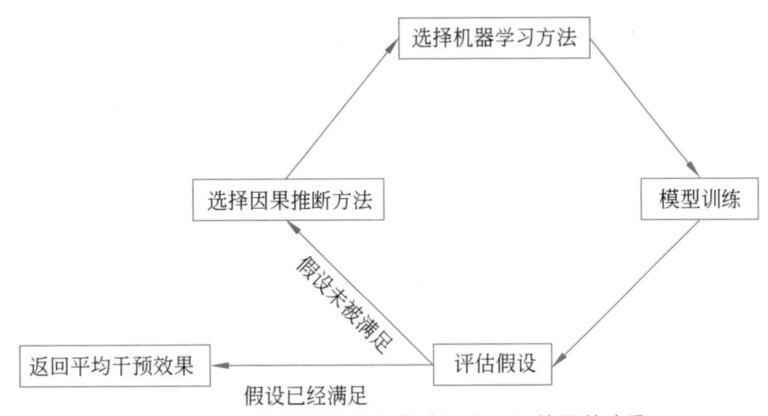

图 8.10 根据观测数据估计平均干预效果的步骤

在这个循环之外，如果有需要，还可以回到机器学习生命周期的数据准备阶段。该流程图从选择因果推断方法开始，经过选择机器学习方法、模型训练、最后到评估假设。如果假设未被满足，就返回选择因果推断方法的阶段。如果假设已经满足，则返回平均干预效果。

8.5.1 干预模型

在讨论因果推断方法时，首先考虑的是干预模型。在深入探讨之前，首先定义一个重要概念——倾向得分。倾向得分表示在给定可能的混杂变量（如儿童照看和其他因素）条件下进行干预（如焦虑缓解）的概率，记为 $P(T|X)$。理想情况下，决定对客户进行焦虑缓解干预的选择不应与其他任何因素（例如客户是否有儿童看护）有关。这在随机实验中是成立的，但在观测数据中通常不是这样。

干预模型的目标是通过打破 T 和 X 之间的依赖性来消除混杂偏差。为实现这一点，采用的方法是对数据点进行加权，使其更像一个随机实验：整体上看，对照组和干预组的客户在混杂变量上应该是相似的。这个方法的主要思路是使用逆概率加权，给那些在干预组但更可能被分配到对照组的客户更大的权重，反之亦然。对于接受焦虑缓解干预的客户 $t_j=1$，权重与其倾向得分成反比，即 $w_j=1/P(T=1|X=x_j)$。对于未接受干预的客户 $t_j=0$，权重则是 $w_j=1/P(T=0|X=x_j)$，这也等于 $1/(1-P(T=1|X=x_j))$。然后，焦虑缓解

① Yishai Shimoni, Ehud Karavani, Sivan Ravid, et al. "An Evaluation Toolkit to Guide Model Selection and Cohort Definition in Causal Inference." arXiv: 1906.00442, 2019.

对于稳定住房的平均干预效果为干预组和对照组中的结果标签的加权平均差。如果将干预组定义为$\mathcal{T}=\{j \mid t_j=1\}$，对照组定义为$\mathcal{C}=\{j \mid t_j=0\}$，那么平均干预效果的估计值为

$$\tau=\frac{1}{\|\mathcal{T}\|}\sum_{j\in\mathcal{T}}w_j y_j-\frac{1}{\|\mathcal{C}\|}\sum_{j\in\mathcal{C}}w_j y_j \tag{8.3}$$

从训练数据样本$\{(x_1,t_1),(x_2,t_2),\cdots,(x_n,t_n)\}$中得到倾向得分$P(T \mid X)$是一项机器学习任务，其中，特征为$x_j$，标签为$t_j$。你期望输出一个已校准的连续得分（如第6章所描述，该得分称为$s(x)$）。这个学习任务可以使用第7章描述的任何机器学习算法来完成。与其他任何机器学习任务一样，用于估计倾向得分的不同机器学习算法的效果会有所不同。例如，对于结构化数据集，决策森林可能更为合适，而对于大型半结构化数据集，神经网络可能更为适用。

当你训练了一个倾向得分模型后，接下来的步骤是评估它，以确定它是否满足因果推断的假设（仅因为你能够计算平均干预效果，并不意味着你得到的结果确实反映了真实的因果关系）。倾向得分模型的4个主要评估指标是：①协变量平衡；②校准；③倾向得分分布重叠；④接收者操作特征曲线下的面积（AUC）。第6章已经介绍了如何使用校准和AUC评估常规的机器学习问题，但这是首次介绍协变量平衡和倾向得分分布重叠。需要指出的是，评估倾向得分模型的AUC与评估典型机器学习问题的方式是不同的。

由于逆概率加权的目的是确保干预组和对照组中的潜在混杂变量看起来相似，所以第一项评估指标就是协变量平衡。为了验证是否已经达到这个目标，我们需要逐一检查X特征（如儿童看护和其他可能的混杂变量），计算其标准化均值差异（SMD）。计算方法是将对照组数据的特征均值减去干预组数据的均值，然后除以两个组特征均值的标准差。这里的"标准化"是指最后的除法操作，其目的是不考虑不同特征的绝对尺度。任何特征的SMD的绝对值大于0.1都应被视为有问题。如果出现这种情况，这可能意味着你的倾向得分模型并不理想，从而不能从平均干预效果中得出确切的因果结论。

接下来的评估指标是校准。因为在逆概率加权中，倾向得分模型被当作真实的概率使用，所以它的校准度非常重要。如第6章所述，我们期望校准损失尽可能小，而校准曲线应该尽可能靠近一条直线。如果这些条件未得到满足，那么你不应该从计算出的平均干预效果中得出因果结论，而需要回到第1步。

第三个评估是基于干预组和对照组的倾向得分分布，如图8.11所示。如果分布在0或1附近出现尖峰，这是不好的，因为这意味着可能有大量X值可以被倾向得分模型几乎完美地分类。完美的分类意味着在那个区域内，干预组和对照组之间几乎没有重叠，这不符合正值假设。如果你观察到这样的尖峰，那么应该放弃使用该模型（这个评估并不能告诉你非重叠区域是什么，而只是说明它的存在）。

干预模型的第四项评估是AUC。尽管它的定义和计算方法与第6章中的内容相同，但对于倾向得分模型，一个较好的AUC值并不意味着它要非常接近1.0。中等的AUC值，如0.7或0.8，对于平均干预效果的估计是适当的。过于接近0.5的AUC对于倾向得分模型是不佳的。如果AUC过高或过低，那么你应该停止使用这个模型。只有当你完成所有的评估步骤并且没有发现任何问题时，你才应继续报告你所计算的平均干预效果的实际因果关系。否则，你需要考虑重新选择其他因果方法或机器学习方法。

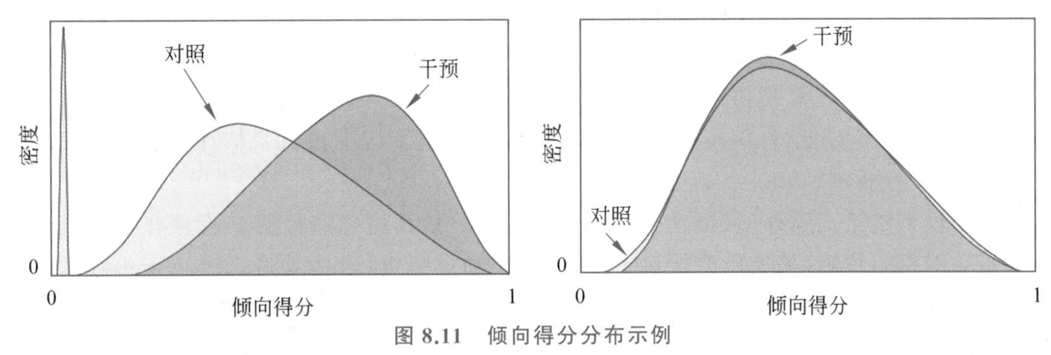

图 8.11 倾向得分分布示例

左图显示了可能存在重叠违反，而右图则没有这一问题。纵轴代表密度，横轴代表倾向得分。每个图都展示了对照组和干预组的概率密度函数。左图中，两个概率密度函数的重叠部分较少，而且对照组分布在 0 的附近呈现一个尖峰。在右图中，两个概率密度函数几乎完全重合。

8.5.2 结果模型

当评估 ABC 中心的焦虑缓解干预是否对稳定住房有影响时，你可以考虑另一种方法，即结果模型。在干预模型中，使用数据$\{(t_1,x_1),(t_2,x_2),\cdots,(t_n,x_n)\}$学习 $P(T|X=x)$ 关系，与干预模型不同，在结果模型中，使用数据$\{(t_1,x_1,y_1),(t_2,x_2,y_2),\cdots,(t_n,x_n,y_n)\}$学习关系 $E[Y|T=1,X=x]$和 $E[Y|T=0,X=x]$。你可以直接从可能的混杂变量（如儿童看护）和干预变量（如焦虑缓解）中预测稳定住房的平均结果。不管是干预模型还是结果模型，都需要满足强可忽略性假设。表 8.2 总结了干预模型和结果模型的差异。

表 8.2 干预模型和结果模型的差异

分　支	数 据 集	学到了什么	目　的
干预模型	$\{(x_1,t_1),(x_2,t_2),\cdots,(x_n,t_n)\}$	$P(T\|X)$	用于加权数据点
结果模型	$\{(x_1,t_1,y_1),(x_2,t_2,y_2),\cdots,(x_n,t_n,y_n)\}$	$E[Y\|T,X]$	直接用于平均干预估计

为什么从数据中学习 $E[Y|T,X]$模型是有用的？如何计算焦虑缓解对稳定住房的平均干预效果？需要记住的是，平均干预效果的定义是 $\tau=E[Y|\text{do}(t=1)]-E[Y|\text{do}(t=0)]$。还要记住，当不存在混杂变量时，关联分布和干预分布是相同的，因此 $E[Y|\text{do}(t)]=E[Y|T=t]$。一旦有了 $E[Y|T=t,X]$，就可以利用期望迭代法则调整 X，并得到 $E[Y|T=t]$。关键是对 X 求期望，因为 $E_X[E_Y[Y|T=t,X]]=E_Y[Y|T=t]$（期望的下标表示要对哪个随机变量求期望）。要获得 X 的期望，需要使用结果模型进行加权求和，其中权重是 X 中每个值的概率。在这之后，计算平均干预效果变得相对简单，因为可以直接计算两者的差值 $E[Y|T=1]-E[Y|T=0]$。

现在你已经建立了因果模型，接下来考虑的是机器学习模型。当结果标签 Y 为 0 和 1 时，分别代表没有稳定住房和有稳定住房，则期望值为概率 $P(Y|T=1,X=x)$和 $P(Y|T=0,X=x)$。学习这些概率就是基于标签 y_i 和特征(t_j,x_j)训练机器学习分类器的过程。你可以使用第 7 章中描述的任意与当前任务匹配的机器学习方法。人们通常采用基于线性的分类器设计，但对于可能包含众多混杂变量的高维数据，应考虑使用非线性方法。

与干预模型一样，通过结果模型能够计算平均干预效果并不代表你的结论是真正的因果推断，仍需进行评估。第一项评估是校准，这也是干预模型中的评估。你希望有较小的校准损失和直线校准曲线。结果模型的第二项评估是准确性，如使用 AUC 评估。对于结果模型，你期望它的 AUC 尽可能接近 1.0，这与常规的机器学习模型相似，但与干预模型有所不同。如果 AUC 过低，你应停止使用这个模型，并回到平均干预效果估计方法的迭代的第 1 步，如图 8.10 所示。

结果模型的第三项评估是检查模型的预测值，评估其可忽略性和是否存在未测量的混杂变量。对于干预组（接受焦虑缓解干预）的客户和对照组（未接受焦虑缓解干预）的客户，结果模型预测的 $Y|t=1$ 和 $Y|t=0$ 值应该是相似的。若预测值有显著差异，则可能在调整 X（如儿童看护等变量）后，仍有混杂变量存在，这违背了没有未测混杂变量的假设。因此，如果两组的预测 $Y|t=1$ 和 $Y|t=0$ 的值大部分不重叠，那就应停止分析，并重新选择因果模型或机器学习模型。

8.5.3 结论

你已经评估了两种因果推断方法，即干预模型和结果模型。在哪些情况下选择哪种模型更为合适呢？干预模型和结果模型本质上是具有不同特征和标签的两种问题。使用不同的机器学习方法时，你可能会发现某一种因果推断方法的效果优于另一种。因此，可以尝试这两种方法，并比较它们的结果。某些机器学习方法可能更适合特定的建模任务，这取决于机器学习方法的底层能力域。

但值得注意的是，你实际上不需要在这两种因果推断方法中做出选择。存在一种名为“双重稳健估计”的混合方法，其将倾向得分作为附加特征添加到结果模型中[①]。这种双重稳健模型为你提供了两全其美的选择。ABC 中心的管理者正等待决定是否在焦虑缓解干预上增加投资。完成因果建模分析后，他将能够做出明智的决策。

8.6 总结

- 因果关系是一个基本概念，表示当一件事情（原因）发生变化时，会引起另一件事情（结果）的变化。这与相关性、预测性和依赖性是不同的。
- 因果模型对于指导涉及干预的决策非常重要，因为这些决策会对结果产生预期效果。当你操纵输入时，仅依赖预测性的关联模型是不足够的。
- 除了指导决策外，因果建模还可以帮助避免预测模型中的误导性关联。
- 为了表示因果关系和统计关系，结构化的因果模型拓展了贝叶斯网络。这种图结构帮助我们理解不同变量间的因果关系和因果链条。学习这些图结构被称为“因果发现”。
- 在干预和结果的假设之间进行因果推断是一个不同的问题描述。要从观测数据中有效地进行因果推断，需要控制混杂变量。
- 因果建模涉及一些难以验证的假设，但你应当在建模过程中进行一系列评估，以确保其尽可能地准确。

---

① Miguel A. Hernán, James M. Robins. *Causal Inference: What If*. Boca Raton, Florida, USA: Chapman & Hall/CRC, 2020.

第四部分

第 9 章

分布偏移

Wavetel(虚构)是印度一家领先的移动通信运营商,近年来业务已扩展到东非和中非的几个国家。该公司在非洲市场的一个盈利的业务是移动支付信贷,该业务需要与每个非洲国家的银行合作。移动支付最基础的应用是储蓄,2007 年首次在肯尼亚以 M-Pesa 的名称推出。通过移动储蓄,即使没有正式的银行账户,客户也可以使用手机进行存款、取款和转账(如第 4 章所描述,这些交易是 Unconditionally 组织评估的数据来源之一)。之后出现了如信贷和保险等更高级的金融服务。在这些服务中,银行要承担金融风险,因此,不能在没有申请流程和审核的情况下就随意发放账户。

了解移动支付信贷的盈利模式后,Wavetel 积极推动印度也允许此类业务,与此同时相关的法规也被签订。Wavetel 与 Bulandshahr 银行(虚构)合作,打算以 Phulo 的品牌推出这项新服务。根据市场调研,Wavetel 和 Bulandshahr 银行预测,Phulo 一经推出,每天都会收到大量的申请。他们必须做好准备,以便实时地处理这些申请。为了应对这个情况,他们聘请了你的数据科学团队作为顾问,帮助创建一个用于决策的机器学习模型。

他们面临的问题是决定是否为那些在印度没有银行账户的客户提供移动支付信贷,这在印度之前是没有的。Bulandshahr 银行的历史贷款数据对于 Phulo 的申请人来说没有什么参考价值。但 Wavetel 拥有来自几个东非和中非国家的移动支付信贷的数据(进行了隐私保护处理),并且有权在印度业务中使用这些数据。问题是,你能用非洲的数据集来训练 Phulo 的机器学习模型吗？会有哪些潜在问题？

如果不小心处理,可能会出现很多问题。由于机器学习的一个基本假设是训练数据和测试数据应当服从独立同分布,你最终可能会创建一个误导性且不可靠的系统。这一核心假设在现实世界中往往不成立,因为训练数据和部署模型时的数据之间的概率分布可能会有差异。这种差异被称为分布偏移。一个在交叉验证中表现优异的模型,可能在实际应用中不能维持相同的性能。太多的认知不确定性可能会导致,即便是一个风险极小的模型也会失效。

> "如果在部署模型时出现分布偏移,那么一切都是徒劳(而分布偏移总是存在)。"
>
> ——阿尔温德·纳拉亚南(Arvind Narayanan),普林斯顿大学计算机科学家

本章引领读者进入本书的第四部分,关于可靠性和处理认知不确定性,这是建立可信机器学习系统的四个属性之一(其他属性包括基本性能、人机交互和目标一致性)。如图 9.1 所示,你已经完成了建立可信机器学习系统一半的任务。

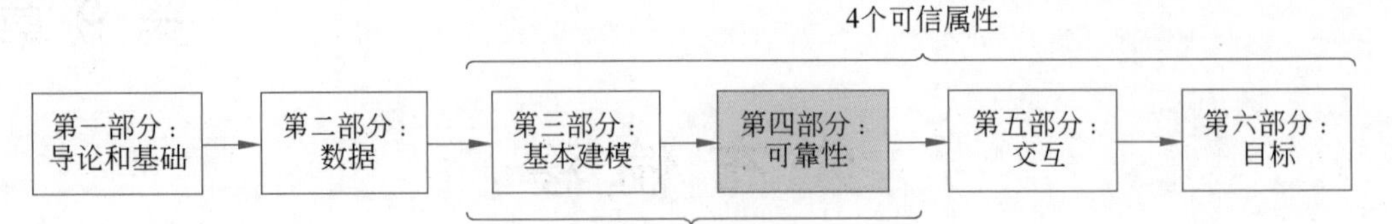

图 9.1　本书组织结构

第四部分主要讨论可信性的第二个属性，可靠性，对应于对认知不确定性具有鲁棒性的机器学习模型。流程图从左到右有六个方框：第一部分为导论和基础；第二部分为数据；第三部分为基本建模；第四部分为可靠性；第五部分为交互；第六部分为目标。第四部分突出显示。第三至第四部分为安全属性。第三至第六部分为可信属性。

本章中，当你完成机器学习生命周期的建模阶段，并致力于创建一个安全可靠的 Phulo 模型时，你将学习以下内容。

- 无论是否存在分布偏移，都要研究认知不确定性对机器学习模型性能的负面影响。
- 识别你所面临的分布偏移类型。
- 缓解分布偏移对模型的影响。

9.1　机器学习中的认知不确定性

你有一些标记为“批准/拒绝”的数据，它们来自东非和中非国家的移动支付信贷，现在想为印度训练一个可靠的 Phulo 模型。为了确保安全，你必须尽量减少认知不确定性，从而降低可能的意外危害。你已经在第 3 章学习了如何区分偶然不确定性和认知不确定性，现在是时候应用这些知识，找出认知不确定性是如何产生的。

首先在图 9.2 中，我们对图 4.3 中不同偏差和有效性进行了扩展。增加建模步骤，把你从准备数据空间带到预测空间，并输出模型的预测结果。正如在第 7 章中了解到的，建模时你会尝试使用归纳偏差，使分类器能够从训练数据泛化至所有特征，同时避免过拟合和欠拟合。从预测空间反向观察，建模过程是认知不确定性首次出现的地方。更具体地说，如果你没有能力选择合适的归纳偏差和假设空间，但原则上应该能够拥有这些能力，那么就存在认知不确定性[①]。此外，如果没有足够的高质量数据来训练分类器，即使拥有完美的假设空间，也会存在认知不确定性。

建模中的认知不确定性有多个常用的称谓，如罗生门效应(Rashomon effect)[②]和欠规范化(Underspecification)[③]。图 9.3 表达的主要思想是：许多模型在面对偶然不确定性和风险时都能表现出色，但由于没有最小化认知不确定性，这些模型的泛化方法各不相同。它们都有可能

---

① Eyke Hüllermeier, Willem Waegeman. “Aleatoric and Epistemic Uncertainty in Machine Learning: An Introduction to Concepts and Methods.” In: *Machine Learning* 110.3 (Mar. 2021): 457-506.

② Aaron Fisher, Cynthia Rudin, Francesca Dominici. “All Models Are Wrong, but Many Are Useful: Learning a Variable's Importance by Studying an Entire Class of Prediction Models Simultaneously.” In: *Journal of Machine Learning Research* 20.177 (Dec. 2019). Rashomon is the title of a film in which different witnesses give different descriptions of the same event.

③ Alexander D'Amour, Katherine Heller, Dan Moldovan, et al. “Underspecification Presents Challenges for Credibility in Modern Machine Learning.” arXiv: 2011.03395, 2020.

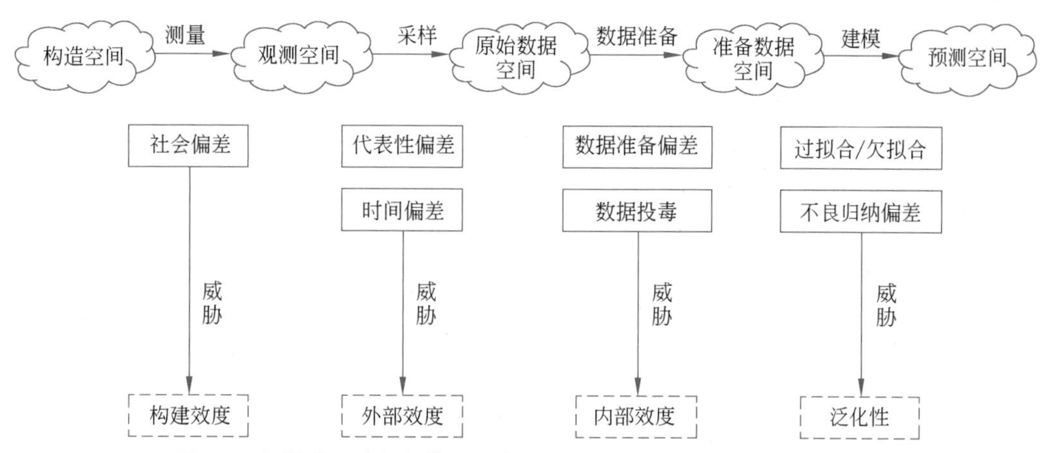

图 9.2　机器学习过程中的不同空间，以及因认知不确定性导致的问题

图 9.2 展示了 5 个由云形状表示的空间，它们按序列排列。构造空间通过测量过程转化为观测空间，观测空间通过采样过程转化为原始数据空间，原始数据空间通过数据准备过程转换为准备数据空间，准备数据空间通过建模过程转换为预测空间。测量过程中存在社会偏差，威胁构建效度；采样过程中存在代表性偏差和时间偏差，威胁外部效度；数据准备过程中存在数据准备偏差和数据投毒，威胁内部效度；建模过程中存在欠拟合/过拟合和不良的归纳偏差，威胁泛化性。

成为可胜任且可靠的模型，可能性值为 1(相反，表现不佳的其他模型的可能性值为 0，表示不能成为可胜任且可靠的模型)。然而，这些可能的模型中有很多是不可靠的，它们通过对数据中假定关联的特征进行泛化，走了捷径。而人们直觉地认为这些特征并不是适合泛化的相关特征[①]，它们并非因果关系。例如，如果非洲的移动支付信贷数据集中恰好有一个特征，如“周二提交申请”，与信贷批准标签有很高的相关性。在这种情况下，机器学习的训练算法可能直接采用这个特征来优化模型，而不进一步进行深入探索。当构建一个可信的机器学习系统时，简单地采用这种“捷径”方法是不恰当的，因此，你肯定不希望你的模型这么做。

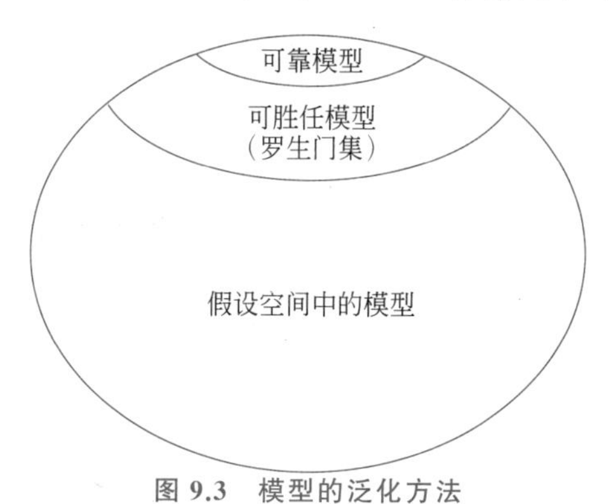

图 9.3　模型的泛化方法

在你考虑的所有模型中，很多模型在准确性和其他相关指标上都表现良好，它们可胜任，并构成罗生门集。然而，由于欠规范化和存在的认知不确定性，许多看似有效的模型实际上可能并不安全可靠。在该嵌套集合图中，可靠模型只是可胜任模型(罗生门集)的一个小子集，而可胜任模型又是整个假设空间中模型的一个小子集。

---

① Robert Geirhos, Jörn-Henrik Jacobsen, Claudio Michaelis, et al. “Shortcut Learning in Deep Neural Networks.” In: *Nature Machine Intelligence* 2.11 (Nov. 2020): 665-673.

那么，如何确定一个高准确率的模型不仅是可胜任的，而且还是可靠和安全的呢？一个关键方法是对模型进行压力测试，具体做法是输入那些超出训练数据分布的极端样本。关于如何以这种方式测试机器学习系统，将在第 13 章中详细介绍。

在从准备数据空间到预测空间的建模步骤中，减少认知不确定性的主要方法是数据增强。理想情况下，你应该从更多的场景和情境中收集更多的数据，但在 Phulo 预测任务中这可能并不可行。另一种方法是通过合成生成额外的训练样本来扩大你的训练数据集，特别是那些超出当前数据分布范围的样本。对于半结构化的数据，可以通过翻转、旋转或以其他变换手段实现数据增强。而对于结构化的数据（如 Phulo），可以通过修改类别值，或向连续值中添加噪声来创建新的样本。但在进行数据增强时，一定要注意不引入新的偏差。

9.2 分布偏移：认知不确定性的形式

到目前为止，你已经对从数据准备空间到预测空间的认知不确定性有所了解。但在机器学习的初始阶段，认知不确定性同样存在。这种不确定性产生于从构造空间到数据准备空间的过程中，存在你可能未完全了解或认识的偏差。当你在第 10 章和第 11 章学习如何构建公平并具有对抗鲁棒性的机器学习系统时，我们将进一步探讨这些问题。但目前，使用来自东非和中非的数据构建印度的 Phulo 模型时，最明显的认知不确定性表现为采样问题。实际部署 Phulo 模型时，目标样本可能在时间（时间偏差）和人群（代表性偏差）上与采样数据有所不同。此外，由于文化差异造成的测量误差（如社会偏差）也可能导致印度的信用评估与东非和中非国家有所不同。简言之，训练数据和部署数据的分布并不完全相同，即 $p_{X,Y}^{(\text{train})}(x,y) \neq p_{X,Y}^{(\text{deploy})}(x,y)$（$X$ 表示特征，Y 表示标签），这就是所谓的分布偏移。

9.2.1 分布偏移的类型

当我们使用在非洲国家获得的历史数据构建针对现代印度社会的 Phulo 模型时，训练数据分布 $p_{X,Y}^{(\text{train})}(x,y)$ 与部署数据分布 $p_{X,Y}^{(\text{deploy})}(x,y)$ 有哪些不同的类型？主要有以下 3 种。

1. 先验概率偏移，也称为标签偏移：标签分布存在差异，但特征给定标签的条件分布保持一致，即 $p_Y^{(\text{train})}(y) \neq p_Y^{(\text{deploy})}(y)$[①] 和 $p_{X|Y}^{(\text{train})}(x|y) = p_{X|Y}^{(\text{deploy})}(x|y)$。

2. 协变量偏移：特征分布存在差异，但标签给定特征的条件分布保持一致，即 $p_X^{(\text{train})}(x) \neq p_X^{(\text{deploy})}(x)$ 和 $p_{Y|X}^{(\text{train})}(y|x) = p_{Y|X}^{(\text{deploy})}(y|x)$。

3. 概念偏移：给定特征的标签分布不同，但特征分布相同，即 $p_{Y|X}^{(\text{train})}(y|x) \neq p_{Y|X}^{(\text{deploy})}(y|x)$ 和 $p_X^{(\text{train})}(x) = p_X^{(\text{deploy})}(x)$，或者给定标签的特征分布不同，但标签分布相同，即 $p_{X|Y}^{(\text{train})}(x|y) \neq p_{X|Y}^{(\text{deploy})}(x|y)$ 和 $p_Y^{(\text{train})}(y) = p_Y^{(\text{deploy})}(y)$。

除这 3 种特定类型外，还可能存在其他形式的分布偏移，但它们没有明确的名称。前两种分布偏移源于采样差异，而第 3 种则源于测量差异。表 9.1 总结了 3 种不同类型的分布偏移。

① 也可以将其写为 $p_0^{(\text{train})} \neq p_0^{(\text{deploy})}$。

表 9.1　3 种类型的分布偏移

类　型	改变	相同	来源	威胁	学习问题
先验概率偏移	Y	$X\|Y$	采样	外部效度	反因果学习
协变量偏移	X	$Y\|X$	采样	外部效度	因果学习
概念偏移	$Y\|X$	X	测量	构建效度	因果学习
	$X\|Y$	Y			反因果学习

下面通过示例了解每种类型的偏移，并探讨它们可能如何影响 Phulo 模型。如果现代印度与非洲历史上的国家中信用优良的人口比例存在差异（可能由于经济差异），则存在先验概率偏移。如果特征分布存在差异，如印度人相较于东非和中非国家的人更倾向于持有大量的黄金资产，那么存在协变量偏移。如果特征和信用良好之间的实际联系机制不同，就会出现概念偏移。例如，在印度，频繁通话或发送短信的人可能信誉更佳，而在东非和中非，与更少的人交流的人可能更受信任。

我们可以通过考虑各种上下文或环境因素来描述分布偏移。当数据测量和采样的环境发生变化时，特征和标签会受到怎样的影响？当我们讨论这种影响时，实际上是在谈论因果关系。如果将环境看作一个随机变量 E，那么不同的分布偏移类型可以用图 9.4 中的因果图描述[①]。

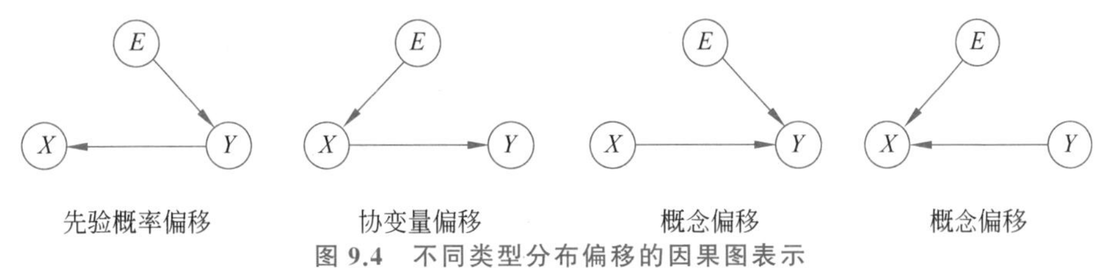

图 9.4　不同类型分布偏移的因果图表示

图 9.4 分别为先验概率偏移（$E\to Y\to X$）、协变量偏移（$E\to X\to Y$）、概念偏移（$E\to Y\leftarrow X$）和概念偏移（$E\to X\leftarrow Y$）。

这些图表揭示了一个微妙的问题：在先验概率偏移中，标签影响特征；而在协变量偏移中，特征影响标签。这看起来有点反直觉，因此，我们放慢速度，深入探讨这个观点。在第一种情况下，$Y\to X$，标签被称为内在标签，这种机器学习问题被称为反因果学习。一个典型的例子是具有已知病原体的疾病，如疟疾，会引发如寒战、疲劳和发烧等特定症状。病人患某种疾病的标签是内在的，因为它是受感染病人的基本属性，然后导致观测到的特征。在第二种情况下，$X\to Y$，标签被称为外在标签，这种机器学习问题被称为因果学习。一个典型例子是综合征，它是一组与特定病原体无关的症状，如阿斯伯格征。这个标签只是用来描述观察到的症状，如强迫性行为和协调困难，它自身并没有导致这些症状。概念偏移的两种形式分别对应反因果学习和因果学习。通常情况下，在有监督机器学习实践中，反因果学习和因果学习之间的区别通常只是出于好奇。但当涉及如何应对分布偏移时，这种区分就变得至关重要。对于 Phulo 模型来说，这两种情况哪一种更为适用并不是那么明显，这需要深入

---

① Meelis Kull, Peter Flach. "Patterns of Dataset Shift." In: *Proceedings of the International Workshop on Learning over Multiple Contexts*. Nancy, France, Sep. 2014.

思考。

9.2.2 分布偏移的检测

考虑到你的训练数据来源于东非和中非国家，而你的部署数据将来自印度，你可能意识到在建模任务中可能会遭遇分布偏移。但问题是，如何准确地检测它？主要有以下两种方法。

（1）基于数据分布的偏移检测。

（2）基于分类器性能的偏移检测。

如图 9.5 所示，这两种方法在机器学习建模过程中有所不同[①]。基于数据分布的偏移检测是在模型训练前进行的。而基于分类器性能的偏移检测则在模型训练后进行。简言之，基于数据分布的偏移检测直接比较 $p_{X,Y}^{(\text{train})}(x,y)$ 和 $p_{X,Y}^{(\text{deploy})}(x,y)$ 两个数据分布以判断它们是否相似。常见的做法是计算它们之间的 K-L 散度，这在第 3 章中介绍过。如果散度过大，则可能存在分布偏移。而基于分类器性能的偏移检测主要依赖贝叶斯风险、准确率、F_1 分数等模型性能指标。如果这些指标与交叉验证期间的性能相差甚远，则可能存在分布偏移。

这两种分布偏移检测方法都很好，但你是否清楚它们在 Phulo 开发任务中无法使用的原因？因为都需要部署数据的真实分布，包括特征和标签，但你目前并没有这些数据。如果有这些数据，你可能会直接用它们训练 Phulo 模型。这些偏移检测方法实际上更适用于监控环境，即随着时间的推移，你会持续收到分类的数据点及其真实标签。

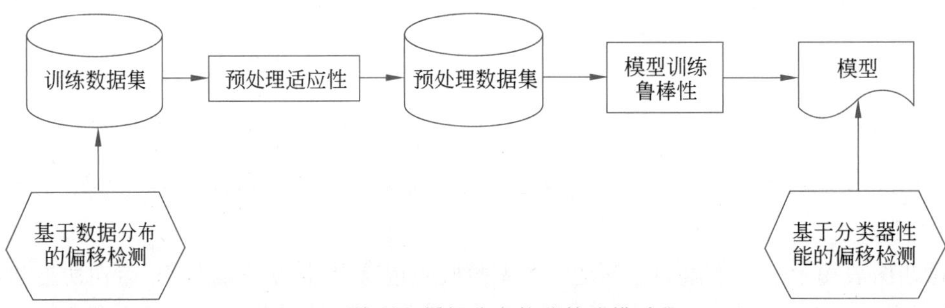

图 9.5 检测和缓解分布偏移的建模过程

将训练数据集输入标记为“适应性”的预处理块，得到预处理数据集，再将预处理数据集输入标记为“鲁棒性”的模型训练块，得到一个模型。在训练数据集上，进行基于数据分布的偏移检测。在模型上，进行基于分类器性能的偏移检测。

如果你开始从印度收集无标签的特征数据，那么可以通过比较印度与非洲的特征分布来进行基于无监督的数据分布偏移检测。但你已知它们会有差异，而这种无监督方法无法明确指出你所遇到的分布偏移的具体类型。因此，在类似 Phulo 的场景中，你只能根据对问题的理解，对分布偏移的存在和类型进行假设（第 8 章提到的“庸者假设”）。

---

① Jie Lu, Anjin Liu, Fan Dong, et al. Learning Under Concept Drift: A Review[J]. *IEEE Transactions on Knowledge and Data Engineering*, 2019, 31(12): 2346-2363.

9.2.3 缓解分布偏移

在克服分布偏移以创建可靠且安全的机器学习模型时，存在两种场景：①你拥有来自部署分布的无标签特征数据 $X^{(\text{deploy})}$，这有助于模型适应部署环境；②你没有任何来自部署分布的数据，所以需要让模型对可能遇到的所有部署分布都表现出鲁棒性。

> “机器学习系统需要能对现实世界中发生的各种情况进行鲁棒性建模。”
>
> ——德拉戈·安格洛夫(Drago Anguelov)，Waymo的计算机科学家

这两种方法分别应用于图9.5展示的建模过程的不同环节。适应性在训练数据的预处理步骤中完成，而鲁棒性则在模型训练过程中引入。表9.2对这两种分布偏移缓解方法进行了概述。

表9.2 两种类型的分布偏移缓解方法

类型	机器学习的不同阶段	已知部署环境	缓解先验概率和协变量偏移方法	缓解概念偏移方法
适应性	预处理	是	样本权重	获取标签
鲁棒性	模型训练	否	最小-最大准则	不变风险最小化

9.3节将探讨不同类型分布偏移的适应性和鲁棒性。先验概率偏移和协变量偏移的缓解相对于概念偏移更为简单，因为前两者中的特征和标签间的关系保持不变。因此，基于过去非洲的训练数据训练的分类器，只需微调，便可准确捕获在印度部署数据中的相关模式。

9.3 适应性

一种减轻方法是适应性调整，利用来自印度的无标签特征数据 $X^{(\text{deploy})}$ 的信息，对东非和中非国家的训练数据进行预处理。要进行适应性调整，你需要知道模型将在印度部署，并收集一些特征。

9.3.1 先验概率偏移

由于先验概率偏移源于采样偏差，特征与标签间的关系以及ROC曲线都不会发生变化。适应性调整只需根据混淆矩阵调整分类器的阈值或操作点，这些概念在第6章已经学过。一个直接而有效的适应先验概率偏移的方法是使用权重方案，其算法如下[①]。

(1) 在训练数据的一个随机子集上训练一个分类器，得到 $\hat{y}^{(\text{train})}(x)$，另一个随机子集上计算分类器的混淆矩阵：$\boldsymbol{C}=\begin{bmatrix} p_{\text{TP}} & p_{\text{FP}} \\ p_{\text{FN}} & p_{\text{TN}} \end{bmatrix}$。

① Zachary C. Lipton, Yu-Xiang Wang, Alexander J. Smola. "Detecting and Correcting for Label Shift with Black Box Predictors." In: *Proceedings of the International Conference on Machine Learning*. Stockholm, Sweden, Jul. 2018, 3122-3130.

（2）使用分类器处理部署数据的无标签特征：$\hat{y}^{(\text{train})}(X^{(\text{deploy})})$，并计算部署数据中的正例和负例的概率：$a=\begin{bmatrix} P(\hat{y}^{(\text{train})}(X^{(\text{deploy})})=1) \\ P(\hat{y}^{(\text{train})}(X^{(\text{deploy})})=0) \end{bmatrix}$。

（3）计算权重 $\boldsymbol{w}=\boldsymbol{C}^{-1}a$，这是一个长度为 2 的向量。

（4）将权重应用于第一个随机子集的训练数据上，并重新训练分类器。第一个权重乘以标签为 1 的训练数据点的损失函数，而第二个权重乘以标签为 0 的训练数据点的损失函数。

在假设模型存在先验概率偏移的情况下，重新训练的分类器就是你想要在印度部署 Phulo 时使用的。

9.3.2 协变量偏移

与适应先验概率偏移相似，适应协变量偏移使用一种称为重要性加权的技术来克服采样偏差。在经验风险最小化或结构风险最小化的情境中，权重 w_j 乘以数据点(x_j, y_j)的损失函数，即

$$\hat{y}(\cdot)=\arg\min_{f\in\mathcal{F}}\frac{1}{n}\sum_{j=1}^{n}w_j L(y_j, f(x_j)) \tag{9.1}$$

与式(7.3)相比，该式多了权重参数。重要性权重是特征 x_j 在部署分布和训练分布下的概率密度之比，即 $w_j=p_{X^{(\text{deploy})}}(x_j)/p_{X^{(\text{train})}}(x_j)$[①]。这种加权方法旨在强调那些在东非和中非国家不常见，但在印度更可能出现的特征，从而使非洲特征更类似于印度特征。

如何从训练数据集和部署数据集中计算权重？首先，可以尝试分别为这两个数据集估计概率密度函数，然后对每个训练数据点进行评估，将概率密度函数的比值作为权重。但这种方法通常效果不佳，更好的做法是直接估计权重。

> “当试图解决一个感兴趣的问题时，不要把解决一个更广泛的问题当作中间步骤。”
> ——弗拉迪米尔·瓦普尼克(Vladimir Vapnik)，AT&T 贝尔实验室的计算机科学家

最直接的方法是计算类似第 8 章中的倾向得分。你可以训练一个能输出校准连续得分 $s(x)$的分类器，如逻辑回归或第 7 章中提到的其他分类器。这个分类器的训练数据集由部署数据集和训练数据集组成。对于来自部署数据集的数据点，标签为 1；对于来自训练数据集的数据点，标签为 0，特征保持不变。一旦有了分类器连续输出的得分，重要性权重则为[②]

$$w_j=\frac{n^{(\text{train})}s(x_j)}{n^{(\text{deploy})}(1-s(x_j))} \tag{9.2}$$

其中，$n^{(\text{train})}$ 和 $n^{(\text{deploy})}$ 分别为训练数据集和部署数据集的数据点数量。

---

① Hidetoshi Shimodaira. “Improving Predictive Inference Under Covariate Shift by Weighting the Log-Likelihood Function.” In: *Journal of Statistical Planning and Inference* 90.2 (Oct. 2000): 227-244.

② Masashi Sugiyama, Taiji Suzuki, Takafumi Kanamori. *Density Ratio Estimation in Machine Learning*. Cambridge, England, UK: Cambridge University Press, 2012.

9.3.3 概念偏移

适应先验概率偏移和协变量偏移都可以在没有部署数据标签的情况下完成，这是因为它们都源于特征和标签关系保持不变的采样偏差。但在概念偏移下，这种情况不会发生，因为概念偏移源于测量偏差：从非洲国家到印度，特征和标签之间的关系已经发生变化。为了应对概念偏移，你需要非常小心地从未标记的部署数据中选择数据点来标记，这是一项代价高昂的任务。这可能意味着让印度的专家查看某些申请，然后决定是否批准或拒绝移动支付信贷。一旦得到这些标记，你就可以利用印度新标记的数据（可能有较大权重）和东非及中非国家的旧训练数据（可能有较小权重）重新训练分类器。

9.4 鲁棒性

通常，你没有来自部署环境的数据，因此无法实现适应性。你甚至可能不知道部署环境是什么。据你了解，最后模型的部署地点可能根本不是印度。鲁棒性不依赖于部署数据，但它改变了学习的目标和过程。

9.4.1 先验概率偏移

如果你没有来自部署环境（如印度）的任何数据，你会希望模型对任何信贷风险的先验概率都具有鲁棒性。考虑这样一种情况：在印度部署的先验概率实际上是 $p_0^{(\text{deploy})}$ 和 $p_1^{(\text{deploy})}=(1-p_0^{(\text{deploy})})$，但你猜测它们是 $p_0^{(\text{train})}$ 和 $1-p_0^{(\text{train})}$，这可能是根据非洲国家的先验概率得出的。你的猜测可能有误差。如果用与你的猜测相对应的决策函数和似然比检测阈值 $\frac{p_0^{(\text{train})}c_{10}}{(1-p_0^{(\text{train})})c_{01}}$（这是第 6 章中描述的最优阈值的形式），它会带来以下的误匹配贝叶斯风险性能[①]。

$$R(p_0^{(\text{deploy})},p_0^{(\text{train})})=c_{10}\,p_0^{(\text{deploy})}\,p_{\text{FP}}(p_0^{(\text{train})})+c_{01}\,p_1^{(\text{deploy})}\,p_{\text{FN}}(p_0^{(\text{train})}) \tag{9.3}$$

这会导致性能损失。存在关于正确先验概率的认知不确定性，影响了贝叶斯风险。

为了处理印度不确定的先验概率，选择一个 $p_0^{(\text{train})}$ 值，确保在最糟糕的情况下性能也尽可能好。按照最小-最大准则，该问题是要找到一个最小-最大最优的先验概率点，用于部署 Phulo 模型，即

$$\arg\min_{p_0^{(\text{train})}}\max_{p_0^{(\text{deploy})}} R(p_0^{(\text{deploy})},p_0^{(\text{train})}) \tag{9.4}$$

在本书中，我们通常只提供公式。但在这个例子中，由于最小-最大最优解具有良好的几何特性，我们会继续深入。当固定 $p_0^{(\text{train})}$ 值时，误匹配的贝叶斯风险函数 $R(p_0^{(\text{deploy})},p_0^{(\text{train})})$ 变为线性函数 $p_0^{(\text{deploy})}$。当 $p_0^{(\text{train})}=p_0^{(\text{deploy})}$ 时，贝叶斯最优阈值回归为第 6 章定义的最优贝叶斯风险 $R(p_0^{(\text{deploy})},p_0^{(\text{deploy})})$。这是一个凹函数，在区间[0,1]的端点时，值为零[②]。线性误匹配贝叶斯风险函数在 $p_0^{(\text{train})}=p_0^{(\text{deploy})}$ 处与最优贝叶斯风险函数相切，并在

---

① 在式(6.10)，$R=c_{10}p_0p_{\text{FP}}+c_{01}p_1p_{\text{FN}}$，没有明确指出 p_{FP} 和 p_{FN} 对 p_0 的依赖性，但这种依赖性是通过贝叶斯最优阈值存在的。

② 在正在进行的正确分类的成本 $c_{00}=0$ 和 $c_{11}=0$ 的假设下，这是正确的。

其他地方高于它①。这种关系如图 9.6 所示。

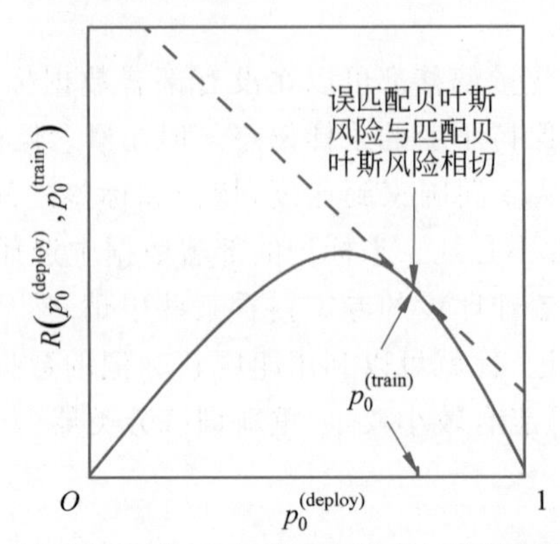

图 9.6　一个误匹配(虚线)和匹配(实线)的贝叶斯风险函数的示例

图中 $R(p_0^{(deploy)}, p_0^{(train)})$ 为纵轴，$p_0^{(deploy)}$ 为横轴。匹配贝叶斯风险在 $p_0^{(deploy)}=0$ 时，值为 0，增加到中间的峰值，然后在 $p_0^{(deploy)}=1$ 时下降到 0，其形状是凹的。误匹配贝叶斯风险与匹配贝叶斯风险在 $p_0^{(deploy)}=p_0^{(train)}$ 处相切，在本例中，切点在比匹配贝叶斯风险的峰值点更大的某个点处。在 $p_0^{(deploy)}=0$ 附近，匹配贝叶斯风险和误匹配贝叶斯风险之间存在很大的差距。

解决这个问题的方法是找到匹配的贝叶斯风险函数斜率为零的先验概率值。事实证明，正确的答案是在误匹配贝叶斯风险的切线平坦的地方，如图 9.7 中的驼峰顶部所示。一旦找到这个值，就可以将其用作 Phulo 决策函数的阈值，以处理先验概率偏移。

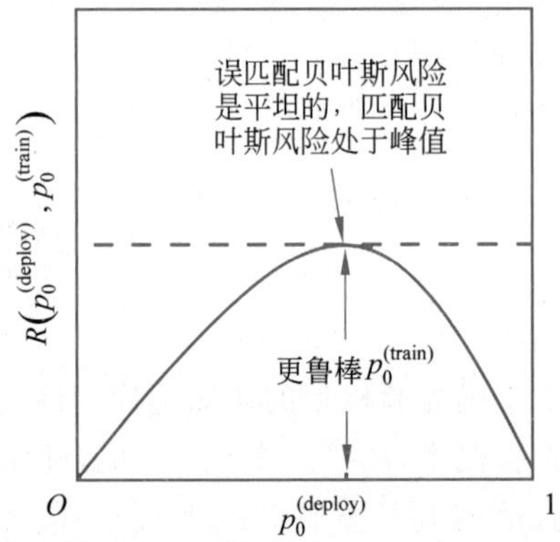

图 9.7　决策函数中使用的最具鲁棒性的先验概率位于匹配贝叶斯风险函数的峰值处

图中纵轴为风险 $R(p_0^{(deploy)}, p_0^{(train)})$，横轴为先验概率 $p_0^{(deploy)}$。匹配贝叶斯风险在 $p_0^{(deploy)}=0$ 时，值为 0，在中间达到峰值，然后在 $p_0^{(deploy)}=1$ 处下降到 0，其形状是凹的。误匹配贝叶斯风险在匹配贝叶斯风险的峰值处取其相切，切点为 $p_0^{(deploy)}=p_0^{(train)}$。匹配和误匹配贝叶斯风险之间的最大差距尽可能小。

9.4.2　协变量偏移

当遇到的问题是模型存在协变量偏移，而非先验概率偏移时，需要对模型进行特定的调

① Kush R. Varshney. "Bayes Risk Error is a Bregman Divergence." In: *IEEE Transactions on Signal Processing* 59.9 (Sep. 2011): 4470-4472.

整以适应部署环境。此处的鲁棒性同样意味着构建一个最小-最大优化问题，确保模型能够在最坏的情况下仍然表现良好。从式(9.1)的重要性权重出发，考虑在权重上加上额外的最大损失项①，即

$$\hat{y}(\cdot)=\arg\min_{f\in\mathcal{F}}\max_{w}\frac{1}{n}\sum_{j=1}^{n}w_j L(y_j,f(x_j)) \tag{9.5}$$

其中，$\boldsymbol{w}$ 是一组非负的并且其和为1的权重。经优化后的式(9.5)得到的分类器就是你希望用于 Phulo 模型来处理协变量偏移的分类器，其具有更强的鲁棒性。

9.4.3 概念偏移和其他分布偏移

与适应先验概率的偏移和协变量的偏移相比，适应概念的偏移更为困难，因为它来源于测量偏差而非抽样偏差，对概念偏移的鲁棒性也更为困难。这是机器学习中最令人困扰的问题之一。你不能直接构建一个最小-最大公式，因为来自东非和中非的训练数据并不能明确指示出印度数据中特征与标签之间的确切关系。一个对概念偏移具有鲁棒性的模型必须能够推断出超出训练数据范围之外的信息。这是一个过于开放性的任务，除非你有更多的假设。

一个可行的假设是将特征分为两类：①因果或稳定特征；②伪特征。你事先可能不知道哪些特征属于哪一类。因果特征能够捕获特征与标签之间的真实关系，这种关系在不同环境的特征集中都是一致的。换句话说，这组特征在所有环境中都是稳定的。而伪特征在某个或某些环境中可能有预测能力，但在其他环境中可能并不如此。你希望 Phulo 模型能够依赖因果特征，这些特征在坦桑尼亚、卢旺达、刚果以及所有其他 Wavetel 数据来源的国家中都与标签有一致的预测关系，并尽量忽略伪特征。这样，模型不仅在训练集中的国家表现良好，而且在任何新遇到的国家或环境(如印度)中都能维持良好的表现。因此，它在所部署的环境中都会具有鲁棒性。

> "机器学习使我们更加重视稳定性和鲁棒性。"
>
> ——苏珊·阿西(Susan Athey)，斯坦福大学经济学家

不变风险最小化是标准机器学习风险最小化公式的一个变体，当有来自多个环境的训练数据时，它有助于模型关注因果特征并避免伪特征，形式化公式为②

$$\hat{y}(\cdot)=\arg\min_{f\in\mathcal{F}}\sum_{e\in\varepsilon}\frac{1}{n_e}\sum_{j=1}^{n_e}L(y_j^{(e)},f(x_j^{(e)})) \tag{9.6}$$

使得对任意 $e\in\varepsilon$，$f\in\arg\min_{g\in\mathcal{F}}\frac{1}{n_e}\sum_{j=1}^{n_e}L(y_j^{(e)},g(x_j^{(e)}))$

---

① Junfeng Wen, Chun-Nam Yu, Russell Greiner. "Robust Learning under Uncertain Test Distributions: Relating Covariate Shift to Model Misspecification." In: *Proceedings of the International Conference on Machine Learning*. Beijing, China, Jun. 2014: 631-639.

Weihua Hu, Gang Niu, Issei Sato, et al. "Does Distributionally Robust Supervised Learning Give Robust Classifiers?" In: *Proceedings of the International Conference on Machine Learning*. Stockholm, Sweden, Jul. 2018: 2029-2037.

② Martin Arjovsky, Léon Bottou, Ishaan Gulrajani, et al. "Invariant Risk Minimization." arXiv: 1907.02893, 2020.

为了更好地理解这个等式，我们将其逐步分解。首先，集合 ε 代表拥有的所有训练数据的全部环境或国家(如坦桑尼亚、卢旺达、刚果等)的集合，每个国家都以 e 为索引。每个国家有 n_e 个训练样本$\{(x_1^{(e)},y_1^{(e)}),\cdots,(x_{n_e}^{(e)},y_{n_e}^{(e)})\}$。第一行中的内部求和是在第 7 章中见过的常规风险表达式。外部求和将所有环境的风险进行累加，使得分类器最小化总风险。真正有趣的部分是第二行中的约束，它表示第一行的分类器解必须同时最小化每个环境或国家的风险。正如你在本章前面了解到的，许多不同的分类器可以最小化风险，它们组成了罗生门集，这就是第二行中有“元素符号∈”的原因。不变风险最小化公式加入了额外的规范，以减少认知不确定性，并提高对不同分布的泛化能力。

你可能会问，第二行的约束是否真的必要？仅第一行是否足以得到相同的解？这是机器学习研究者目前正在探讨的一个问题[①]。他们发现，在许多情况下，第 7 章中的标准风险最小化公式已经足够鲁棒，能够处理常见的分布偏移，而不需要额外的不变风险最小化约束。但是，当遇到反因果学习问题，并且不同环境的特征分布相近时，不变风险最小化可能会超越标准风险最小化(回忆本章前面的内容，在反因果学习中，标签会影响特征)[②]。

在像 Phulo 这种移动支付信贷审批的场景中，是因果学习还是反因果学习尚不明确，即是特征导致标签，还是标签导致特征？在传统的信用评分中，你可能是在因果学习的环境下，因为薪资、资产等特征与信用度有直接关联，这决定了某人是否被认为是信用良好或不良。在移动支付和无银行账户的环境中，你也可以视问题为反因果的：如果你认定某些人具有或不具有信用，那么从他们手机使用情况中手机特征就是该信用状况的结果。在开发 Phulo 模型时，考虑尝试不变风险最小化可能是一个好选择，因为你有来自多个国家的数据，需要模型在新的环境中具有鲁棒性，并且可能会面临反因果学习的问题。采用这种策略，你和你的数据科学团队可以有信心为 Wavetel 和 Bulandshahr 银行提供一个在 Phulo 上线时可靠的模型。

9.5 总结

- 为了保证可信，机器学习模型不应采取捷径。你必须在建模、数据准备、采样和测量过程中最小化认知不确定性。
- 数据增强是一种减少建模中认知不确定性的方法。
- 分布偏移是指训练数据和部署过程中的实际数据之间概率分布不一致的情况，有 3 种形式：先验概率偏移、协变量偏移和概念偏移。在大多数情况下，你可能无法直接检测到分布偏移，但你可以预先假设其存在。
- 由于先验概率偏移和协变量偏移主要来源于采样偏差，而非测量偏差，因此它们相对于概念偏移更易处理。
- 缓解先验概率偏移和协变量偏移的一种预处理策略是适应性，即在模型学习过程

---

① Ishaan Gulrajani, David Lopez-Paz. “In Search of Lost Domain Generalization.” In: *Proceedings of the International Conference on Learning Representations*. May 2021. Pritish Kamath, Akilesh Tangella, Danica J. Sutherland, et al. “Does Invariant Risk Minimization Capture Invariance?” arXiv: 2010.01134, 2021.

② Kartik Ahuja, Jun Wang, Karthikeyan Shanmugam, et al. “Empirical or Invariant Risk Minimization? A Sample Complexity Perspective.” In: *Proceedings of the International Conference on Learning Representations*. May 2021.

中，用样本权重乘以训练损失。为找到适当的权重，就需要一个固定的目标部署分布和来自该分布的无标签数据。

- 在模型训练阶段，缓解先验概率偏移和协变量偏移的策略是最小-最大鲁棒性，它改变了学习公式，目的是使模型在可能遇到的最不利的环境中表现最佳。
- 要适应概念偏移，需要从部署环境中获取部分带标签的数据。
- 不变风险最小化是一种应对概念偏移和实现分布鲁棒性的策略，它使模型更关注因果特征，而忽略伪特征。特别是在反因果学习中，即当标签导致特征时，它可能会表现得尤为出色。

第 10 章

公　平　性

假设 Sospital(虚构)是美国一家领先的健康保险公司,而你是首席数据科学家,正与负责改革公司医疗管理项目的问题所有者合作。医疗管理提供了一系列服务,旨在帮助患有慢性或复杂疾病的患者维护其健康状态,并确保他们获得最佳的临床疗效。这套增强医疗管理的服务由内科医生、临床医师和医疗护理团队提供,他们共同制订并实施一项重视预防的健康行动计划。虽然 Sospital 已经在护理协调领域取得了显著的软件解决方案进展,并深度整合了公司运营和这些解决方案,但在患者接诊流程中仍面临一些挑战。这些挑战主要集中在如何确定哪些患者需要额外的医疗管理。为此,问题所有者希望建立一个自动化系统来替代目前大部分的人工。

在与问题所有者初步讨论后,你开始了机器学习生命周期的实践过程,确认这不是一个潜在的负面应用场景。对于此问题,机器学习可能会提供必要的帮助。为了更深入地了解这个问题,你组织了一个多元化的付费小组,其中包括真实患者。通过他们,你了解到美国的黑人社群长期未能获得高质量的医疗服务,因此他们对医疗体系持有深深的不信任。因此,你必须确保机器学习模型不会进一步加剧针对黑人社群的系统性劣势。该系统必须是公正且无偏的。

现在,你的任务是为公平的机器学习系统制定详细的问题描述,该系统将能为 Sospital 成员分配医疗管理项目。你必须严格遵循机器学习生命周期的流程,不走捷径。在这一章中,你将学习以下内容。

- 在机器学习背景下对比公平性的各种定义。
- 为你的任务选择一个适当的公平性定义。
- 如何在建模的各个环节上减少不必要偏差,以实现更公平的系统。

10.1　公平的多重定义

本章的主题是算法的公平性,这也是本书中最具争议的部分,因为它与社会正义紧密相连,并不只是一个纯技术概念。你可能会好奇为什么在讨论公平性的同时,还要涉及技术鲁棒性。实际上,从技术的角度看,公平性和鲁棒性具有一定的相似性。作为数据科学家,你可以利用这种相似性,这在其他文献中很少被提及。但值得强调的是,这样的对比并不意味着淡化算法公平性在社会中的重要性。

公平和正义在很大程度上是同义词,正义有几种不同的形式,包括分配正义、程序正义、恢复正义,以及惩罚正义。

- 分配正义是指结果公平性,即人们所获得的结果是公平的。

- 程序正义是指过程的公平性，即人们在获得方式上的同一性。
- 恢复正义是指修复造成的伤害。
- 惩罚正义是指对违规者的处罚。

所有不同形式的正义在社会和技术系统中都起到了重要作用。当决定某位患者是否应得到 Sospital 的医疗管理时，你需要关注分配正义。设计机器学习系统时也应重视分配正义，因为机器学习的焦点在于结果。其他形式的正义在决定是否使用机器学习这种背景下也至关重要，它们在推进问责、抵制种族主义、性别歧视、阶级歧视、年龄歧视、残疾歧视及其他无端的歧视行为上发挥着关键作用。

> “不要将计算机科学、人工智能、技术伦理和社会正义问题混为一谈。它们确实有关联，但并非可以互换。”
>
> ——布兰代斯·马歇尔(Brandeis Marshall)，斯贝尔曼学院计算机科学家

为什么不同的个体和群体会获得不同质量的医疗管理服务？因为医疗管理是有限资源，不是每个人都能够获得[①]。患者的慢性疾病越严重，他们获得医疗管理的机会就越大。这种差异化对待在大多数情况下是被接受的，并适用于机器学习系统。但当这种差异化对待赋予某些有特权的群体系统性优势，同时给其他群体带来系统性劣势时，这就变得不公平了。在机器学习的二元分类任务中，具有特权的群体和个体在过去更容易获得积极的标签。获得医疗管理是一个积极标签，因为患者将获得额外的服务来维护他们的健康。其他积极的标签包括被录用、不被解雇、获得贷款、不被逮捕和获得保释。特权是权利不平衡的产物，即使在同一个社会背景下，同一个群体也不总是享有特权。在某些特定的社会背景下，甚至所谓的上层阶级也可能没有特权。

受保护的属性，如种族、民族、性别、宗教和年龄，决定了特权和非特权群体的划分。没有一套固定的受保护属性，它们是基于特定地区和应用领域的法律、法规或政策定义的。作为美国的医疗保险公司，Sospital 受到《患者保护和平价医疗法案》第 1557 条的约束，其中包括特定的受保护属性，即种族、肤色、国籍、性别、年龄和残疾。在美国的医疗领域，由于多种原因，非西班牙裔白人通常被视为有特权的群体。为了简化解释，本章其余部分将白人视为特权群体，而黑人为非特权群体。

你需要关注的两种主要的公平性是：群体公平性和个体公平性。群体公平性意味着分类器对各个由受保护属性定义的群体的平均结果应保持一致。个体公平性则指那些在特征上相似的个体应该得到相似的模型预测结果。个体公平性还包括两个个体除某一受保护属性外，在其他方面都是完全相同的(这种特殊情况被称为反事实公平性)。考虑到 Sospital 需要遵循的法规，群体公平性在医疗管理问题描述中更为关键，但个体公平性也不应被忽略。

10.2　不公平从何而来

在分配决策的狭义范围内(即分配正义)，不公平来源于多方面。其中最常见的是不必

① 你可以辩称这种思维方式是错误的，社会应该尽一切努力使医疗管理不成为有限资源，但这就是现实。

要的偏差,尤其是测量过程中的社会偏差(从构造空间到观测空间)以及采样过程中的代表性偏差(从观测空间到原始数据空间)。这些偏差在第4章已经探讨过,如图10.1所示(与图9.2相同,是图4.3的扩展,图4.3首次引入构造空间和观测空间的概念)。

在数据理解阶段,你选择使用Sospital成员的受保护隐私的历史医疗索赔数据,以及他们之前的医疗管理情况作为数据源。医疗索赔数据是当患者看医生、进行手术或购买药物时产生的,它是一种结构化数据,其中包括诊断信息、手术信息和药物信息,分别按照ICD-10、CPT和NDC方案进行标准化。同时还包括账单、支付金额和服务日期,这是医疗保健机构用来获得Sospital报销的管理数据。

> "如果人们不这样做,那么就不存在需要纠正的行为数据。训练数据来自社会。"
>
> ——MC哈默(M. C. Hammer),音乐家和技术顾问

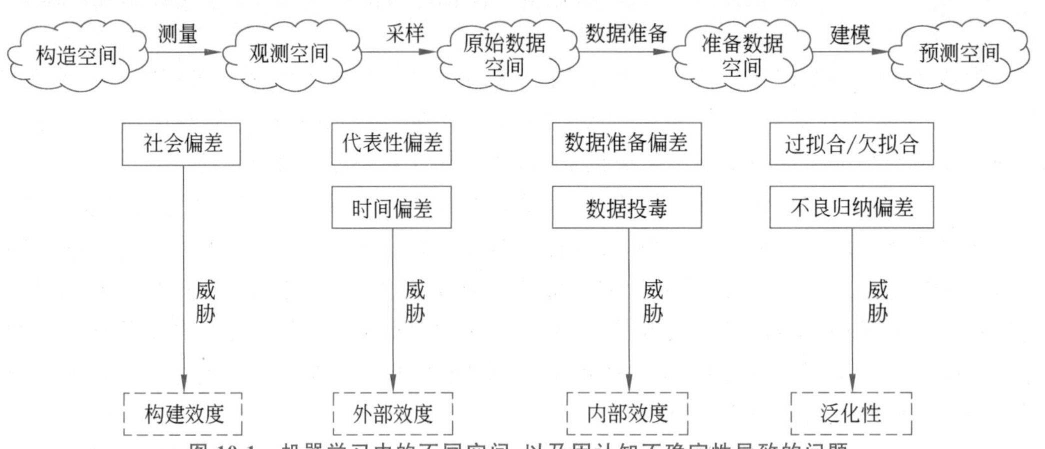

图10.1 机器学习中的不同空间,以及因认知不确定性导致的问题

测量和采样偏差是机器学习中最明显的不公平来源,但并非唯一来源。一个机器学习序列由5个空间组成,每个空间用一朵云表示。构造空间通过测量形成观测空间;观测空间通过采样形成原始数据空间;原始数据空间通过数据准备形成准备数据空间;准备数据空间通过建模形成预测空间。测量过程存在社会偏差,威胁构建效度;采样过程存在代表性偏差和时间偏差,威胁外部效度;数据准备过程存在数据准备偏差和数据投毒,威胁内部效度;建模过程存在过拟合/欠拟合以及不良归纳偏差,威胁泛化性。

索赔数据可能因多种原因包含社会偏差。首先,你可能会认为经常看医生和经常开处方的患者,也就是那些频繁利用医疗系统的患者,可能病情更重,因此更适合接受医疗管理。尽管对于医疗系统的高使用率可能确实意味着患者的病情更为严重,但在不同种族(如白人和黑人)之间这种关系可能并不成立。由于医疗保健系统中的结构性问题,对于接受相同级别的护理的患者来说,黑人患者的疾病往往更为严重[①]。在考察医疗保健成本而不是效益时也是如此。另一种社会偏差可能源于文化的道德观念。例如,在美国,部分临床医生错误地认为黑人对疼痛的敏感度较低,因此给黑人的疼痛治疗次数比白人少[②]。此外,由于决策

① Moninder Singh, Karthikeyan Natesan Ramamurthy. "Understanding Racial Bias in Health Using the Medical Expenditure Panel Survey Data." In: *Proceedings of the NeurIPS Workshop on Fair ML for Health*. Vancouver, Canada, Dec. 2019.

② Oluwafunmilayo Akinlade. "Taking Black Pain Seriously." In: *New England Journal of Medicine* 383.e68 (Sep. 2020).

者的潜在认知偏差或偏见，以往由人为决定的医疗管理标签中可能也存在社会偏差。索赔数据中存在的代表性偏差是因为这些数据仅来自 Sospital 的成员。例如，如果 Sospital 主要在白人居多的城市提供服务，那么黑人的样本可能会不足。

除已经存在于原始数据中的社会偏差和代表性偏差外，你还需要注意在问题描述和数据处理阶段不要引入更多的不公平。例如，假设你过去没有从人工决策者处获得标签，在这种情况下，你可能会选择使用医疗利用率或花销阈值作为代理结果变量，但这可能导致在相同病情的情况下，黑人获得医疗管理的概率更低。此外，在特征工程中，你可能考虑将单一的医疗费用或利用事件归纳为更广泛的类别，但如果不小心，这可能会加剧种族偏见。事实上，根据全国范围的代表性数据，将所有健康系统的利用情况合并为单一特征可能会导致不必要的种族偏见，但如果将夜间入院和急诊室的使用频率视为不同的健康系统利用情况，则可以降低这种偏差[①]。

> “随着人工智能融入我们的日常生活，我们必须确保我们的模型不会无意中加入潜在的刻板印象和偏见。”
>
> ——理查德·泽梅尔(Richard Zemel)，多伦多大学计算机科学家

你可能会想，你已经在第 9 章(关于分布偏移)了解了如何测量和缓解测量、采样和数据准备中的偏差。那么，它与公平性又有何不同？尽管分布偏移与公平性有很多相似之处[②]，但两者之间存在两个主要的技术区别。首先，是对构造空间的访问。在分布偏移场景下，你可以从构造空间获取数据。可能不是马上，但只要你耐心等待并收集、标记那些来自实际应用环境的数据，你最终将获得能反映构造空间的数据。然而，在公平性背景下，你永远不能访问构造空间，因为构造空间代表一个在现实生活中不存在的、完美公平的世界，因此无法从其中获取数据(如第 4 章所述)。其次，是对所需数据的描述。在处理分布偏移时，除要尝试调整那些偏移外，没有其他特定的说明。但在公平性中，你会有明确的、由政策指导的概念和定量标准来定义期望的数据和模型状态，而这些状态不受你所拥有的数据分布的影响。在接下来的章节中，你将学习这些概念，以及如何在它们之间进行选择。

与第 9 章讨论的因果学习与反因果学习相似，受保护属性可以被视为环境变量。公平性和分配正义常常在因果(不是反因果)学习框架下考虑，其中结果标签是非本质的：受保护的属性可能影响其他特征，而这些特征进而影响医疗管理的选择。但这种设定并不总是适用。

10.3 定义群体公平性

在一定程度上理解数据后，你再次返回到问题描述的阶段，因为你和问题所有者都意识到，如果不加以检查，可能会出现严重的不公平性问题。鉴于 Sospital 是一家健康保险公

---

① Moninder Singh. “Algorithmic Selection of Patients for Case Management: Alternative Proxies to Healthcare Costs.” In: *Proceedings of the AAAI Workshop on Trustworthy AI for Healthcare*, 2021.

② Elliot Creager, Jörn-Henrik Jacobsen, Richard Zemel. “Exchanging Lessons Between Algorithmic Fairness and Domain Generalization.” arXiv: 2010.07249, 2020.

司,它需要遵循《患者保护和平价医疗法案》第1557条规定,所以你首先对群体公平性进行了深入的研究,关注的是特权群体与非特权群体成员的平均比较。

10.3.1 统计均等差异与差异性影响比

差异性影响(Disparate Impact)是不必要歧视中的一个核心概念:无论决策者的意图如何,也无论决策过程如何,特权群体和非特权群体得到的结果不同。统计均等差异(Statistical Parity Difference)是一个衡量群体公平性的指标,你可以在医疗管理问题描述中考虑这一指标,通过计算特权群体(例如,$Z=\text{priv}$;白人)和非特权群体(例如,$Z=\text{unpr}$;黑人)选择有利标签的概率 $P(\hat{y}(X)=\text{fav})$(即选择额外医疗的概率)之间的差异来量化差异性影响。

$$\text{统计均等差异}=P(\hat{y}(X)=\text{fav}\mid Z=\text{unpr})-P(\hat{y}(X)=\text{fav}\mid Z=\text{priv}) \quad (10.1)$$

如果统计均等差异的值为0,则表示非特权群体(黑人)与特权群体(白人)的成员在获得额外医疗管理的概率上相等,这被视为公平。若统计均等差异的值为负,则非特权群体处于劣势;若其为正值,则表示特权群体处于劣势。一个可能的问题描述要求是,学习模型的统计均等差异值应接近0。统计均等差异的计算示例如图10.2所示。

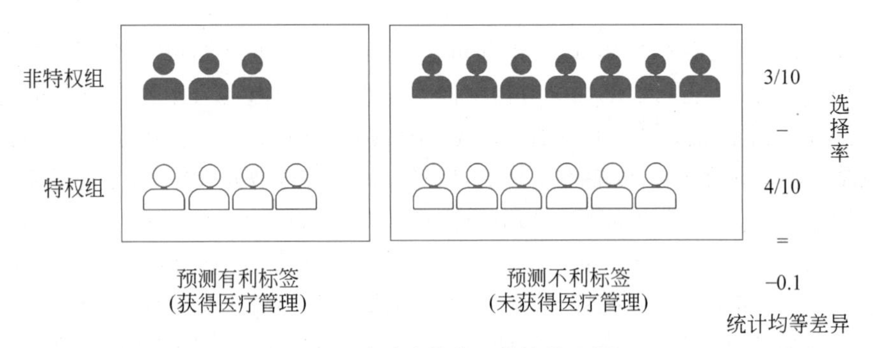

图 10.2 统计均等差异的计算示例

其中,在非特权组中,3名成员标记为有利标签(即获得医疗管理),7名成员标记为不利标签(即未获得医疗管理)。在特权组中,4名成员标记为有利标签,6名成员标记为不利标签。非特权组选择率为3/10,特权组选择率为4/10。差值,即统计均等差异值是−0.1。

差异性影响也可以用比率量化,即

$$\text{差异性影响比}=P(\hat{y}(X)=\text{fav}\mid Z=\text{unpr})/P(\hat{y}(X)=\text{fav}\mid Z=\text{priv}) \quad (10.2)$$

其中,比值为1,表示公平;比值小于1,则表示非特权群体中的不利因素;比值大于1,则表示特权群体中的不利因素。差异性影响比有时也被称为相对风险比或不利影响比。在如招聘领域的应用中,差异性影响比小于0.8被视为不公平,而大于0.8则被视为公平。这种所谓的五分之四规则的问题描述是不对等的,因为它没有考虑特权群体中的不利因素。为了实现公平,可以考虑把差异性影响比的值设在0.8~1.25。统计均等差异和差异性影响比都可以理解为衡量预测值 $\hat{y}(X)$ 和受保护属性 Z 之间独立性的方法[①]。除这两者外,另一种量化 $\hat{y}(X)$ 和 Z 之间独立性的方法是通过它们的互信息量化。

---

① Solon Barocas, Moritz Hardt, Arvind Narayanan. Fairness and Machine Learning: Limitations and Opportunities. 2020.

统计均等差异和差异性影响比也可以定义在训练数据上，而不仅仅是模型预测上，此时只需用实际值 Y 替代预测值 $\hat{y}(X)$。因此，它们可以在模型训练前的数据集上进行测量和评估，作为数据集的公平性指标；在模型训练后的分类器上进行测量和评估，作为分类器的公平性指标，如图 10.3 所示。

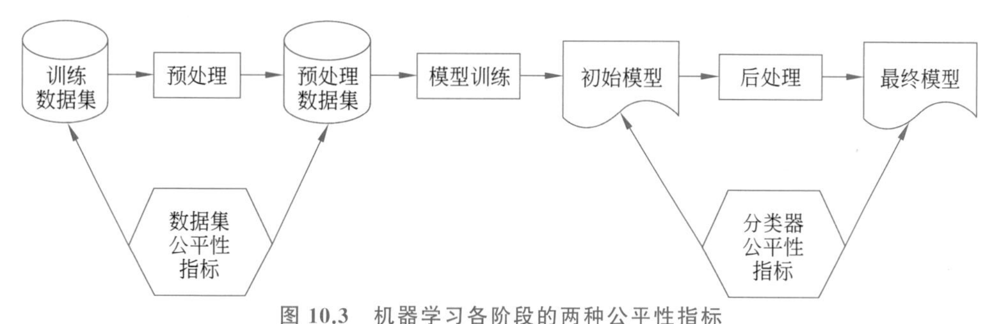

图 10.3　机器学习各阶段的两种公平性指标

将训练数据集输入预处理模块，得到预处理数据集；将预处理数据集输入模型训练模块，得到初始模型；将初始模型输入后处理模块，得到最终模型。数据集公平性指标应用于训练数据集和预处理数据集，而分类器公平性指标应用于初始模型和最终模型。

10.3.2　平均概率差异

至此，已探讨了基于差异性影响的群体公平性指标，但为了更好地理解医疗管理模型的问题描述，你还需了解另一个指标，即平均概率差异(Average Odds Difference)。它是一个基于模型性能的指标，而不仅是选择率。因此，它只能作为分类器的公平性指标，而不是数据集公平性指标，如图 10.3 所示。平均概率差异考虑了 ROC 中的两个指标，即真阳性率(或真有利标签率)和假阳性率(或假有利标签率)。你需要计算特权和非特权群体间真阳性率的差异，以及两者间假阳性率的差异，并取其平均值。

$$\text{平均概率差异} = \frac{1}{2}(P(\hat{y}(X)=\text{fav} \mid Y=\text{fav}, Z=\text{unpr}) - P(\hat{y}(X)=\text{fav} \mid Y=\text{fav}, Z=\text{priv})) + \frac{1}{2}(P(\hat{y}(X)=\text{fav} \mid Y=\text{unf}, Z=\text{unpr}) - P(\hat{y}(X)=\text{fav} \mid Y=\text{unf}, Z=\text{priv})) \tag{10.3}$$

图 10.4 表示一个平均概率差异的计算示例。

平均概率差异中的真阳性率差异和假阳性率差异可能互相抵消，从而掩盖不公平现象，因此最佳做法是在求平均值前对其取绝对值。

$$\text{平均绝对概率差异} = \frac{1}{2}\left|(P(\hat{y}(X)=\text{fav} \mid Y=\text{fav}, Z=\text{unpr}) - P(\hat{y}(X)=\text{fav} \mid Y=\text{fav}, Z=\text{priv}))\right| + \frac{1}{2}\left|(P(\hat{y}(X)=\text{fav} \mid Y=\text{unf}, Z=\text{unpr}) - P(\hat{y}(X)=\text{fav} \mid Y=\text{unf}, Z=\text{priv}))\right| \tag{10.4}$$

在图 10.5 所示的任意贝叶斯网络中，平均概率差异都可以通过真实标签 Y 衡量预测值 $\hat{y}(X)$ 和受保护属性 Z 的分离性。当平均绝对概率差异值为 0 时，表明在 Y 条件下，$\hat{y}(X)$

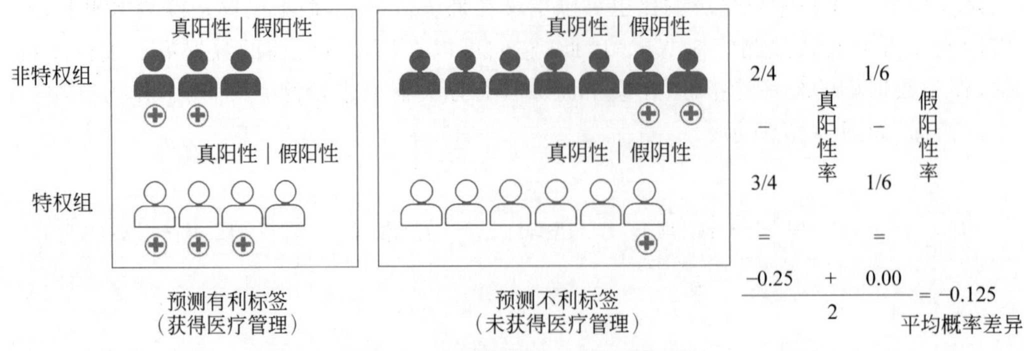

图 10.4　平均概率差异的计算示例

十字图形表示真正需要医疗管理的成员。在非特权组中,2 名成员获得真阳性结果,2 名成员获得假阴性结果,因此真阳性率为 2/4。在特权组中,3 名成员获得真阳性结果,1 名成员获得假阴性结果,因此真阳性率为 3/4,那么真阳性率的差值是−0.25。在非特权组中,1 名成员获得假阳性结果,5 名成员获得真阴性结果,因此假阳性率为 1/6。在特权组中,1 名成员获得假阳性结果,5 名成员获得真阴性结果,因此假阳性率为 1/6,则假阳性率的差值为 0。取两个差值的平均值,得到平均概率差异为−0.125。

和 Z 相互独立,这被认为是公平的情况,称为概率均等。

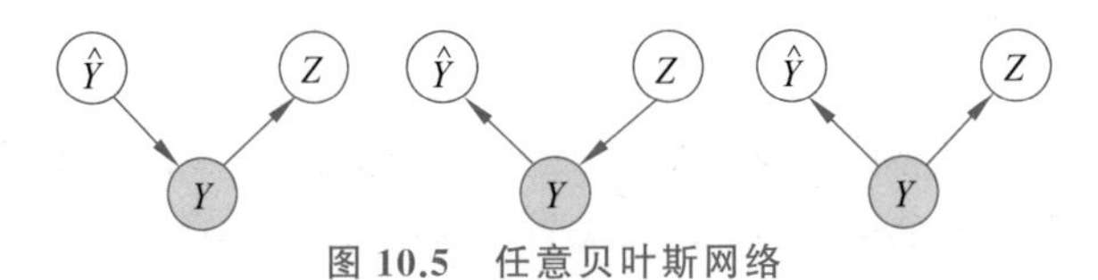

图 10.5　任意贝叶斯网络

在各种贝叶斯网络中,真实标签 Y 将预测值和受保护属性分离 3 个显示分离性的网络分别为:$\hat{Y}\rightarrow\underline{Y}\rightarrow Z$,$\hat{Y}\leftarrow\underline{Y}\leftarrow Z$ 和 $\hat{Y}\leftarrow\underline{Y}\rightarrow Z$。

10.3.3　在统计均等和平均概率差异之间选择

这两种不同的群体公平性指标到底意味着什么?乍一看,它们似乎没有太大的区别。但从一个更为深入的概念角度看,它们实际上大相径庭。关键之处在于,是否认为测量过程中存在社会偏差。这两种世界观分别被命名为:①"人人平等",意味着在构造空间中,特权群体和非特权群体具有相同的固有分布,但由于测量过程中的偏差,这种相似性被扭曲了;②"所见即所得",即两个群体在构造空间中存在固有差异,并会在观测数据中体现,而不受测量过程的任何偏差影响[①]。在"人人平等"的观念中,观测数据已经显示出明显的结构性偏差(例如,与白人相比,黑人在同等健康状况下的医疗服务利用率和费用更低),因此在这样的偏差空间中评估模型的准确性是不合适的。所以,基于独立性或差异性影响的公平性定义是有意义的,你的问题描述应该以此为出发点。但是,如果你坚信"所见即所得",即观测数据准确地反映了群体的固有分布,且唯一的偏差仅是由于采样,那么概率均等的公平性标准才是适当的。在这种情况下,你的问题描述应该依据概率均等。

---

① Sorelle A. Friedler, Carlos Scheidegger, Suresh Venkatasubramanian. "On the (Im)possibility of Fairness: Different Value Systems Require Different Mechanisms for Fair Decision Making." In: *Communications of the ACM* 64.4 (Apr. 2021): 136-143.

10.3.4 平均预测值差异

还有一个更为复杂的群体公平性定义，即按群体或充分性校准(Calibration by Group or Sufficiency)。回顾第 6 章，对于连续得分输出，预测得分对应于校准分类器中真阳性标签的比例，或 $P(Y=1|S=s)=s$。为了实现公平，你希望在受保护属性定义的各个群体中都获得正确的校准，即对所有群体 z，有 $P(Y=1|S=s,Z=z)=s$。如果一个分类器按群体进行了充分的校准，这意味着 Y 和 Z 以 S(或 $\hat{y}(X)$)为条件是独立的。充分性的图模型如图 10.6 所示，为了更好地与图 10.5(分离性的图模型)进行比较，预测分数用 $\hat{Y}$ 而不是 S 表示。

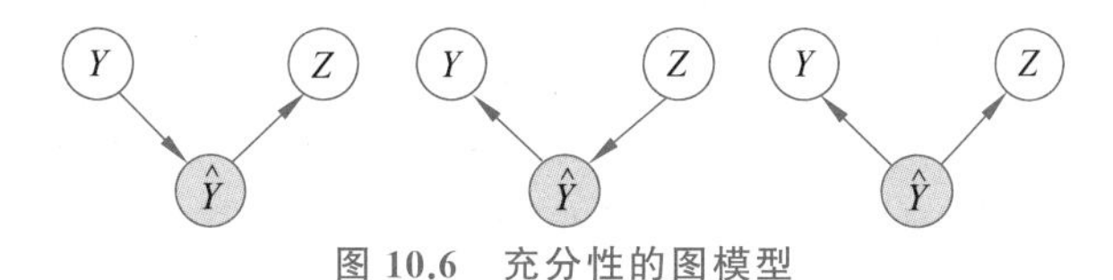

图 10.6 充分性的图模型

在各种贝叶斯网络中，预测标签 $\hat{Y}$ 将真实标签和受保护属性分离，这被称为充分性。3 个显示充分性的网络为：$Y\rightarrow\underline{\hat{Y}}\rightarrow Z$，$Y\leftarrow\underline{\hat{Y}}\leftarrow Z$ 和 $Y\leftarrow\underline{\hat{Y}}\rightarrow Z$。

由于充分性和分离性在某种程度上，随着 Y 和 $\hat{Y}$ 的互换而相互对立，因此其量化值也随着 Y 和 $\hat{Y}$ 的互换而对立。回顾第 6 章，阳性预测值与真阳性率 $P(Y=\text{fav}|\hat{y}(x)=\text{fav})$是相反关系，误遗漏率和假阳性率 $P(Y=\text{fav}|\hat{y}(x)=\text{unf})$是相反关系。为了对充分性的不公平性进行量化，计算非特权(黑人)群体和特权(白人)群体的阳性预测值和误遗漏率的平均差异，即

$$
\begin{aligned}
\text{平均预测值差异} = & \\
& \frac{1}{2}(P(Y=\text{fav}\mid\hat{y}(x)=\text{fav},Z=\text{unpr})-P(Y=\text{fav}\mid\hat{y}(x)=\text{fav},Z=\text{priv})) \\
& +\frac{1}{2}(P(Y=\text{fav}\mid\hat{y}(x)=\text{unf},Z=\text{unpr})-P(Y=\text{fav}\mid\hat{y}(x)=\text{unf},Z=\text{priv}))
\end{aligned}
\tag{10.5}
$$

平均预测值差异(Average Predictive Value Difference)计算示例如图 10.7 所示。这个示例表明该指标中的两部分可能会相互抵消，因为它们具有相反的符号，所以在求平均之前需要使用绝对值。

$$
\begin{aligned}
\text{平均绝对预测值差异} = & \\
& \frac{1}{2}\left|(P(Y=\text{fav}\mid\hat{y}(x)=\text{fav},Z=\text{unpr})-P(Y=\text{fav}\mid\hat{y}(x)=\text{fav},Z=\text{priv}))\right| \\
& +\frac{1}{2}\left|(P(Y=\text{fav}\mid\hat{y}(x)=\text{unf},Z=\text{unpr})-P(Y=\text{fav}\mid\hat{y}(x)=\text{unf},Z=\text{priv}))\right|
\end{aligned}
\tag{10.6}
$$

10.3.5 在平均概率差异和平均预测值差异之间选择

分离性与充分性的区别是什么？对于 Sospital 的医疗管理模型，哪一个更有意义？这

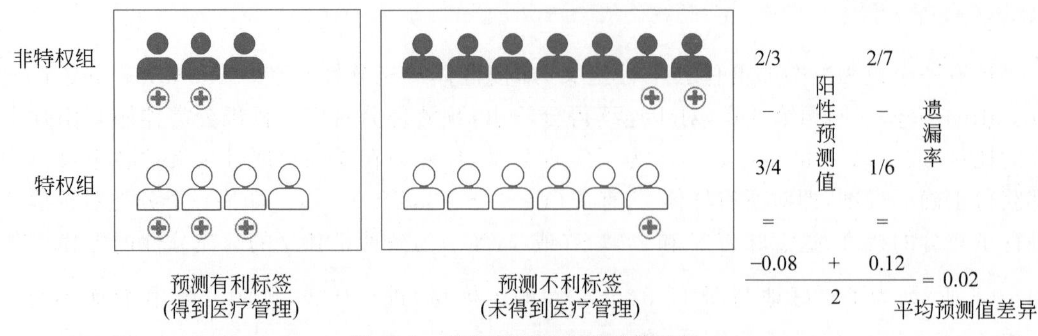

图 10.7 平均预测值差异计算示例

十字图形表示真正需要医疗管理的成员。在非特权组中,2 名成员获得真阳性结果,1 名成员获得假阳性结果,故阳性预测值为 2/3;在特权组中,3 名成员获得真阳性结果,1 名成员获得假阳性结果,故阳性预测值为 3/4,阳性预测值差异为−0.08。在非特权组中,2 名成员获得假阴性结果,5 名成员获得真阴性结果,因此误遗漏率为 2/7;在特权组中,1 名成员获得假阴性结果,5 名成员获得真阴性结果,因此误遗漏率为 1/6,误遗漏率差异为 0.12。取两个差异的平均值,可以得到平均预测值差异为 0.02。

个选择并不像选择独立性与分离性那样基于政治和世界观,而是取决于目标用户为何被标记:是辅助性的还是非惩罚性的[①]?贷款的获得是辅助性的,而不被逮捕是非惩罚性的;接受医疗管理是辅助性的。在如额外医疗之类的辅助性情况中,分离性(概率均等)是首选公平性指标,因其与召回率(真阳性率)相关,而召回率在辅助性环境中是首要关注点。若医疗管理被视为非惩罚性行为,则充分性(校准)成为首选公平性指标,因为在非惩罚性环境中,精确度(与阳性预测值相当,是平均预测值差异的组成部分之一)是关键。

10.3.6 结论

可以通过计算第 6 章详细描述的各种混淆矩阵项及其他分类器性能指标的差值或比例来构建多种群体公平性指标。但独立性、分离性和充分性是三大主要指标,如表 10.1 所示。

表 10.1 三种主要类型的群体公平性指标

类型	统计关系	公平性指标	能否成为一个数据集指标	测量中是否存在社会偏差	有利标签
独立性	$\hat{Y} \perp\!\!\!\perp Z$	统计均等差异	是	是	辅助性或非惩罚性
分离性	$\hat{Y} \perp\!\!\!\perp Z \mid Y$	平均概率差异	否	否	辅助性
充分性(校准)	$Y \perp\!\!\!\perp Z \mid \hat{Y}$	平均预测值差异	否	否	非惩罚性

鉴于三个群体公平性指标的各自特性,以及可能出现在构建 Sospital 医疗管理模型的数据中的社会偏差,应当关注独立性与统计均等差异。

① Karima Makhlouf, Sami Zhioua, Catuscia Palamidessi. "On the Applicability of ML Fairness Notions." arXiv: 2006.16745, 2020. Boris Ruf and Marcin Detyniecki. "Towards the Right Kind of Fairness in AI." arXiv: 2102.08453, 2021.

10.4　定义个体和反事实公平性

公平性中的一个重要概念是交叉性(Intersectionality)。当分别考虑不同的受保护属性时,可能看似公平,但当非特权群体被定义为多个受保护属性的交集时,如黑人女性,就可能出现群体公平性不足的情况。想象一个场景,我们不断地引入更多属性来构建更小的群体,直至只有那些共享所有属性值的个体组成的群体为止。在这种情境下,前一节所描述的群体公平性指标变得不再适用,因此需要一个新的公平性概念,即个体公平性(Individual Fairness)或一致性(Consistency):所有特征值相同的个体应获得相同的预测标签,而特征值相似的个体应获得相似的预测标签。

10.4.1　一致性

一致性指标定义为

$$\text{consistency} = 1 - \frac{1}{n}\sum_{j=1}^{n}\left|\hat{y}_j - \frac{1}{k}\sum_{j' \in \mathcal{N}_k(x_j)} \hat{y}_{j'}\right| \tag{10.7}$$

对于 n 个 Sospital 成员中的每一个,将 y 的预测结果 $\hat{y}_j$ 与 k 个最近邻的平均预测结果进行比较。当 k 个成员的预测标签与其近邻的预测标签完全一致时,该值为 0。如果一个成员的预测标签与其所有邻近的预测标签都不同,该值为 1。综合来看,用式(10.7)的第一项"1"减第二项,如果所有相似点具有相似的标签,一致性度量值为 1,当相似点有不同的标签时,则值小于 1。

在个体公平性中,确定最近邻的距离指标是一个主要问题。哪种距离是合理的?在计算距离时是否应考虑所有特征?是否应该排除受保护的属性?在计算距离时,是否需要对某些特征维度进行修正?这些问题的答案常常受到政治和世界观的影响[①]。通常,受保护的属性可能会被排除,但这不是绝对的。如果你相信测量是无偏的("所见即所得"的世界观),那么你应该直接使用这些特征。然而,如果你认为测量中存在系统性的社会偏差("人人生而平等"的世界观),那么你应该尝试通过在距离计算中调整特征来消除这些偏差。例如,如果你认为有三次门诊就诊经历的黑人与有五次门诊就诊经历的白人在健康方面是平等的,那么你需要在黑人患者中增加两次门诊就诊作为距离指标的修正。

10.4.2　反事实公平性

反事实公平性是个体公平性的特例,其中两个成员在所有特征上都相同,只在一个受保护属性上有所不同。例如,设想有两名成员(一名黑人和一名白人),他们与医疗系统的互动经历完全相同。如果这两名成员得到相同的预测标签,不论是都被推荐额外的医疗管理或都没有,这种情况就被视为公平的;反之则不公平。进一步思考这种特殊情境,假设一个思想实验,通过干预 do(Z)改变 Sospital 成员的受保护属性从黑人变为白人,或反之。如果所

---

① Reuben Binns. "On the Apparent Conflict Between Individual and Group Fairness." In: *Proceedings of the ACM Conference on Fairness, Accountability, and Transparency*. Barcelona, Spain, Jan. 2020: 514-524.

有成员的预测标签都不变,那么该分类器就具有反事实公平性[①](实际上,通常不可能通过干预立刻改变一个成员的受保护属性,这只是一个思想实验)。反事实公平性可以通过第 8 章的干预效果估计方法检验。

在许多法律法规中,导致群体之间出现不同结果的受保护属性是一个重要的考虑因素[②]。假设你已有一个包含所有变量的完整因果图,或者使用第 8 章的方法从数据中推断因果关系。在这种情况下,你可以看到哪些变量具有直接或通过其他变量通向标签节点的因果路径。如果通向标签的因果路径上的任何变量都被视为受保护属性,那么你就面临一个需要调查和解决的公平性问题。

10.4.3 泰尔指数

在描述 Sospital 医疗管理问题时,如果你不想在群体与个体的公平性指标之间进行选择,是否有其他选择?答案是肯定的。泰尔指数是一个可选项,它在第 3 章作为描述不确定性的概括统计量首次被引入,能够自然地将个体与群体的公平性结合起来进行考虑。在第 3 章中,泰尔指数主要用于衡量社会财富的分布。当其值为 1 时,表示社会中一个人拥有所有财富,代表完全不公平的社会;而其值为 0 时,则表示每个人都拥有相同的财富,即完全公平的社会。

在机器学习和医疗管理的背景下,财富的对等物是什么?它必须是某种非负的收益值 b_j,并且你希望每个 Sospital 成员都能公平地获得这种收益。确定收益 b_j 后,就可以将其纳入泰尔指数公式,并视其为群体与个体公平性的综合指标。

$$\text{Theil index} = \frac{1}{n}\sum_{j=1}^{n}\frac{b_j}{\bar{b}}\log\frac{b_j}{\bar{b}} \tag{10.8}$$

该公式计算每个人的收益与平均收益 $\bar{b}$ 的比值,再乘以其自然对数,并最终得出平均值。

这固然很好,但谁能从中受益?以及在哪种世界观下?提议在算法公平性中使用泰尔指数的研究小组建议:对于假阳性 $b_j=2$,对于真阳性 $b_j=1$;对于真阴性 $b_j=1$,而对于假阴性[③] $b_j=0$。这种建议与"所见即所得"的世界观一致,因为它在评估模型性能时,假设真阳性和真阴性的成本相同,并从希望得到医疗管理的相关患者角度出发,即使他们可能不是真正合适的候选者。就 Sospital 模型的问题描述而言,更合适的收益函数可能是:①真阳性和真阴性的 b_j 值为 1,假阳性和假阴性的 b_j 值为 0(在平衡社会需求的同时,"所见即所得");②真阳性和假阳性的 b_j 值为 1,真阴性和假阴性的 b_j 值为 0("人人平等")。

10.4.4 结论

个体公平的一致性和泰尔指数是两种在不同背景下捕捉公平性细微差异的方法。与群

---

① Joshua R. Loftus, Chris Russell, Matt J. Kusner, et al. "Causal Reasoning for Algorithmic Fairness." arXiv: 1805.05859, 2018.

② Alice Xiang. "Reconciling Legal and Technical Approaches to Algorithmic Bias." In: *Tennessee Law Review* 88.3 (2021).

③ Till Speicher, Hoda Heidari, Muhammad Bilal Zafar. "A Unified Approach to Quantifying Algorithmic Unfairness: Measuring Individual & Group Unfairness via Inequality Indices." In: *Proceedings of the ACM SIGKDD International Conference on Knowledge Discovery and Data Mining. London*, England, UK, Jul. 2018, 2239-2248.

体公平性指标一样，使用它们需要你明确自己的世界观，并以自下而上的方式追求目标。由于Sospital医疗管理是在群体公平性框架下进行的，因此在问题描述和建模时使用群体公平性指标是合适的。从法律的角度看，反事实或因果公平是一个强烈的要求，但法规刚刚开始走向这一方向。因此，未来你可能会在描述问题时使用因果公平。正如你现在所了解的，问题描述和数据阶段对公平性至关重要，但这并不意味着建模阶段不重要。下节将详细探讨如何通过缓解偏差来提高公平性，这也是建模过程的一部分。

10.5 减少不必要的偏差

从Sospital医疗管理模型生命周期的早期阶段开始，你就知道在建模阶段需要处理不必要的偏差。鉴于研究过的公平和不公平的定义，你需要在受保护属性（如种族）与实际的医疗管理标签或预测标签之间，引入某种形式的统计独立性来减少偏差。这听起来很简单，但真正的挑战是什么呢？其中的挑战在于，其他常规预测特征 X 与受保护属性和标签之间存在统计相关性（图10.5和图10.6中省略了 X 节点，但不显示并不意味着不在意）。即使你从数据中直接移除受保护属性，常规特征仍可以重构那些属性的信息，并创建相关性。例如，种族可能与特定的医疗服务提供者有关（有些医生的病人主要是黑人，而有些医生的病人主要是白人），或与患者过去选择的医疗管理服务有关。

缓解偏差的方法必须比简单地移除受保护属性更精细。不要走捷径，简单地移除受保护属性永远不是正确的选择。请回想第9章介绍的两种主要方法来缓解分布偏移，即适应性和最小-最大鲁棒性。在应用于偏差缓解时，基于适应性的方法更为常见，但它依赖训练数据集中的受保护属性[①]。本节其余部分将探讨这些方法。如果训练数据集中没有受保护属性，那么可以使用类似处理分布偏移的最小-最大鲁棒性方法来实现公平性[②]。

图10.8（图10.3的一个子集）展示了偏差缓解的3个不同干预点：①预处理，通过调整训练数据的统计信息；②过程中处理，为学习算法增加额外的约束或正则化项；③后处理，调整输出预测以增强公平性。预处理只在你可以访问和调整训练数据时才可实施；过程中处理需要对学习算法进行改动，所以是最复杂和最不灵活的；后处理是最容易实施的且几乎总是可行的。但是，越早干预越能有效地解决问题。

3种偏差缓解方法分别为预处理、过程中处理和后处理，每种方法都有多种实施方式。与准确性一样，没有一个最佳的机器学习算法在所有数据集和公平性指标上都是最优的（“没有免费午餐”定理）。正如第7章提到的，不同的分类器有不同的能力域，这些偏差缓解算法也有各自的能力域。但公平性仍然是一个新兴领域，对这些能力范围的研究尚未深入。为了深入了解第7章中的机器学习方法，本章及后续章节会应用相关技术。而理解偏差缓

---

① Tatsunori Hashimoto, Megha Srivastava, Hongseok Namkoong, et al. “Fairness Without Demographics in Repeated Loss Minimization.” In: *Proceedings of the International Conference on Machine Learning*. Stockholm, Sweden, Jul. 2018, 1929-1938.

Preethi Lahoti, Alex Beutel, Jilin Chen, et al. “Fairness Without Demographics through Adversarially Reweighted Learning.” In: *Advances in Neural Information Processing Systems* 33 (Dec. 2020): 728-740.

② 由于监管或隐私原因，训练数据集包含受保护属性的假设可能会被违反。这种情况被称为无意识下的公平。见 Jiahao Chen, Nathan Kallus, Xiaojie Mao, et al. “Fairness Under Unawareness.” In: *Proceedings of the ACM Conference on Fairness*, Accountability, and Transparency. Atlanta, Georgia, USA, Jan. 2019, 339-348.

解算法的细节因各种原因而异，选择它们时，你需要：①知道可以在哪个阶段干预；②考虑自己的世界观；③了解在为新的 Sospital 成员评分时，是否可以使用受保护属性作为特征，并且这些属性在部署数据中是否可用。

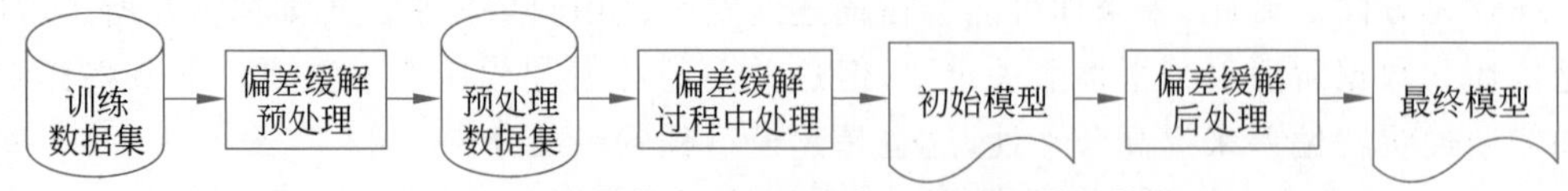

图 10.8 机器学习不同阶段的 3 种偏差缓解算法

首先，将训练数据集输入偏差缓解预处理模块，得到预处理数据集。其次，将预处理数据集输入偏差缓解过程中处理模块，得到初始模型。最后，将初始模型输入偏差缓解后处理模块中，得到最终模型。

10.5.1 预处理

在建模的预处理阶段，你尚未拥有一个训练好的模型。因此，预处理方法不能明确地包括涉及模型预测的公平性指标。大多数预处理方法都聚焦在"人人平等"的世界观上，但也有例外。预处理训练数据集的主要方法有：①通过添加额外的数据点增强数据集；②给数据点应用实例权重；③修改标签。

预处理训练数据集的最简单算法之一是添加额外的虚构数据点，这些数据点可通过反转现有数据点的受保护属性值（如反事实公平性）来构造[①]。这些增强数据点按照距离度量顺序添加，最先添加一些更接近基础数据集模式的"真实"数据点。这种排序针对学习任务保持了数据分布的保真度。一个未经修正的距离指标基于"所见即所得"的世界观，仅解决了采样偏差，而未解决测量偏差。如前文所述，修正后的距离指标（为黑人患者增加两次门诊就诊）基于"人人平等"的世界观，可以同时克服测量和采样偏差（威胁结构效度和外部效度）。这种数据增强方法需要将受保护属性作为模型的特征，并且这些属性必须在部署数据中可用。

另一种预处理训练数据的方法是通过样本重加权，类似于第 8 章的逆概率加权和第 9 章的重要性加权。重加权的目的是增强统计均等（"人人平等"的世界观），这是一个数据集的公平性指标，可在医疗管理模型训练之前进行评估[②]。标签和受保护属性之间相互独立的目的在于使其对应的联合概率可以表示为它们边缘概率的乘积。在式(10.9)中，分子用概率的乘积表示，而分母则用实际观察到的联合概率表示。

$$w_j = \frac{p_Y(y_j)p_Z(z_j)}{p_{Y,Z}(y_j, z_j)} \tag{10.9}$$

在训练数据中需要受保护属性来学习模型，但它们不一定是模型或部署数据的一部分。

数据增强和重加权这两种方法并不会改变从历史医疗管理决策中得到的训练数据。但确实有些方法会对数据进行更改。例如，一种称为 Massaging 的方法，仅适用于统计均等和"人人平等"世界观，其将非特权群体成员的不利标签转换为有利标签，将特权群体成员的有

① Shubham Sharma, Yunfeng Zhang, Jesús M. Ríos Aliaga, et al. "Data Augmentation for Discrimination Prevention and Bias Disambiguation." In: *Proceedings of the AAAI/ACM Conference on AI, Ethics, and Society*. New York, New York, USA, Feb. 2020, 358-364.

② Faisal Kamiran, Toon Calders. "Data Preprocessing Techniques for Classification without Discrimination." In: *Knowledge and Information Systems* 33.1 (Oct. 2012): 1-33.

利标签转换为不利标签[①]。选择转换的数据点是那些接近决策边界且置信度不高的数据点。此方法并不要求部署数据中包含受保护属性。

另一种方法是公平分数转换器(Fair Score Transformer),其作用于(校准的)连续分数标签 $S=p_{Y|X}(Y=\text{fav}|x)$,而非二进制标签[①]。它是一种优化方法,寻找与原始分数 S 具有较小交叉熵的变换分数 S',即 $H(S \parallel S')$ 值较小,同时确保统计均等差异、平均概率差异或其他群体公平性指标的绝对值小。你可以将转换后的分数转为加权二进制标签,然后将其输入到常规的训练算法中。公平分数转换器采取了"所见即所得"的世界观,因为它假设在预处理数据上训练的分类器是有效的,它输出的预处理分数与训练模型的预测分数非常接近。虽然某些预处理方法可能会更改标签和(结构化或半结构化的)特征[②],但公平分数转换器只需更改标签,使其可以处理不包含受保护属性的部署数据。

总的来说,数据增强、重加权、Massaging 以及公平分数转换器都有其特定的应用场景。它们在不同的公平性指标和数据集特性上,各有优势。建议在 Sospital 数据上多尝试不同的方法,以观察效果如何。

10.5.2　过程中处理

过程中处理的偏差缓解算法理论上听起来简单,但实际的优化挑战颇多。其主要思路为:采用某种风险最小化的监督学习算法(如式(7.4)所示),即

$$\hat{y}(\cdot)=\arg\min_{f\in\mathcal{F}}\frac{1}{n}\sum_{j=1}^{n}L(y_j,f(x_j))+\lambda J(f) \tag{10.10}$$

并以公平性指标对其进行约束或正则化。例如,可以使用逻辑回归作为该算法,并以统计均等差异作为正则化项,该方法就是偏见消除器(Prejudice Remover)[③]。近年来,公平学习算法应用日益广泛,允许使用各种标准风险最小化算法,结合多种群体公平性指标,实现各种公平性的约束[④]。其中,一个新兴的过程中处理算法是采用因果公平项对目标函数进行正

---

① Dennis Wei, Karthikeyan Natesan Ramamurthy, Flavio P. Calmon. "Optimized Score Transformation for Fair Classification." In: *Proceedings of the International Conference on Artificial Intelligence and Statistics*. Aug. 2020, 1673-1683.

② 一些例子是以下三篇论文中提到的方法。Michael Feldman, Sorelle A. Friedler, John Moeller, et al. "Certifying and Removing Disparate Impact." In: *Proceedings of the ACM SIGKDD International Conference on Knowledge Discovery and Data Mining*. Sydney, Australia, Aug. 2015: 259-268.

Flavio P. Calmon, Dennis Wei, Bhanukiran Vinzamuri, et al. Varshney. "Optimized Pre-Processing for Discrimination Prevention." In: *Advances in Neural Information Processing Systems* 30 (Dec. 2017): 3992-4001.

Prasanna Sattigeri, Samuel C. Hoffman, Vijil Chenthamarakshan, et al. "Fairness GAN: Generating Datasets with Fairness Properties Using a Generative Adversarial Network." In: *IBM Journal of Research and Development* 63.4/5 (Jul./Sep. 2019): 3.

③ Toshihiro Kamishima, Shotaro Akaho, Hideki Asoh, et al. "Fairness-Aware Classifier with Prejudice Remover Regularizer." In: *Proceedings of the Joint European Conference on Machine Learning and Knowledge Discovery in Databases*. Bristol, England, UK, Sep. 2012: 35-50.

④ Alekh Agarwal, Alina Beygelzimer, Miroslav Dudík, et al. "A Reductions Approach to Fair Classification." In: *Proceedings of the International Conference on Machine Learning*. Stockholm, Sweden, Jul. 2018, 60-69. L. Elisa Celis, Lingxiao Huang, Vijay Kesarwani, et al. Vishnoi. "Classification with Fairness Constraints: A Meta-Algorithm with Provable Guarantees." In: *Proceedings of the ACM Conference on Fairness, Accountability, and Transparency*. Atlanta, Georgia, USA, Jan. 2019: 319-328. Ching-Yao Chuang, Youssef Mroueh. "Fair Mixup: Fairness via Interpolation." In: *Proceedings of the International Conference on Learning Representations*. May 2021.

则化。在强可忽略性的前提下(即第 8 章中没有未测量的混杂因素和重叠),正则化项类似平均干预效果[①],$J=E[Y|\text{do}(z=1),X]-E[Y|\text{do}(z=0),X]$。

经过训练后得到的模型,可以应用于新的 Sospital 成员预测。这类过程中处理算法并不要求部署数据中包含受保护属性,关键在于构造适当的偏差缓解的正则化项或约束,以使目标函数通过优化方法实现可控制的最小化。

10.5.3 后处理

如果你遇到这样的情况:已有一个完成训练的 Sospital 医疗管理模型,且无法修改模型或访问训练数据(例如,直接从供应商处购买的预训练模型用于自己的项目),那么你只能在后处理阶段尝试降低偏差。此时,你可以修改输出的预测值 $\hat{y}$,以达到期望的群体公平性指标。具体而言,可以更改预测的标签(例如,将"获得医疗管理"修改为"未获得医疗管理",或反之)。如果拥有带标签的验证数据,可以基于"所见即所得"的世界观进行后处理;而无论有无验证数据,都可以基于"人人平等"的世界观处理。

鉴于群体公平性指标通常计算的是平均值,因此随机反转一个群体中某成员的标签与反转任何其他成员的标签效果相同[②]。但这种随机选择在程序设计上可能是不公平的。解决这一问题的方法之一是,类似 Massaging 策略,优先更改那些靠近决策边界、置信度较低的数据点的标签[③]。此外,还可以在群体中选择特定成员,以减少个体的反事实不公平性[④]。但所有这些策略都需要部署数据中包含受保护属性。

前文提到的公平分数转换器还有一个后处理版本,它不要求数据中有受保护属性。如果基分类器输出的是连续分数,这种方法应被视为后处理中偏差缓解的首选算法。在实际应用中,该方法效果良好,且不需要大量的计算资源。与其预处理版本的思路相似,它寻找从预测分数到新分数的最佳转换,并通过阈值将其转化为二进制预测值,从而指导 Sospital 做出最终的医疗管理决策。

10.5.4 结论

在医疗管理的建模过程中,有多种偏差缓解算法可供选择。你需要考虑以下内容。

(1) 模型过程的哪个阶段可以进行修改(这决定了是使用预处理、过程中处理还是后处理策略)。

(2) 你和问题所有者达成哪种世界观(某些算法可能与特定的世界观不兼容)。

(3) 部署数据是否包含受保护的属性(某些算法可能需要这些属性)。

表 10.2 总结了上述不同的决策。在此基础上,你可以选择能带来最佳量化结果的算

---

① Pietro G. Di Stefano, James M. Hickey, Vlasios Vasileiou. "Counterfactual Fairness: Removing Direct Effects Through Regularization." arXiv: 2002.10774, 2020.

② Geoff Pleiss, Manish Raghavan, Felix Wu, et al. Weinberger. "On Fairness and Calibration." In: *Advances in Neural Information Processing Systems* 31 (Dec. 2017): 5684-5693.

③ Faisal Kamiran, Asim Karim, Xiangliang Zhang. "Decision Theory for Discrimination-Aware Classification." In: *Proceedings of the IEEE International Conference on Data Mining*. Brussels, Belgium, 2012: 924-929.

④ Pranay K. Lohia, Karthikeyan Natesan Ramamurthy, Manish Bhide, et al. "Bias Mitigation Post-Processing for Individual and Group Fairness." In: *IEEE International Conference on Acoustics, Speech, and Signal Processing. Brighton, England*, UK, 2019: 2847-2851.

法。但是，如何定义“最佳”呢？简单地说，它仅取决于在问题描述中，你选择的公平性指标是否适合。

表 10.2 主要偏差缓解算法的特点

算法	类别	公平性	部署数据中的受保护属性
数据增强	预处理	反事实	是
重加权	预处理	独立性	否
Massaging	预处理	独立性	否
公平分数转换器	预处理、后处理	独立性、分离性	否
偏见消除器	过程中处理	独立性	否
最近的过程中算法	过程中处理	独立性、分离性、充分性	否
因果正则器	过程中处理	反事实	否
群体公平性后处理	后处理	独立性、分离性	是
个体和群体公平性后处理	后处理	反事实、独立性、分离性	是

你可能会考虑：在建模过程中，是否需要在公平性与准确性之间做出权衡？第 14 章将全面探讨如何平衡可信机器学习中的各种因素。但在此之前，有一个关键观点：在数据已经包含社会偏差、代表性偏差和数据准备偏差的情境下，仅仅测量数据分类的准确性并不恰当，尽管这样做可能更为简单。正如你应该在新环境（构造空间）的数据中评估分布偏移的性能一样，你也应该在公平的环境中评估偏差缓解后的准确性。在准备数据空间中，公平性和准确性之间需要权衡，但重要的是，在构造空间中，二者之间无须权衡[①]。你可以使用数据增强的预处理方法近似构建一个构造空间测试集。

对于 Sospital 的问题，你有很大的灵活度，因为你可以控制训练数据和模型训练的过程，并基于独立性和“人人平等”的世界观，在部署数据中包括 Sospital 成员的受保护属性。虽然可以尝试多种方法，但建议首先从公平分数转换器的预处理阶段开始。

10.6 其他注意事项

在结束本章之前，还有一些其他问题值得探讨。Sospital 医疗管理的场景并没有涉及的问题，可能在其他场景中出现。Sospital 主要关注的是在直接决策分配下的公平性，但在代表性或服务质量等方面也存在许多问题，例如搜索结果的偏差。例如，某些职业图像的搜索结果可能只有白人；以黑人群体为主的人名进行搜索时，其结果可能伴随刑事辩护律师的广告；而某些自然语言处理算法可能自动将“医生”与男性，以及“护士”与女性联系在一起。虽然有些用于分配公平性的偏差缓解算法也可以用于代表性公平，但可能还存在更为合适

① Michael Wick, Swetasudha Panda, Jean-Baptiste Tristan. “Unlocking Fairness: A Trade-Off Revisited.” In: *Advances in Neural Information Processing Systems* 32 (Dec. 2019): 8783-8792.

Kit T. Rodolfa, Hemank Lamba, Rayid Ghani. “Empirical Observation of Negligible Trade-Offs in Machine Learning for Public Policy.” In: *Nature Machine Intelligence* 3 (Oct. 2021): 896-904.

的方法。

> “这项工作的大部分范围都很窄，侧重于微调特定模型，使数据集更具包容性和代表性，构建‘去偏差’数据集。虽然这些工作可以构成补救措施的一部分，但从根本上讲，实现公平的途径必须审视更广泛的问题，如数据集中不易被质疑或觉察的假设，当前和历史的不公正现象，以及权利不对称。”
>
> ——阿贝巴·比尔哈内(Abeba Birhane)，都柏林大学学院认知科学家

> “我一直担心，在计算机科学(和心理学一样)中，关于偏差的争论已经成为一个强大的分散注意力的手段——将注意力从最重要的事物转移到更容易衡量的事物上。”
>
> ——内森·马提亚斯(Nathan Matias)，J.康奈尔大学行为科学家

第二个问题：我们是否过于轻易地将算法公平性的重要考虑因素都归纳为数学问题？答案是“是”或“否”。如果你真的通过一个具有多元化成员小组，深入思考了机器学习生命周期中产生不平等的来源，那么应用量化指标和偏差缓解算法实际上是很简单的，这是因为在进入生命周期的建模阶段之前，就已经做了大量工作。但如果你在生命周期早期(包括问题描述)没有做很多工作，那么盲目地使用偏差缓解算法，可能不仅不会解决问题，甚至还会使问题变复杂。因此，还是那句话，不要走捷径。

10.7 总结

- 公平有多种形式，它们源自不同的正义观点。在由机器学习系统做出的决策中，分配正义是最相关的，要求在个体和群体之间的结果有某种相似性。
- 不公平可能来自问题描述的不当(如使用不适当的代理标签)、特征工程、从构建空间到观测空间的特征测量，以及从观测空间到原始数据空间的数据点采样。
- 在确定哪种相似性最适合你的问题时，需要考虑两种主要的世界观。
- 如果你认为测量存在社会偏差(超出采样的代表性偏差)，那么你的世界观是“人人平等”，在这种观点下，独立性和统计均等差异是适当的群体公平性概念。
- 如果你认为测量中不存在社会偏差，只有采样的代表性偏差，那么你的世界观是“所见即所得”。在这种观点下，分离性、充分性、平均概率差异和平均预测值差异是适当的群体公平性概念。
- 如果有利标签是辅助性的，那么分离性和平均概率差异是合适的群体公平性概念。如果有利标签是非惩罚性的，那么充分性和平均预测值差异是合适的群体公平性概念。
- 个体公平性可以看作细粒度群体公平性的极端形式。在确定个体间距离度量时，世界观起到关键作用。
- 偏差缓解算法可以在机器学习的预处理、处理中或后处理阶段使用。不同的算法适用于不同的世界观。在选择算法时，需要考虑世界观和实际性能。

第 11 章

对抗鲁棒性

想象一下，你是 HireRing 公司（虚构）的数据科学家，专门从事人力资源（HR）分析。这家公司开发了机器学习模型，用于分析简历和求职表格中的元数据，根据招聘和其他雇佣决策对候选人进行优先排序。他们通过每个公司客户的历史数据对算法进行训练。作为一项主要价值主张，HireRing 的管理团队特别强调分布偏移的鲁棒性和机器学习公平性，现在他们更关注如何确保模型不受恶意攻击的影响。在新的机器学习安全领域，你被指派为主导人。那么，你该从哪里开始呢？需要关心哪些潜在的威胁？有哪些方法可以抵御潜在的对抗性攻击？

攻击者的目的通常是悄无声息地损害 HireRing 及其客户的利益。例如，他们可能想降低申请人优先级模型的准确性，或者他们可能试图欺骗机器学习系统，让某些申请者无论其真实资格如何都位列名单之首，而对其他大部分申请者，模型的预测仍然保持不变。

在本章中，你将学会如何对 HireRing 为其客户构建的模型提供防护和验证。

- 根据攻击者的攻击目标（如训练数据或模型）、他们的目的，以及他们有权限查看和修改的内容，识别不同的威胁模型。
- 采用增强模型鲁棒性的方法对抗不同类型的攻击。
- 验证机器学习流程的鲁棒性。

对抗鲁棒性与书中关于可靠性的其他两章（关于分布偏移和公平性）紧密相关，因为它们都关心训练数据与部署数据之间的差异。由于不知道这种差异会是什么，所以你不确定是要适应它还是对抗它。在分布偏移中，差异是自然产生的；在公平性中，由于各种社会原因，理想世界与现实世界之间存在差异；而在对抗鲁棒性中，分布上的差异是因为存在一个狡猾的攻击者。除从攻击者的视角外，我们也可以从测试系统可靠性的角度看待对抗性攻击，通过对机器学习系统进行极端情况下的测试，从而增强其鲁棒性。这种观点不是本章的重点，第 13 章将对此进行进一步的讨论。

> “我认为，与汽车模型的开发和制造过程类似，对人工智能模型进行全面的‘内部碰撞测试’，以应对各种对抗性威胁，应该成为评估和降低潜在安全风险的标准操作。”
>
> ——陈品宇（Pin-Yu Chen），IBM 研究院计算机科学家

假如 HireRing 公司最近与一家位于美国中西部的大型零售连锁公司 Kermis（虚构）达成合作，为其构建一个简历和求职申请筛选模型。这是你首次在对抗鲁棒性问题描述阶段与真实客户合作，因此不能走捷径。首先，你需要研究不同的恶意攻击方式，并确定如何使

为 Kermis 定制的 HireRing 模型更可靠和可信,然后你还将参与建模阶段的工作。

11.1 不同类型的对抗性攻击

面对 HireRing 为 Kermis 打造的机器学习求职者分类器,你在问题描述阶段需要评估其可能面临的各种威胁。对抗性攻击可从 3 个维度进行分类[①]: ①攻击发生在什么环节,即训练还是部署? 针对训练的攻击叫作投毒攻击,而针对部署的攻击则叫作逃避攻击。②攻击者拥有何种能力? 他们知道关于数据和模型的哪些信息? 他们能如何修改数据和模型? ③攻击者的意图是什么? 他们只是想降低简历筛选模型的准确率,还是有更为复杂、针对性的目标? 这 3 个维度与第 10 章选择偏差缓解算法中要考虑的 3 个因素相似(机器学习过程中的阶段、受保护的属性和世界观)。

图 11.1 为各种攻击类型的心智模型。下面依次考虑每个维度,分析 Kermis 和 HireRing 模型应该关注和防备的因素。

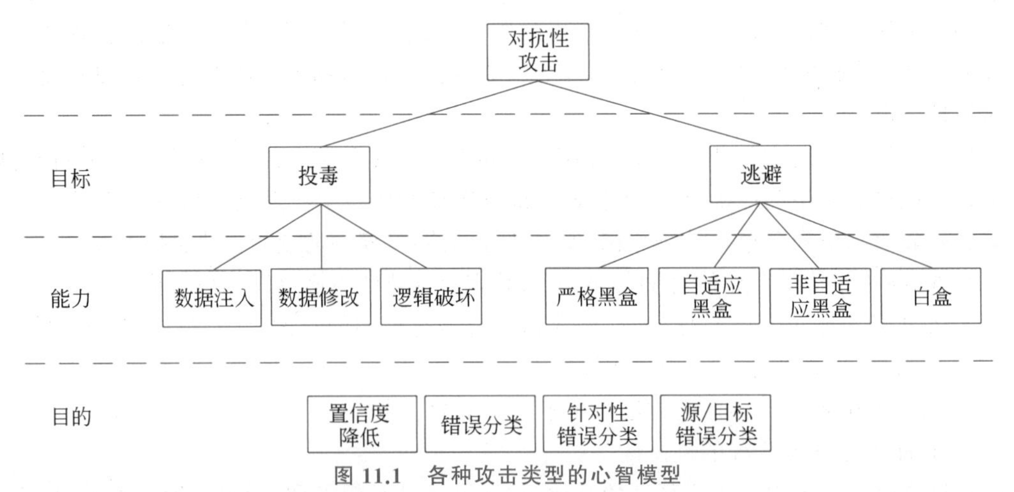

图 11.1 各种攻击类型的心智模型

该图是一个层次结构图,最顶层节点是对抗性攻击。该节点下分为投毒和逃避两个子节点,它们位于目标维度中。投毒的子节点有数据注入、数据修改和逻辑破坏,属于能力维度。逃避的子节点有严格黑盒、自适应黑盒、非自适应黑盒和白盒,同样属于能力维度。层次结构图底部是目的维度,包括置信度降低、错误分类、针对性错误分类和源/目标错误分类。

11.1.1 目标

攻击者可能针对机器学习的建模或部署阶段进行攻击。在建模阶段,他们能够损坏训练数据或模型,导致其与部署时的数据不匹配。这种情况被称为投毒攻击,它与第 9 章讨论的分布偏移类似,因为它们都涉及改变训练数据或模型的统计特性。与此不同,针对部署阶段的逃避攻击与分布偏移并无直接关系,但与第 10 章讨论的个体公平性有某种相似之处。

---

① Anirban Chakraborty, Manaar Alam, Vishal Dey, et al. "Adversarial Attacks and Defences: A Survey." arXiv: 1810.00069, 2018.

Ximeng Liu, Lehui Xie, Yaopeng Wang, et al. Vasilakos. "Privacy and Security Issues in Deep Learning: A Survey." In: *IEEE Access* 9 (Dec. 2021): 4566-4593.

逃避攻击仅仅修改输入到机器学习系统中的单个样本(如单个简历)。对单个数据点的微小修改可能不会显著改变部署的整体分布,但却足以达到针对某个特定简历的攻击效果。

图11.2描绘了如何通过决策边界理解投毒攻击和逃避攻击。投毒攻击会按攻击者的意图移动决策边界,而逃避攻击并不改变决策边界,而是将数据点移动至边界的另一侧。原始数据点,即简历中的特征 x,经过 δ 移动后变成 $x+\delta$。逃避攻击的基本数学描述为

$$\hat{y}(x+\delta) \neq \hat{y}(x),\text{使得 } \|\delta\| \leqslant \epsilon \tag{11.1}$$

攻击者希望在简历 x 中添加微小扰动 δ,从而使预测的标签从"选择"变为"拒绝"($\hat{y}(x+\delta) \neq \hat{y}(x)$),或者反过来。此外,扰动的大小或范数 $\|\cdot\|$ 应小于某个为"ϵ"的小数值。范数和这个数值的确定取决于具体应用。对于半结构化的数据,应选择那些让人类感知上的差异最小的范数,确保扰动后的数据与原始数据在视觉或听觉上近乎相同。

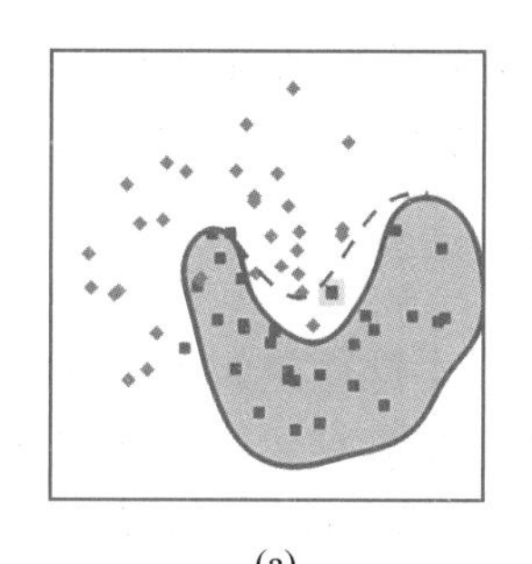

(a)

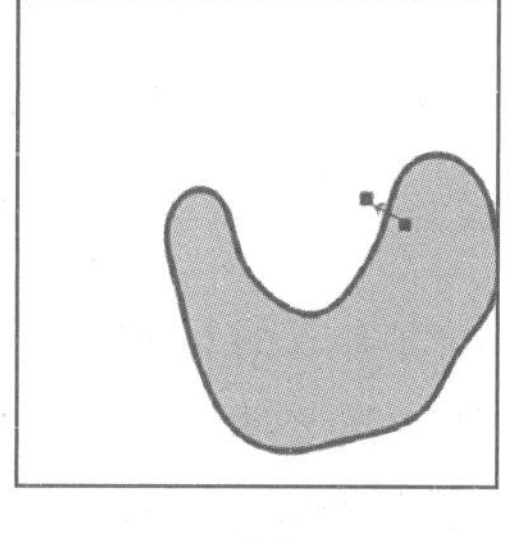

(b)

图11.2 投毒攻击(a)和逃避攻击(b)示例

在投毒攻击示例中,攻击者向训练数据中注入了一个新的数据点,即训练数据中带有高亮边界的方块。这使得决策边界从原来的黑实线变为攻击者所期望的黑虚线。这会使更多的菱形部署数据点分类错误。在逃避攻击中,攻击者巧妙地扰动了一个部署数据点,使其越过决策边界,从而被错误分类。在描述投毒攻击的图中,两类数据点呈现出交错的月亮形状,并且有一个决策边界平滑地环绕其中一类数据。一个带有区域内标签的投毒数据点被添加到区域外。这将形成一个新的决策边界,使投毒数据点包含在区域内,同时也导致其他数据点分类错误。在描述逃避攻击的图中,阴影区域中有一个数据点经过逃避攻击后被推到阴影区域外。

另一种方法是通过0-1损失函数 $L(\hat{y}(x),\hat{y}(x+\delta))=1$ 表示标签变化($\hat{y}(x+\delta) \neq \hat{y}(x)$)。其中,当两个参数相同时,0-1损失函数的值为0;当参数不同时,函数的值为1。因为0-1损失函数只能取0和1两个值,所以也可以用最大值表示对抗性样本,即

$$\max_{\|\delta\| \leqslant \epsilon} L(\hat{y}(x),\hat{y}(x+\delta)) \tag{11.2}$$

在上述表示中,你还可以加入其他损失函数,如第7章中的交叉熵损失函数、逻辑损失函数和铰链损失函数。

11.1.2 能力

部分攻击者拥有更强的能力。在投毒攻击中,攻击者会以某种方式修改训练数据或模型,这需要他们具备访问Kermis信息技术基础设施的权限。他们最简单的手段是向训练数据中加入额外的简历,即数据注入(Data Injection)。更高级的手法为数据修改(Data Modification),即修改已存在于训练数据集的标签或特征。最为复杂的是逻辑破坏(Logic Corruption),此时攻击者会改变机器学习算法或模型的代码与行为。数据注入和数据修改可视为预处理过程中的偏差缓解,而逻辑破坏可视为处理过程中的偏差缓解,但其出发点都是恶意的。

在逃避攻击中，攻击者无须对 Kermis 的系统进行任何修改，因此这类攻击更易执行。攻击者只需创建对抗性样本，即经过设计的简历，用以误导机器学习系统。创建这些对抗性简历的方式取决于攻击者对模型的了解程度。最简单的方式是向 HireRing 模型提交多个简历，看哪些被选中，从而获取一个带标签的数据集。若攻击者只能提交自己拥有的简历集，则称为严格黑盒访问。如果他们可以根据之前提交的简历及其预测结果进行调整，则称为自适应黑盒访问。自适应性有一定的复杂度，因为攻击者可能需等待 Kermis 对所提交简历的选择结果。如果攻击者能从 HireRing 模型获取更多信息，但不能提交简历，则称为非自适应黑盒访问。此时，攻击者知道训练数据的分布为 $p_{X,Y}(x,y)$，但不能提交简历。最后，分类器决策函数 $\hat{y}(\cdot)$是攻击者最难获得的模型信息。对分类器的完全了解被称为白盒访问。

由于 Kermis 具有良好的网络安全防护，投毒攻击，尤其是逻辑破坏攻击，并不需要过分担忧。白盒访问的逃避攻击也同样不应过分担心。最需要关心的是黑盒访问的逃避攻击。尽管如此，你也不应该放松警惕，仍然应该考虑防范所有潜在威胁。

11.1.3 目的

威胁的第三个维度是攻击者的目的，它适用于投毒和逃避攻击。不同的攻击者有不同的目标。最简单的是降低分类器的置信度，使得分数向[0,1]范围的中心靠拢。其次，是错误分类，即让分类器做出错误预测。例如，原本应被 Kermis 接受的申请被误拒，反之亦然。在二分类问题中，错误的方式只有一个，即预测为另一标签。但在多标签情况下，错误分类可能产生任何其他非真实标签。更进一步的是，针对性的错误分类确保错误不仅仅是其他任意标签，而是攻击者指定的标签。更为复杂的是源/目标错误分类攻击，它使得错误分类只发生于某些特定的输入，而预测错误的标签也根据输入变化。后门或木马攻击是源/目标错误分类的例子，其中某些输入（如含有特定关键词的简历）会触发接受申请。越复杂的攻击目标越难实施，但如果成功，对 Kermis 和 HireRing 的影响也最为严重。问题描述应全面考虑并防范所有这些攻击目标。

11.2 防御投毒攻击

一旦你和 HireRing 团队进入生命周期的建模阶段，就需要针对问题描述阶段确定的攻击实施防御措施。从机器学习的角度看，目前在 Kermis 的系统中尚无针对逻辑破坏攻击的明确防御策略。它们必须通过其他安全措施防御。然而，针对数据注入和数据修改攻击，根据攻击发生的阶段，可将机器学习过程中的防御手段分为三类[①]，分别为：①预处理方法，即数据清洗。②过程中的防御方法，依赖于某种平滑处理。③后处理防御，被称为补丁。这三类方法将在本节进一步阐述，如图 11.3 所示。它们与第 9 章和第 10 章中描述的分布偏移和不必要偏差缓解策略相似。

针对投毒攻击的机器学习防御是一个快速发展的研究领域。特定的攻击和防御手段在技术博弈中不断升级。由于至本书出版时，所有已知的攻击和防御手段都有可能被新技术

---

① Micah Goldblum, Dmitris Tsipras, Chulin Xie, et al. "Dataset Security for Machine Learning: Data Poisoning, Backdoor Attacks, and Defenses." arXiv: 2012.10544, 2021.

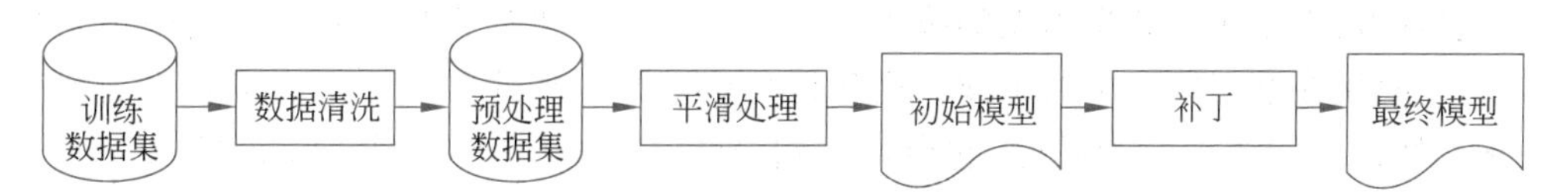

图 11.3 机器学习过程中针对投毒攻击的不同类型防御方法

该框图表示，将训练数据集输入数据清洗模块，得到预处理数据集；再将预处理数据集输入平滑处理模块，形成初始模型；最后将初始模型输入补丁模块，输出最终模型。

取代，因此本书仅简要介绍主要观点，不深入具体细节。

11.2.1 数据清洗

数据清洗的核心思想是识别并删除 Kermis 数据集中被恶意修改或注入的简历。这些恶意简历往往具有异常特点，因此数据清洗可以看作一种异常或离群值检测。稳健统计是最常用的方法来检测这些离群值。与未被投毒的训练简历相比，离群值的集合基数较小。这两组数据(中毒简历和干净简历)可以通过方差标准化后的均值进行区分。即使特征数量很大，这种方法也能有效地区分这两组数据[①]。对于高维半结构化数据，异常检测应该在表征空间进行，而不是原始特征空间中进行。回忆第 4 章学习的内容，表征和语言模型通过利用其内部结构能够更紧凑地表示图像和文本数据。当数据表示得当时，异常更容易被检测。

11.2.2 平滑

为抵御数据投毒，HireRing 在训练 Kermis 分类器时采用了平滑策略，使模型更为鲁棒。图 11.4 描述了平滑与非平滑得分函数的区别。在训练中使用平滑得分函数可以降低攻击者成功的概率。

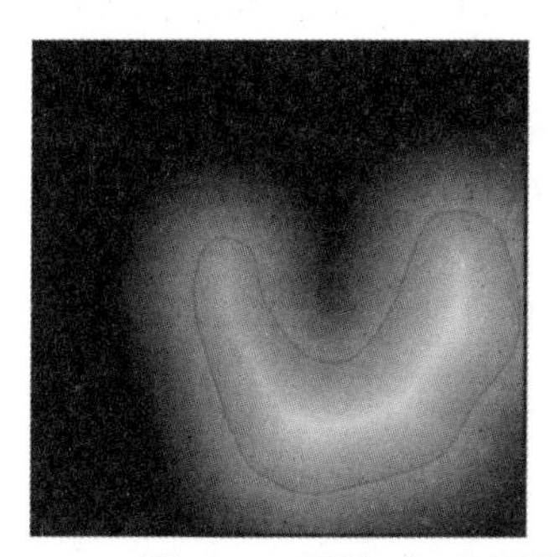 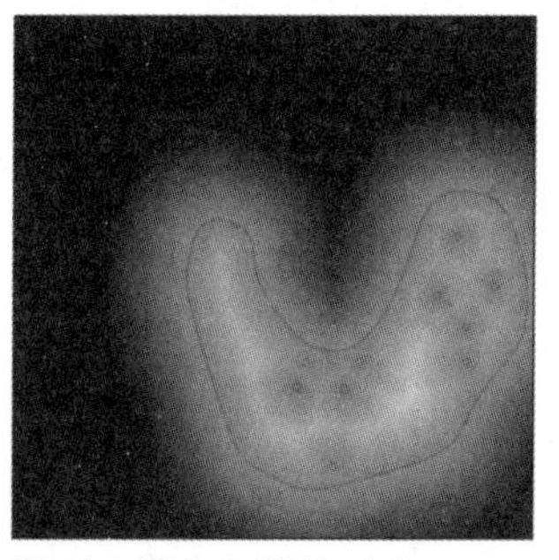

图 11.4 平滑(左)和不平滑(右)得分函数的对比

其中，得分函数的值由阴影表示，白色表示值为 0，黑色表示值为 1。红线表示得分函数值为 0.5 的决策边界，不平滑的得分函数可能已遭到攻击。在左侧图中，决策边界平滑地环绕白色区域，相关的得分函数用阴影表示，在该区域内部逐渐变为白色，而在区域外部逐渐变深。而右图中的决策边界与之形成鲜明对比，它在白色区域内带有黑色小块，对应的得分函数显得不那么平滑。

平滑策略可以通过多种方法实现。例如，通过在基础分类器上应用 k-近邻预测来达到平滑效果。这样，少数被污染的简历不会影响任何一个邻域的多数决策，从而减少它们的影

① Pang Wei Koh, Jacob Steinhardt, Percy Liang. "Stronger Data Poisoning Attacks Break Data Sanitization Defenses." In: *Machine Learning* (Nov. 2021).

响。这意味着,由于污染数据引发的决策边界上的微小变化都将被消除。梯度塑造是另一种方法,它直接在学习算法中约束或正则化得分函数的斜率或梯度。当决策函数的梯度大小在整个特征空间中大致相同时,它会对个别异常点的干扰保持鲁棒性,如图 11.4 中的左侧得分函数。平滑策略也可以通过对多个独立分类器的得分函数取平均实现。

11.2.3 补丁

补丁主要应用于神经网络模型,作为一种后处理手段,旨在减少后门攻击的影响。在神经网络中,后门通常会导致异常的边权重和节点激活,这些异常在统计上是显著的。假设你已经使用受到后门攻击的 Kermis 求职申请集训练了一个初步模型。补丁策略与修补破了的衣服相似。首先,你需要从"布料"中"剪去"问题,即裁减异常的神经网络节点。随后,"缝补"上去,使用一些干净的简历或一批生成的近似干净分布的简历对模型进行微调。

11.3 防御逃避攻击

逃避攻击在实施时相较于投毒攻击更为简单,它不需要攻击者渗透 Kermis 的信息系统。攻击者仅需构造逼真的样本以免引起怀疑,并将其作为正常的求职申请递交。对这些攻击的防御主要分为两种,分别为去噪和对抗性训练。第一种方法在机器学习训练阶段外部施加,在部署阶段进行,其目标是从部署的简历 $x+\delta$ 中减去扰动 δ(只有少数输入简历将是对抗样本,并具有 δ)。第二种方法是在建模阶段,通过在模型中构建最小-最大鲁棒性进行,类似第 9 章中关于分布偏移鲁棒模型的训练。因为逃避攻击不基于训练数据的分布,所以不存在与第 9 章和第 10 章中的适应性和预处理偏差缓解相似的防御类别。图 11.5 总结了逃避攻击的防御方法。下面将介绍关于在 HireRing 求职者优先排序系统中实现这些防御措施的方法。

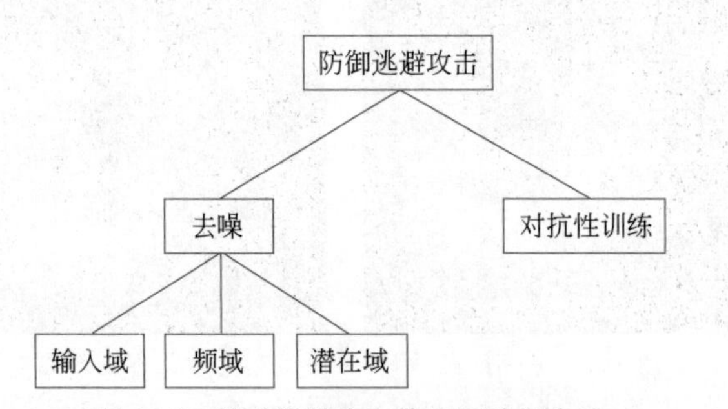

图 11.5 针对逃避攻击的不同防御方法

该图是一个层次结构图,其根节点是针对逃避攻击的防御措施,其子节点是去噪和对抗性训练。其中去噪节点的子节点有输入域、频域和潜在域。

11.3.1 输入数据去噪

尽管攻击者精心构造对抗样本,但对抗样本(跨越决策边界的简历)还是包含一些异常的信号,这些信号人类可能难以察觉,但机器可以识别。这种精心设计的扰动 δ 是对抗性噪声。去噪旨在从输入数据 $x+\delta$ 中移除这些 δ 噪声。去噪的挑战在于,需要移除所有噪声,同时尽量减少对原始特征的失真。

噪声去除是一个历史悠久的问题，在信号处理及相关领域已有深入的研究。为抵抗逃避攻击，主要有 3 种去噪方法，它们基于不同的数据表示，即输入域、频域和潜在域[①]。直接在特征空间或输入域中进行去噪，可能采用复制或交换相邻数据点的特征值，或将连续值量化为较小的离散值集。根据生成式机器学习的最新进展（在第 4 章中介绍数据增强时简要提及），可以生成与输入相似但无噪声的数据样本。总之，输入域去噪的核心策略是降低数据的变异性或平滑数据值。

在频域中，数据可以得到更为平滑的处理。对于非电子工程师可能并不熟悉将数据转换为其频域表示的概念。简言之，该转换旨在对数据进行变换，使得大幅度的波动在高频上产生较大值，而较为平缓的数据在低频上产生较大值。这种变换常通过傅里叶变换和其他类似手段完成。不易察觉的对抗性噪声通常会集中在高频部分。因此，对抗逃避攻击的一种策略是压缩数据的高频成分（用较小的值替代），然后再将数据转换回输入域。对于某些针对半结构化数据模式的压缩技术，也可以达到类似效果。

如果你使用的机器学习模型是神经网络，那么数据在通过中间层后会形成潜在表征。第 3 种去噪方法就是在这个潜在表征空间中进行的。与频域处理相似，这种方法也会压缩某些维度上的值。但这些方法不仅基于对抗性噪声会集中在某个区域（如高频）的假设，而是利用干净的简历和你创建的对抗样本来学习这些维度。

11.3.2 对抗性训练

对抗性训练是对抗逃避攻击的另一种防御手段。它是一种最小-最大鲁棒性方法[②]，在第 9 章关于分布偏移中已经遇到过。最小-最大的目标是在最坏情况下取得最佳效果。在对抗性训练中，“最小化”指的是在假设空间中找到最佳的求职者分类器，这与常见的风险最小化方法相似。而“最大化”则是寻找简历中在最坏情况下的扰动。目标的数学形式是

$$\hat{y}(\cdot) = \arg\min_{f \in \mathcal{F}} \sum_{j=1}^{n} \max_{\|\delta_j\| \leqslant \epsilon} L(y_j, f(x_j + \delta_j)) \tag{11.3}$$

请注意，这里的内部最大化的表达式与式(11.2)中寻找对抗样本的表达式是相同的。因此，要进行对抗性训练，你只需使用 Kermis 生成对抗样本，并将这些对抗样本作为新的训练数据集，输入到常规的机器学习算法中。HireRing 要想成为优秀的防御者，首先必须是一个出色的攻击者。

11.3.3 逃避攻击的鲁棒性评估与认证

一旦 HireRing 的求职者筛选系统经过了针对 Kermis 简历的对抗性训练，你如何确定它是否真的有效呢？衡量模型鲁棒性的主要有两种方法：①经验性测试；②衡量得分函数。在经验性测试中，你可以自己创建对抗样本，将其输入到模型中，并计算攻击成功的概

① Zhonghan Niu, Zhaoxi Chen, Linyi Li, et al. “On the Limitations of Denoising Strategies as Adversarial Defenses.” arXiv: 2012.09384, 2020.

② Aleksander Madry, Aleksandar Makelov, Ludwig Schmidt, et al. “Towards Deep Learning Models Resistant to Adversarial Attacks.” In: *Proceedings of the International Conference on Learning Representations*. Vancouver, Canada, Apr.-May 2018.

率(如置信度降低、错误分类、针对性错误分类或源/目标错误分类)。之所以能进行此类测试,是因为你清楚哪些输入简历携带对抗性扰动,而哪些没有。这种经验性的鲁棒性评估与特定的攻击方法及攻击能力(白盒或黑盒)相关,因为你是站在攻击者的角度进行评估的。

相比之下,CLEVER 分数是一种不考虑逃避攻击的分类器对抗鲁棒性评价方法①。CLEVER(间接地)分析了求职申请数据点到决策边界的距离。如果这个距离较大,那么任何尝试错误分类的攻击都不太可能成功,因为其将超过ϵ,即扰动 δ 的范数上限。CLEVER 分数越高,模型越鲁棒。通常具有平滑、简单决策边界的模型(没有许多"小岛",如图 11.4 中左侧得分函数),数据点平均距离较远,具有更高的 CLEVER 分数,因此它对各种逃避攻击更为鲁棒。在与 Kermis 问题所有者进行问题描述沟通时,你可以为 CLEVER 分数设置一个可接受的最小阈值。一旦模型达到这个阈值,HireRing 就可以自信地宣称其具有一定水平的安全性和鲁棒性。

11.4 总结

- 攻击者是有恶意的行动者,目的在于降低机器学习模型的准确性或误导它们。
- 投毒攻击是在模型训练阶段,通过修改训练数据或模型本身实施的。
- 逃避攻击是在模型部署阶段通过制造伪造的对抗样本实施的,这些样本会导致模型误分类。
- 攻击者的目标可能是降低模型的整体准确性或针对特定输入实现预定的预测标签。
- 攻击者在其知识和可操作性方面具备不同的能力。这些能力及其目标的差异决定了威胁的大小。
- 针对投毒攻击的防御手段涵盖机器学习流程的各个阶段:数据清洗(预处理)、平滑处理(模型训练)和补丁(后处理)。
- 防御逃避攻击的策略包括去噪处理(尝试从输入中消除对抗性干扰)和对抗性训练(采用最小-最大鲁棒性)。
- 可通过 CLEVER 分数验证模型对逃避攻击的鲁棒性。
- 即便没有明确的恶意攻击者,对抗性测试也为开发者提供了一种在最坏情况下评估机器学习系统的方法。

① Tsui-Wei Weng, Huan Zhang, Pin-Yu Chen, et al. "Evaluating the Robustness of Neural Networks: An Extreme Value Theory Approach." *In*: *Proceedings of theInternational Conference on Learning Representations*. Vancouver, Canada, Apr.-May 2018.

第 五 部 分

第 12 章

可解释性和可说明性

Hilo(虚构)为一家初创公司,志在革新在线二次抵押贷款市场。房屋净值信用额度(Home equity line of credit,HELOC)是一种允许用户用房产作为抵押进行短期贷款的二次抵押方式。Hilo 的独特之处在于,首先,它将二次抵押贷款涉及的所有功能,如借款人的信用审核和房屋价值评估,整合到一个系统内;其次,它在人类决策过程中整合了机器学习,重视分布偏移的鲁棒性、公平性和对抗鲁棒性;最后,Hilo 承诺对其使用的机器学习模型透明,当机器决策出现问题时,提供纠正措施。假设你是 Hilo 的数据科学团队成员,你的职责是使机器学习模型透明并可以解释。距离平台发布只剩几个月了,你需要迅速采取行动。

机器学习模型的可解释性是为了使人们了解其如何进行预测。这是一大挑战,因为很多机器学习方法,如第 7 章所述,都是复杂的并且难以解读的。可解释性和可说明性代表机器与人之间的交互,确切地说,是机器向人传达信息,使二者在决策中达成协作①。这一章是本书第五部分关于交互的开始,交互是可信机器学习的重要属性之一。本书的结构与可信属性相对应,如图 12.1 所示。

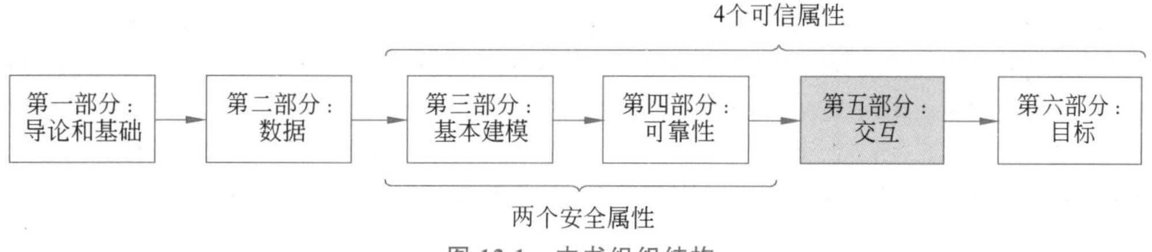

图 12.1　本书组织结构

第五部分关注可信性的第三个属性,人机交互,即与人们交流并推出与其价值观相符的机器学习模型。从左到右的流程图,有六个框:第一部分为导论和基础;第二部分为数据;第三部分为基本建模;第四部分为可靠性;第五部分为交互;第六部分为目标。图中突出显示了第五部分。第三和第四部分被标记为安全属性。第三至第六部分被标记为可信属性。

机器学习模型主要输出预测标签 $\hat{Y}$,但这个标签不足以说明机器是如何做出预测的,还需要更多的解释。机器是信息的发送者,而人类是接收者。如图 12.2 所示,传播过程必须克服人类的认知偏差,即人类在接收信息方面的局限性,这些偏差可能会影响人机

---

① Ben Green, Yiling Chen. "The Principles and Limits of Algorithm-in-the-Loop Decision Making." In: *Proceedings of the ACM Conference on Computer-Supported Cooperative Work and Social Computing*. Austin, Texas, USA, Nov. 2019: 50.

协同工作，有时也被称为“最后一公里”问题[1]。这张图进一步完善了第 4 章的偏见和有效性概念。最后一个空间被定义为感知空间，它代表人类用户对 Hilo 机器学习模型预测的最终理解。

针对 Hilo 模型的各种潜在用户，你无法给出一个统一的解释。即使距离发布时间只有几个月，也不应试图提供一个笼统的解释来简化问题。不同用户的认知偏差因其角色、背景和目标而异。作为机器学习生命周期中问题描述阶段的一部分，你应首先考虑所有可能的解释类型，然后在建模阶段对其中的某一种类型进行更深入的研究。

12.1 不同类型的解释

与人们之间存在多种解释事物的方法一样，机器学习模型也有多种方式为用户阐明其预测结果。在考虑如何解释 Hilo 模型时，首先应确定用户角色。

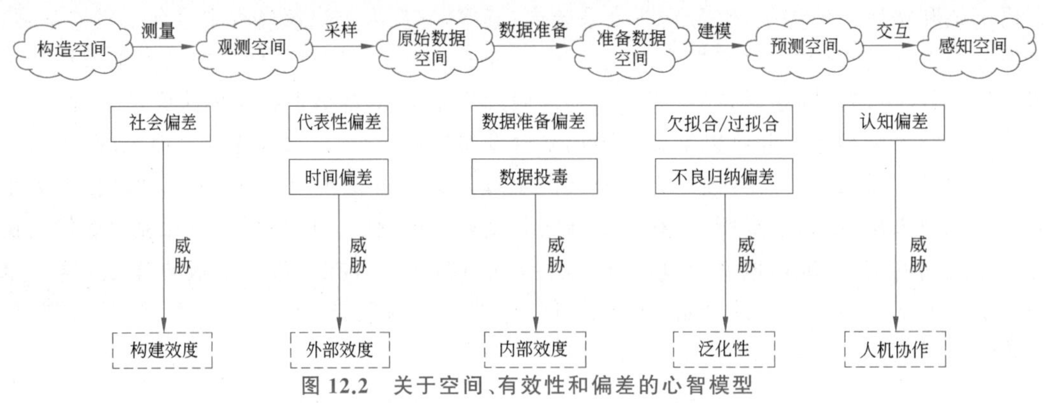

图 12.2 关于空间、有效性和偏差的心智模型

感知空间是人类从机器输出中得到的理解。图 12.2 为一个由 6 个空间组成的序列，每个空间用一朵云表示。构造空间通过测量过程通向观测空间；观测空间通过采样过程通向原始数据空间；原始数据空间通过数据准备过程通向准备数据空间；准备数据空间通过建模过程通向预测空间；预测空间通过交互过程通向感知空间。测量过程包含社会偏差，威胁建构效度；采样过程包含代表性偏差和时间偏差，威胁外部效度；数据准备过程包含数据准备偏差和数据投毒，威胁内部效度；建模过程包含欠拟合/过拟合和不良归纳偏差，威胁泛化性；交互过程包含认知偏差，威胁人机协作。

12.1.1 解释用户角色

第一类用户是与机器学习系统协同做决策的人员，如评估师或信贷员。他们需要理解和信任模型，并对机器的预测有深入的了解，这样可以结合他们的判断做出决策。第二类用户是房屋净值信贷的申请者。他们希望知道哪些因素影响他们房屋的估值和信用评级预测，以及如何改进这些预测。第三类用户包括内部的合规人员、模型验证者，以及确保决策合法的外部监管者。第四类用户是 Hilo 公司的数据科学家，他们通过解释模型的功能帮助团队成员进行调试和优化。简言之，他们都是某种形式的监管者。

---

① James Guszcza. “The Last-Mile Problem: How Data Science and Behavioral Science Can Work Together.” In: *Deloitte Review* 16 (2015): 64-79.

> "如果我们不知道黑盒子里发生了什么，我们就无法修正它的错误，从而创造一个更好的模型和更美好的世界。"
>
> ——阿帕尔纳·迪纳卡兰(Aparna Dhinakaran)，Arize AI 首席产品官

需要注意的是，与其他三类角色不同，数据科学家并不只是为了可信性而与模型交互。表 12.1 总结了这 4 类用户的目标。

表 12.1 4 类不同角色及其目标

角色	示例	目标
决策者	评估师、信贷员	(1) 大致理解模型以取得信任 (2) 理解预测并结合自己的观点做出决策
受影响用户	HELOC 申请者	了解他们输入数据的预测结果以及他们可以采取哪些方法改变结果
监管者	模型验证者、政府官员	确保模型安全且合规
数据科学家	Hilo 团队成员	提高模型性能

12.1.2 解释方法的对立概念

要满足不同用户的需求，仅依赖一种解释方式是不够的[①]。对于 Hilo 的系统，你需要提供多种解释方式。有三对相互对立的概念可用于描述机器学习可解释性。

- 第一对概念是局部与全局：用户是想要理解单个数据点的预测，还是对整体模型的运作感兴趣。
- 第二对概念是准确与近似：解释是否需要完全忠实于底层模型，还是可以接受某种程度的近似。
- 第三对概念是基于特征还是基于样本：解释是通过描述特征还是通过展示其他相似数据点给出的。基于特征的解释要求特征对用户有意义并容易理解。若特征不具备这样的属性，可能需要进行名为"解耦表示"的预处理。这种处理方法在寻找半结构化数据中的变化趋势，其不一定要与给定的特征对齐，但需具有一定的可解释性，将在 12.2 节中详细讨论。

因为有 3 对对立的概念，所以存在 8 种可能的解释组合。某些解释方式更适合特定用户角色以实现其目标。而对于 Hilo 的数据科学家，他们可能需要利用所有类型的解释来进行模型的调试和优化。

- 局部的、准确的、基于特征的解释有助于受影响的用户(如 HELOC 申请者)明确了解需要修改哪些特征值以通过信贷审查，并为他们提供补救措施。
- 全局和局部近似解释有助于评估师和信贷员等决策者实现他们的双重目标：大致了解整个模型的工作原理，以及建立对其的信任(全局)，并获得大量关于机器预测

① Vijay Arya, Rachel K. E. Bellamy, Pin-Yu Chen, et al. "One Explanation Does Not Fit All: A Toolkit and Taxonomy of AI Explainability Techniques." arXiv: 1909.03012, 2019. Q. Vera Liao, Kush R. Varshney. "Human-Centered Explainable AI (XAI): From Algorithms to User Experiences." arXiv: 2110.10790, 2021.

的房产价值信息，以便将其与自己所掌握的信息相结合，来做出最终评估（局部）。

- 全局和局部的、准确的、基于样本的解释以及全局的、准确的、基于特征的解释有助于监管者作为保障手段来理解模型的行为和预测。准确的解释适用于所有的数据点，尤其是那些可能在近似解释中被遗漏的边缘情况。特别地，直接可解释模型为监管机构提供了局部和全局的、准确的、基于样本与特征的解释。
- 监管者和决策者均可以从全局的、近似的、基于样本的解释中受益，从而深化对模型的理解。

表 12.2 展示了解释类型与用户角色的对应关系。

表 12.2 解释类型与用户角色的对应关系

对立概念 1	对立概念 2	对立概念 3	角色	示例方法
局部	准确	基于特征	受影响用户	对比解释方法
局部	准确	基于样本	监管者	k-最近邻
局部	近似	基于特征	决策者	LIME、SHAP、显著性图
局部	近似	基于样本	决策者	原型模型
全局	准确	基于特征	监管者	决策树，布尔规则集，逻辑回归，GAM，GLRM
全局	准确	基于样本	监管者	删除诊断
全局	近似	基于特征	决策者	蒸馏，SRatio，部分依赖图
全局	近似	基于样本	监管者和决策者	影响函数

在问题描述阶段，你可能还需要考虑另一对对立的概念：是允许用户与 Hilo 机器学习模型互动以获得深入的理解，还是仅提供用户无法进一步互动的静态解释。交互可以通过用户和机器之间的自然语言对话进行，也可以通过让用户能进行深入探索的可视化手段实现[①]。鉴于存在众多静态解释的选项，你选择只采用静态方式。

本书的第四部分介绍了在建模过程中针对分布鲁棒性、公平性和对抗鲁棒性的三个核心考量。图 12.3 描述了可解释性和说明性的不同操作步骤。正如前文提到的，解耦表示是一种预处理方法。直接可解释的模型来自特定约束假设类的训练决策函数。最后，许多解释方法被应用于已经训练完成的不具备解释性的模型，如后验解释神经网络。

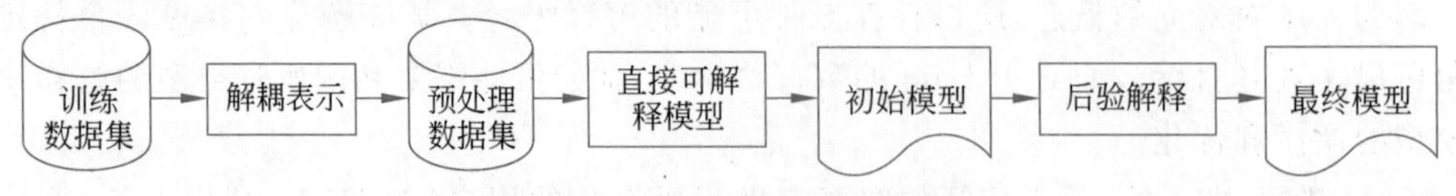

图 12.3 解释方法的过程图

将训练数据集输入解耦表示模块，输出预处理数据集。将预处理数据集输入直接可解释模型模块，得到初始模型。将初始模型输入到后验解释模块，得到最终模型。

① Josua Krause, Adam Perer, Kenney Ng. "Interacting with Predictions: Visual Inspection of Black-Box Machine Learning Models." In: *Proceedings of the CHI Conference on Human Factors in Computing Systems*. San Jose, California, USA, May 2016: 5686-5697.

12.1.3　结论

至此，你已对不同的解释方法有了初步了解，并知道它们如何辅助用户达成目标以及如何在机器学习流程中使用。为 Hilo 公司设计的评估和 HELOC 审批系统需要满足各种用户的需求。鉴于你能够对流程的各个环节进行调整，现在开始构建一个全面的、既可解释又具说明性的机器学习技术工具包。

12.2　解耦表示

在开始探索模型的预测机制之前，首先需要对基础数据有所了解。一般来说，输入到机器学习模型中的表格或其他结构化数据的特征在某种程度上是用户可以理解的。对于非决策者、监管者或其他领域的专家，他们可能不完全理解每个特征的细节，但可以通过数据字典深入了解每个特征。以 HELOC 批准模型为例，特征“自最近违约以来的月数”对于申请者可能并不直观，但经过一些研究，他们可以领会其含义。

然而，半结构化数据不同于此。例如，房屋评估模型的输入数据可能包括房屋及其周围环境的卫星和街景图像。这些图像的特征是每个像素点的红、蓝、绿颜色值。由于这些特征缺乏语义性，对大多数用户来说难以理解。虽然神经网络能自动识别图像中的边缘和纹理等高级特征，但这些仍然无法为用户提供足够的解释，因为在房屋评估的上下文中，它们并没有直观的意义。

那么，我们应该怎么做呢？我们需要一种表示，这种表示的维度包括街区的绿化水平、开放的街道长度和房屋的视觉吸引力等[①]。这些维度彼此独立，并补充了其他输入数据中没有的信息（例如，尽管可以从图像中估计房屋的大小和楼层数，但该信息已经包含在其他表格数据中）。这种表示被称为解耦表示。“解耦”意味着在这种表示中，一个维度的变化不会引起其他维度的变化。现有的技术可以从未标记的数据中学习得到这种解耦表示[②]，即便解耦不是直接目的，但这种表示倾向产生有语义的、有意义的维度，如上述的“街区绿化程度”。因此，解耦表示是预处理训练数据特征的方法，使其更具解释性，之后的建模和解释方法将使用这些新特征作为输入。

有时仅通过解耦表示来改进特征，不足以让用户理解。另外，有些表格数据特征也难以为用户提供明确的含义。在这种情况下，另一个预处理步骤是直接从用户那里获得有意义的解释，将这些解释作为扩展的标签集合并入数据集，并训练一个模型来预测初始评估、信用评分和解释[③]。

---

① Stephen Law, Brooks Paige, Chris Russell. “Take a Look Around: Using Street View and Satellite Images to Estimate HousePrices.” In: *ACM Transactions on Intelligent Systems and Technology* 10.5 (Nov. 2019): 54.

② Xinqi Zhu, Chang Xu, Dacheng Tao. “Where and What? Examining Interpretable Disentangled Representations.” In: *Proceedings of the IEEE/CVF Conference on Computer Vision and Pattern Recognition*. 2021: 5857-5866.

③ Michael Hind, Dennis Wei, Murray Campbell, et al. “TED: Teaching AI to Explain its Decisions.” In: *Proceedings of the AAAI/ACM Conference on AI, Ethics, and Society*. Honolulu, Hawaii, USA, 2019: 123-129.

12.3 针对监管者的解释

直接可解释的模型简化了用户的理解，只需查看其结构即可了解其工作机制。这类模型特别适合关心模型安全的监管者，它能减少认知不确定性并实现固有安全设计（模型不包含任何虚假组件[①]）。这种解释是通过限制决策函数的假设类到易于理解的函数来实现的。存在两种直接可解释的模型，即基于样本的局部模型和基于特征的全局模型。此外，基于样本的全局解释（无论是准确的还是近似的）都增强了监管者对模型的了解。

12.3.1 k-最近邻分类器

如第 7 章所述，k-最近邻分类器是基于样本的局部直接可解释模型的典型模型。预测的信用评级或评估标签是通过计算邻近训练数据点标签的平均值得到的。因此，针对给定的输入数据点的局部解释是其 k 个最近邻样本及其标签的列表。这种解释容易让监管者理解，还可以提供距离度量来帮助进行更深入的分析。

12.3.2 决策树和布尔规则集

基于特征的全局直接可解释模型有多种形式。决策树，如第 7 章所述，允许监管者通过追踪从根节点经中间节点至预测标签的叶子节点的路径来理解其结构[②]。决策树中的每个节点所涉及的特征及其阈值都是清晰且易于理解的。布尔规则集，如 OR-of-AND 规则和 AND-of-OR 规则，也为人们提供了直观的理解，它们可以视为单层决策树或单一规则的组合（如第 7 章所介绍）。例如，一个关于 HELOC 信贷评级的 OR-of-AND 规则可能是，只有当以下条件之一满足时，申请者才被认为不具备信用评级资格，即

- 满意交易次数≤17 且外部风险评估值≤75；
- 满意交易次数>17 且外部风险评估值≤72。

此规则集十分简洁，让监管者能够明确看到涉及的特征和阈值。他们可以推断，当满意交易次数较高时，模型对外部风险更为宽容。而且，模型不包含任何难以理解的元素（然而，决策树和布尔规则集过于复杂时，其解释性会降低）。

准确性与可解释性之间并不总是存在权衡[③]。如第 9 章所述的罗生门效应，许多模型类型（包括决策树和布尔规则集）在许多数据集上能达到近似的高准确性。决策树和布尔规则集在许多领域都有其应用之处（回想第 7 章中介绍的能力域，其为一种相比其他模型表现良好的数据集特征集合），但由于其离散特性（离散优化通常比连续优化更困难），长期以来

---

① Kush R. Varshney, Homa Alemzadeh. "On the Safety of Machine Learning: Cyber-Physical Systems, Decision Sciences, and Data Products." In: *Big Data* 5.3 (Sep. 2017): 246-255.

② 需要强调的是，可解释性关注于用户理解模型如何进行预测，而非其背后的原因。用户可以依靠他们的直觉推测"为什么"。

③ Cynthia Rudin. "Stop Explaining Black Box Machine Learning Models for High Stakes Decisions and Use Interpretable Models Instead." In: *Nature Machine Intelligence* 1.5 (May 2019): 206-215.

它们的扩展性训练具有挑战性。尽管如此，这些挑战在最近已经得到解决[①]。

> "简单，并不总是那么简单。"
>
> ——德米特里·马留托夫(Dmitry Malioutov)，IBM 研究院计算机科学家

当使用先进的离散优化技术进行训练时，决策树和布尔规则集分类器在很多数据集上都能表现出出色的性能。

12.3.3　逻辑回归

线性逻辑回归也被许多监管者认为是可直接解释的模型。回顾第 7 章，线性逻辑回归决策函数的形式是 $\hat{y}(x)=\text{step}(\boldsymbol{w}^{\mathrm{T}}x)$。$d$ 维度的权重向量 $\boldsymbol{w}$ 在 x 中每个特征维度都有一个权重，其中每个维度代表 HELOC 申请者的一个属性。这些权重和特征维度分别为 $w^{(1)},w^{(2)},\cdots,w^{(d)}$ 和 $x^{(1)},x^{(2)},\cdots,x^{(d)}$，它们依次相乘并求和：$w^{(1)}x^{(1)}+w^{(2)}x^{(2)}+\cdots+w^{(d)}x^{(d)}$，然后输入阶跃函数 step()中。在逻辑回归中，概率 $P(\hat{Y}=1|X=x)$(也是得分 s)与特征维度加权总和之间的关系为

$$P(\hat{Y}=1 \mid X=x)=\frac{1}{1+\mathrm{e}^{-(w^{(1)}x^{(1)}+w^{(2)}x^{(2)}+\cdots+w^{(d)}x^{(d)})}} \tag{12.1}$$

在第 7 章中，该式为神经网络的逻辑激活函数，可重新排列为

$$\log\left(\frac{P(\hat{Y}=1 \mid X=x)}{1-P(\hat{Y}=1 \mid X=x)}\right)=w^{(1)}x^{(1)}+w^{(2)}x^{(2)}+\cdots+w^{(d)}x^{(d)} \tag{12.2}$$

式(12.2)的左侧表达式称为对数概率。当对数概率为正时，预测值更可能为 $\hat{Y}=1$，代表信誉良好。当对数概率为负时，预测值更可能为 $\hat{Y}=0$，代表信誉不良。

评估分类器的一种方法是，当将单个特征属性的值增加 1 时，检查概率、得分或对数概率如何变化。这种"检查变化响应"的策略在本章被反复提及。在线性逻辑回归中，将特征值 $x^{(i)}$ 加 1，同时保持所有其他特征值不变时，将使对数概率增加 $w^{(i)}$。权重值显著地影响得分。权重最大(或绝对值最大)的特征在特征值变化时对得分影响最大。为了更容易地通过权重比较特征的重要性，首先应该将每个特征标准化为零均值和单位标准差(在第 8 章评估因果模型的协变量平衡时首次引入了标准化)。

12.3.4　广义加法模型

广义加法模型(GAM)是一种将线性逻辑回归扩展到非线性的模型，可以使用与线性逻辑回归相同的解释方法。当进行信用评估预测时，决策函数采用非线性函数 $f^{(1)}(x^{(1)})+f^{(2)}(x^{(2)})+\cdots+f^{(d)}(x^{(d)})$，而不是标量权重与特征值的乘积 $w^{(1)}x^{(1)}+w^{(2)}x^{(2)}+\cdots+w^{(d)}x^{(d)}$。对于某一特征维度，该函数可以显著地增加或减少对数概率。能够这么做是因

---

① Oktay Günlük, Jayant Kalagnanam, Minhan Li, et al. "Optimal Generalized Decision Trees via Integer Programming." arXiv: 1612.03225, 2019.

Sanjeeb Dash, Oktay Günlük, Dennis Wei. "Boolean Decision Rules via Column Generation." In: *Advances in Neural Information Processing Systems* 31 (Dec. 2018): 4655-4665.

为特征维度之间没有相互作用。虽然可以为非线性函数选择任意假设类，但需确保学习算法与训练数据的函数参数相符。平滑样条函数是常见的选择（样条函数是由分段多项式构成的函数）。

12.3.5 广义线性规则模型

想要使监管者更容易理解 HELOC 决策函数中的非线性函数，可以选择性地将非线性函数转换为布尔规则或基于单一特征的单层决策树。广义线性规则模型（GLRM）就是这样一种直接可解释的方法，它结合了布尔规则集与 GAM 的优点[①]。除特定的布尔单规则特征维度外，GLRM 还包括常规的特征维度。表 12.3 展示了一个用于 HELOC 信用评估的 GLRM 示例。

表 12.3 可用于 HELOC 信用评估的 GLRM 示例

普通特征或一阶布尔规则	权重
距最近查询的月份数[②]＞0	0.680261
距最近查询的月份数＝0	－0.090058
(标准化)外部风险评估	0.654248
外部风险评估＞75	0.263437
外部风险评估＞72	0.107613
外部风险评估＞69	0.035422
(标准化)周转余额与信用额度之比	－0.553965
周转余额与信用额度之比≤39	0.062797
周转余额与信用额度之比≤50	0.045612
(标准化)满意交易次数	0.551654
满意交易次数≤12	－0.312471
满意交易次数≤17	－0.110220

在执行任何操作前，三个常规特征（外部风险评估、周转余额与信用额度之比、满意交易次数）已被标准化，因此可以通过比较权重判断特征的重要性。具有最大系数的“距最近查询的月份数”超过 0 的单层决策树是最为重要的，而系数最小的“外部风险评估”超过 69 的单层决策树是最不重要的。这种理解方法与应用于线性逻辑回归模型的方式相似。

为深入理解这个模型，可以考虑权重如何影响每个特征单位变化对对数概率的贡献。以“外部风险评估”为例，GLRM 指出了以下关系。

- 外部风险估计每增加 1，对数概率就会增加 0.0266（通过对权重 0.6542 取消标准化获得此数值）。

---

① Dennis Wei, Sanjeeb Dash, Tian Gao, et al. “Generalized Linear Rule Models.” In: *Proceedings of the International Conference on Machine Learning*. Long Beach, California, USA, Jul. 2019: 6687-6696.

② 该特征排除了过去 7 天内的查询，以排除可能是由于价格比较而产生的查询。

• 如果外部风险评估大于 69，对数概率额外增加 0.0354。
• 如果外部风险评估大于 72，对数概率额外增加 0.1076。
• 如果外部风险评估大于 75，对数概率额外增加 0.2634。

这一规则对于用户（如监管者）来说是直观的，同时还是一个具有表达能力的泛化模型。如图 12.4 所示，可以绘制"外部风险评估"对对数概率贡献的曲线，以直观表示 Hilo 分类器与该特征之间的依赖关系。$f^{(i)}(x^{(i)})$曲线与其他 GAM 曲线相似，但以不同方式展现非线性关系。

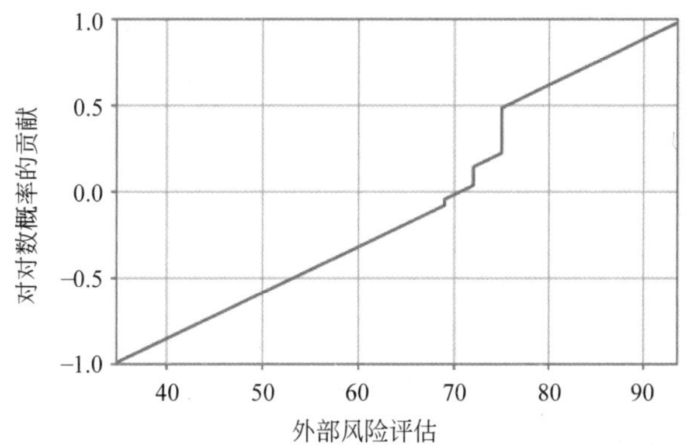

图 12.4　"外部风险评估"特征对分类器对数概率的贡献

在图 12.4 中，纵轴表示对对数概率的贡献，横轴表示外部风险评估。对数概率贡献函数线性增长，并出现 3 个跳跃。

可以将对数概率转换为实际概率（使用式（12.1）而非式（12.2）），但它不具有对数概率的可加性特性。在图 12.5 中，概率曲线的形状提供了相似的信息。

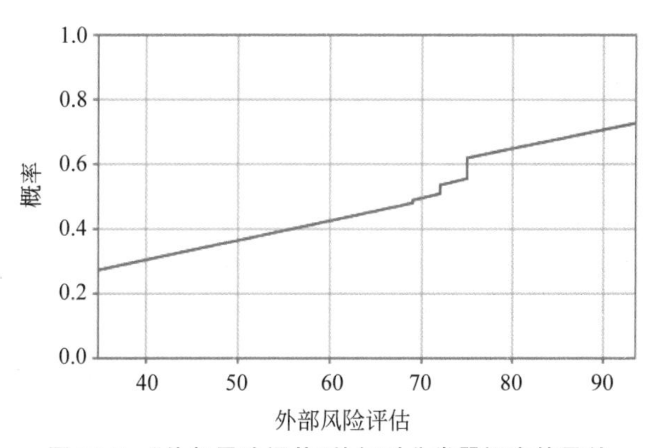

图 12.5　"外部风险评估"特征对分类器概率的贡献

在图 12.5 中，纵轴表示概率，横轴表示外部风险评估。概率函数呈线性增长，并出现 3 个跳跃。

GA^2M（可解释增强机）是与 GAM 类似的直接可解释模型，但包括二维非线性交互项 $f^{(i,i')}(x^{(i)},x^{(i')})$①。可以通过二维图形直观地展示 GA^2M 对分类器的对数概率的贡献。

① Yin Lou, Rich Caruana, Johannes Gehrke, et al. "Accurate Intelligible Models with Pairwise Interactions." In: *Proceedings of the ACM SIGKDD International Conference on Knowledge Discovery and Data Mining*. Chicago, Illinois, USA, Aug. 2013: 623-631.

人们通常难以理解多维度间的相互作用，因此高阶 GA^2M 在实践中并不常用[①]。然而，如果你允许在 GLRM 中使用高阶规则，最终会产生涉及多个相互作用特征维度的 AND 或 OR 规则的 GA^2M。与常规的高阶 GA^2M 不同，该模型仍然是直接可解释的，因为涉及多个特征的规则可被用户理解。

12.3.6 删除诊断和影响函数

适用于监管者的最后一类方法是基于全局样本的类别。精确的方法使用删除诊断查找有影响力的实例，而近似方法则使用影响函数实现相同的目的。删除诊断的基本思想是使用整个房屋或申请者的训练数据集训练模型，然后移除一个样本再次训练。任何模型的全局变化都可以归因于被移除的样本。如何查看两个模型的差异？对于可解释的模型，可以直接对比两个模型或其参数。但对于不可解释的模型，这种方法就失效了，需要在保留的测试集上评估这两个模型，并计算预测标签的平均变化。变化越大，训练样本越有影响力。监管者可以通过最有影响力的房屋或申请者列表来理解模型。

精确计算删除诊断是非常耗时的，因为需要训练 $n+1$ 个模型：每次移除一个训练样本后重新训练的模型，再加上原始数据集的模型。因此，通常需要近似地计算哪些训练样本最有影响力。让我们看看如何使用影响函数方法对具有平滑损失函数的机器学习算法进行近似(关于损失函数的介绍，请参考第 7 章)[②]。影响函数的解释对决策者也很有帮助。

计算某个训练数据点 x_j 对测试数据点 x_{test} 影响的方法为：先通过二次函数估计每个训练样本点附近的损失，再计算损失函数二次近似关于模型参数的梯度向量 $\nabla \boldsymbol{L}$ (斜率或一阶偏导数集)和海森矩阵 $\nabla^2 \boldsymbol{L}$ (局部曲率或二阶偏导数集)。然后，计算所有训练样本的海森矩阵的平均值，用 $\boldsymbol{H}$ 表示。最后，样本 x_j 对 x_{test} 的影响值为 $-\nabla \boldsymbol{L}(y_{\text{test}}, \hat{y}(x_{\text{test}}))^{\mathrm{T}} \boldsymbol{H}^{-1} \nabla \boldsymbol{L}(y_i, \hat{y}(x_j))$。

该表达式的结构如此设计的原因是：第一，表达式的 $-\boldsymbol{H}^{-1} \nabla \boldsymbol{L}(y_i, \hat{y}(x_j))$ 部分是朝着 x_j 处损失函数最小值的方向进行一步移动(这是牛顿方向)。这个移动会改变模型的参数，就像从训练数据集中删除 x_j 一样，这正是删除诊断方法追求的目标。这个表达式既涉及斜率，也考虑了局部曲率，因为斜率表示的最陡方向在海森矩阵的作用下会发生弯曲，指向二次函数的最小值。第二，表达式中的 $\nabla \boldsymbol{L}(y_{\text{test}}, \hat{y}(x_{\text{test}}))$ 部分将 x_j 的整体影响映射到 x_{test} 样本。一旦获得一组测试房屋或申请者的所有影响值，就可以对这些值进行平均、排序，并将其展示给监管者，以便他们对模型有一个全面的了解。

12.4 决策者说明

决策树、布尔规则集、逻辑回归、GAM、GLRM 及其他类似的模型由于其结构简单、直

---

① 最近出现的神经网络架构在维度之间具有完全的相互作用，但仍然可以通过连分数的特殊属性解码为各个特征的效果，基于这些属性进行架构设计。连分数是将一个数表示为其整数部分与另一个数的倒数之和的表示方法；而这另一个数又被表示为其整数部分与另一个数的倒数之和；以此类推。Isha Puri, Amit Dhurandhar, Tejaswini Pedapati, et al. "CoFrNets: Interpretable Neural Architecture Inspired by Continued Fractions." In: *Advances in Neural Information Processing Systems* 34 (Dec. 2021).

② Pang Wei Koh, Percy Liang. "Understanding Black-Box Predictions via Influence Functions." In: *Proceedings of the International Conference on Machine Learning*. Sydney, Australia, Aug. 2017: 1885-1894.

观，容易通过特征进行解释。但在很多情况下，可能需要或被迫使用复杂且不易解释的模型，例如深度神经网络、决策森林或第 7 章中介绍的其他集成模型。即便如此，你仍然希望决策者能够对这些复杂模型有一个全局的理解。那么，如何构建这种近似的全局解释呢？如果不需要近似，模型本身就应该是可解释的。为此，有两种主要方法：①训练一个直观且易于解释的模型，如决策树、规则集或 GAM，模拟不易解释的模型的行为；②为复杂的不可解释模型创建一个全局摘要。无论选择哪种方法，首先都需要使用训练数据集拟合复杂的模型。

除了全局理解以建立信任，局部的近似解释也能帮助评估师或信贷员理解并结合自己的信息进行决策。基于特征的局部解释方法如 LIME 和 SHAP，扩展了两种基于特征的全局解释方法到局部。此外，还有一种称为显著性图的方法，常用于半结构化数据，为评估师提供局部解释。最后，基于典型数据点的样本比较的局部近似解释，也有助于评估师和信贷员进行决策。下面将详细探讨这些方法。

12.4.1 全局模型近似

全局模型近似的目的是找到一个直接可解释模型来模拟复杂不可解释模型的行为，有两种主要策略。第一种策略称为模型蒸馏，将直接可解释模型的目标，从标准风险最小化更改为尽量模拟复杂模型的行为[①]。

第二种策略称为 SRatio，它依赖为训练数据计算权重，这些权重是基于不易解释的模型和可解释模型之间的差异得到的，然后使用这些权重训练直接可解释模型[②]。已经多次在本书中讨论了样本数据的重新加权，包括因果推断的逆概率加权、为适应先验概率偏移的基于混淆矩阵的权重、为适应协变量偏移的重要性权重，以及作为预处理偏差缓解算法的重加权。总体思路是相同的，可以看作协变量偏移重要性权重的反向过程。

回顾第 9 章，在协变量偏移中，训练和部署特征分布是不同的，但给定特征的标签是相同的：$p_X^{(\text{train})}(x) \neq p_X^{(\text{deploy})}(x)$ 和 $p_{(Y|X)}^{(\text{train})}(y|x) = p_{(Y|X)}^{(\text{deploy})}(y|x)$。然后，重要性权重是 $w^j = \frac{p_X^{(\text{deploy})}(x_j)}{p_X^{(\text{train})}(x_j)}$。对于解释，没有单独的训练和部署分布，有的是一个不可解释的模型和一个可解释的模型。此外，因为解释的是预测过程，而不是数据生成过程，所以需要关注的是预测标签 $\hat{Y}$，而不是真实标签 Y。在相同的房屋或申请者的训练数据上训练不可解释和可解释模型，故特征分布是相同的，但是由于使用的模型不同，特征的预测标签也是不同的，分别为 $p_X^{(\text{interp})}(x) = p_X^{(\text{uninterp})}(x)$ 和 $p_{\hat{Y}|X}^{(\text{interp})}(\hat{y}|x) \neq p_{\hat{Y}|X}^{(\text{uninterp})}(\hat{y}|x)$。

因此，遵循相同的模式，按照计算不同概率比值的方式适应协变量偏移，权重为 $w_j = \frac{p_{\hat{Y}|X}^{(\text{uninterp})}(\hat{y}|x)}{p_{\hat{Y}|X}^{(\text{interp})}(\hat{y}|x)}$。你希望可解释模型看起来像不可解释的模型。在权重表达式中，分子来自训练的不可解释模型的分类器分数，分母来自未加权训练的直接可解释模型的分数。

---

① Sarah Tan, Rich Caruana, Giles Hooker, et al. Learning Global Additive Explanations for Neural Nets Using Model Distillation. arXiv: 1801.08640, 2018.

② Amit Dhurandhar, Karthikeyan Shanmugam, Ronny Luss. Enhancing Simple Models by Exploiting What They Already Know. In: *Proceedings of the International Conference on Machine Learning*, 2020: 2525-2534.

12.4.2 LIME

使用基于特征的全局模型近似进行局部解释，称为局部可解释的模型独立解释（Local Interpretable Model-agnostic Explanations，LIME）。这一方法与先前全局方法相似。首先，训练一个不可解释的模型，然后通过拟合一个简单的可解释模型对其进行近似。与全局方法的主要不同之处在于，LIME 为每个部署数据点单独进行近似，而不是为整体数据集提供一个总体近似。

为此，你首先获取不可解释模型在所关注的部署数据点上的预测，接着可以多次向部署数据点的特征中加入少量噪声，以创建大量受干扰的输入样本，再对这些样本进行分类；然后，可以使用这组新数据点训练一个可解释的模型。因为此模型仅基于单个部署数据点及其附近的数据点，故为一种局部近似。这个可解释模型可能是逻辑回归或决策树，并以简明的方式展示给决策者、Hilo 评估师和信贷员。

12.4.3 部分依赖图

部分依赖图是另一种基于特征的全局近似方法，可以帮助评估师和信贷员建立信任。其核心思想是：计算和绘制分类器概率作为每个特征维度 $X^{(i)}$ 的函数，即 $P(\hat{Y}=1 \mid X^{(i)}=x^{(i)})$。

在第 3 章中明确指出如何计算这个部分依赖函数，即对除 i 维度外的所有特征的概率 $P(\hat{Y}=1 \mid X=x)$ 进行积分或求和，也称为边缘化。图 12.6 展示了“外部风险评估”特征的部分依赖图。

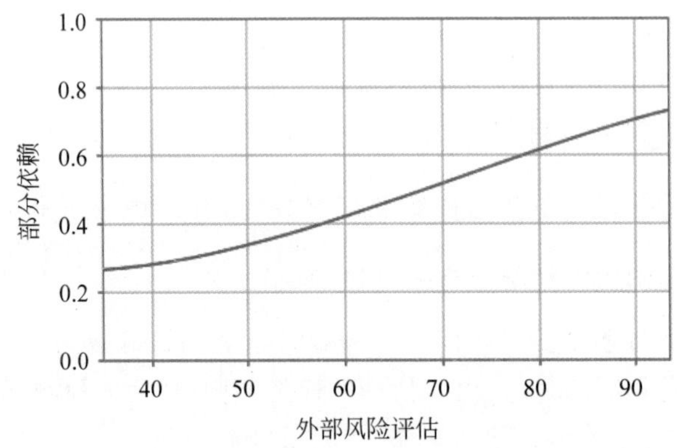

图 12.6 “外部风险评估”特征的部分依赖图

纵轴为部分依赖，横轴为外部风险评估。部分依赖以类似 sigmoid 形状平滑增加。

在图 12.5 中，单个特征对 GAM 概率的准确贡献图和图 12.6 中的不可解释模型的部分依赖图相似，但有一个关键的区别。各个特征的贡献可以完全结合来重建 GAM，因为这些特征是不相关的，互不影响。但在不可解释的模型中，输入特征维度之间可能存在强相关性和相互作用，这些特征被模型用于泛化。如果不能在部分依赖图中可视化多个特征的联合效应，我们就会丢失对这些相关性的理解。所有 d 个部分依赖函数的集合并不是分类器的完整描述。总体而言，它们只是信用评级分类器完整行为的一个近似。

12.4.4 SHAP

就像 LIME 是全局模型近似的局部版本一样,一种称为 SHAP 的方法是部分依赖图的局部版本。部分依赖图显示了所有特征值的部分依赖曲线,而 SHAP 关注的是部署数据中特定申请者在特征轴上的具体位置。SHAP 值表示该特定点的部分依赖值与平均概率之间的差值,如图 12.7 所示。

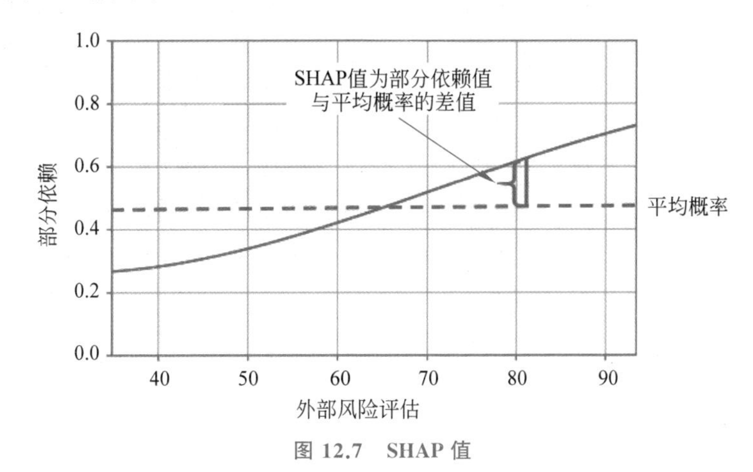

图 12.7 SHAP 值

纵轴表示部分依赖,横轴表示外部风险评估。部分依赖以类似 sigmoid 的形状平滑增加。一条穿过部分依赖函数的水平线表示平均概率,部分依赖和平均概率之间的差值为 SHAP 值。

12.4.5 显著性图

可以考虑将另一种局部解释技术加到 Hilo 可解释性工具包中,该方法计算分类器得分 S 或标签概率 $\hat{Y}=1|X$ 相对于每个输入特征维度 $x^{(i)}$,$i=1,2,\cdots,d$ 的偏导数。偏导数的大小表示分类器得分随特征值的变化程度,因此,偏导数值越大,该特征越重要。将所有 d 个偏导数组合,可以得到特征的得分梯度 ∇S,并查找其中绝对值最大的条目。对于图像,梯度可以显示为显著性图,从而决策者可以看到图像的哪些部分对分类最为关键。显著性图是一种近似方法,因为它并没有考虑不同特征之间的交互作用。

图 12.8 展示了一个分类器的显著性图示例,这个分类器通过预测街景图像中的物体辅助评估过程。此模型是在 ImageNet 大规模视觉识别挑战赛的数据集(包括 1000 个不同类别的对象)上训练的 Xception 图像分类模型[①],图中的显著性图是通过一种称为 grad-CAM 的方法计算得出的[②]。从显著性图中可以明显看到,分类器主要关注的是房屋的主体部分和其建筑细节,这是预期的结果。

---

① François Chollet. "Xception: Deep Learning with Depthwise Separable Convolutions." In: *Proceedings of the IEEE Conference on Computer Vision and Pattern Recognition*. Honolulu, Hawaii, USA, Jul. 2017: 1251-1258.

② Ramprasaath R. Selvaraju, Michael Cogswell, Abhishek Das, et al. "Grad-CAM: Visual Explanations from Deep Networks via Gradient-Based Localization." In: *Proceedings of the IEEE International Conference on Computer Vision*. Venice, Italy, Oct. 2017: 618-626.

图 12.8 两个应用于图像分类模型的 grad-CAM 示例

左列是输入图像，中列是 grad-CAM 显著性图，白色表示较高归因，右列将归因叠加在图像上。第一行图像被模型误分类为“移动房屋”，第二行图像被误分类为“宫殿”。在这两个示例中，解释算法都准确突出了重要的建筑元素。第一个示例中，联排别墅的显著性部分是窗户、楼梯和屋顶。第二个示例中，显著性部分集中在外廊式房屋的前门廊上。

12.4.6 原型

基于样本的局部近似是另一种有助于决策者(如评估师或信贷员)理解的解释方法。局部可解释模型(如 k-最近邻分类器)的解释来源于邻近 HELOC 申请者数据点的标签平均值，而这些解释就是其他申请者及其标签的列表。但基于样本的解释不仅仅局限于邻近的申请者。本节介绍一种基于样本的局部近似解释方法，其中使用典型申请者作为解释样本。

图 12.9 中的原型(位于其他数据点簇中心的数据点)可以帮助用户通过以案例为基础的推理来理解分类器①。要了解一个房屋的估价，可以将其与周边最典型的房屋(如平均年限、平均面积和平均维护水平等)进行比较。通过与原型对比，你可以明确哪些特征有更高的价值，从而理解分类器是如何工作的。

然而，仅展示一个最近的原型往往是不够的。为了使用户有更直观的感受，还需要展示其他的近邻原型。需要注意的是，展示几个近邻的原型以解释难以解释的模型，与列出几个近邻数据点来解释 k-最近邻分类器是不一样的。一般而言，几个近邻的房屋数据点间可能相似，多个数据点相较于单一数据点，并不能提供更深入的洞察。但在近邻原型房屋中，每个房屋与其他房屋均有显著差异，因此能为我们带来新的认识。

让我们看一下部署数据中的申请者示例，他们的信用度是通过一个不可解释的 Hilo 模型，以及来自训练数据的三个最近邻原型进行预测的。例如，当检查一个被模型预测为信誉

① Been Kim, Rajiv Khanna, Oluwasanmi Koyejo. “Examples Are Not Enough, Learn to Criticize!” In: *Advances in Neural Information Processing Systems* 29, (Dec. 2016): 2288-2296.

Karthik S. Gurumoorthy, Amit Dhurandhar, Guillermo Cecchi, et al. “Efficient Data Representation by Selecting Prototypes with Importance Weights.” In: *Proceedings of the IEEE International Conference on Data Mining*. Beijing, China, Nov. 2019: 260-269.

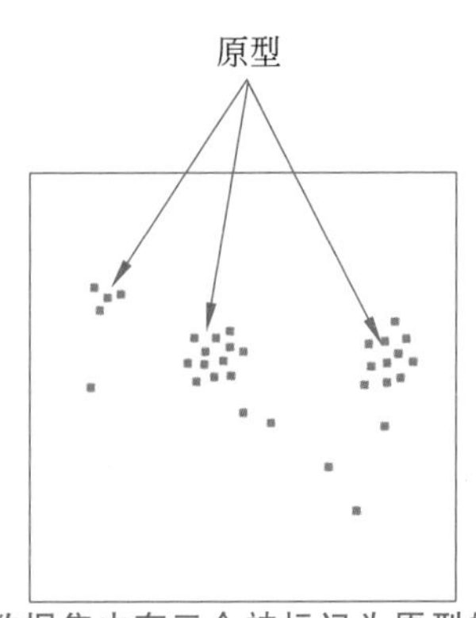

图 12.9　示例数据集中有三个被标记为原型的簇中心数据点

图 12.9 中包含多个样本点，其中一些数据点聚集成三个主要簇。在这些簇中，中心数据点被标记为原型。

良好的申请者时，原型的标签必须与数据点的标签相匹配。表 12.4 提供了信誉良好的 HELOC 申请者的原型解释。

一个数据点与其最近邻原型十分相似，但该申请者的“外部风险评估”稍微低一些，而“自最早交易以来的月数”则稍长一些。尽管在“外部风险评估”和“自最早交易以来的月数”上有些差异，但该申请者仍被预测为具有良好信誉，与第一个原型一致，这是合理的。第二个最近邻原型代表了在系统内停留时间较长、交易次数较少且“外部风险评估”较低的申请者。从表 12.4 中，决策者可以理解，若申请者用较长的时间和较少的交易次数平衡较低的“外部风险评估”，则该模型会因其较低的“外部风险评估”而预测其信誉为良好。第三个最近邻原型代表了那些在系统内驻留时间更长、交易次数较少、从未出现违约行为且具有极高“外部风险评估”的申请者，他们是真正的可靠申请者。

表 12.4　一个预测为信誉良好的 HELOC 申请者的原型解释示例

特　征	申请者（信誉良好）	最近邻原型	第二原型	第三原型
外部风险评估	82	85	77	89
自最早交易以来的月数	280	223	338	379
自最近交易以来的月数	13	13	2	156
平均归档月数	102	87	109	257
满意交易次数	22	23	16	3
未逾期交易百分比	91	91	90	100
自最近一次逾期还款的月数	26	26	65	0
总交易次数	23	26	21	3
过去 12 个月内打开的交易次数	0	0	1	0
分期付款交易的百分比	9	9	14	33
自最近一次查询以来的月数	0	1	0	0
周转余额除以信用额度	3	4	2	0

再举一个例子，以预测为信誉不良的 HELOC 申请者为例，其原型解释见表 12.5。在此例中，最近邻原型有更好的“外部风险评估”“更短的自最早交易以来的月数”，以及更低的周转余额负担，但在训练数据中，仍被判定为信誉不良。因此，这些变量间存在一定的灵活性。第二个最近邻原型代表了一类更年轻且不太活跃的申请者，他们有很高的周转余额负担和较差的“外部风险评估”，而第三个最近邻原型代表了近期有违约行为且“外部风险评估”不佳的申请者。如果待审查的申请者有更高的周转余额负担和近期的违约行为，那他们的信誉可能更差。

表 12.5 预测为信誉不良的 HELOC 申请者的原型解释示例

特　征	申请者（信誉不良）	最近邻原型	第二原型	第三原型
外部风险评估	65	73	61	55
自最早交易以来的月数	256	191	125	194
自最近交易以来的月数	15	17	7	26
平均归档月数	52	53	32	100
满意交易次数	17	19	5	18
未逾期交易百分比	100	100	100	84
自最近一次逾期还款的月数	0	0	0	1
总交易次数	19	20	6	11
过去 12 个月内打开的交易次数	7	0	3	0
分期付款交易的百分比	29	25	60	42
自最近一次查询以来的月数	2	0	0	23
周转余额除以信用额度	57	31	232	84

12.5 对受影响用户的解释

为 Hilo 构建一个可说明性工具包时，需要考虑的第三个也是最后一个用户角色是受影响的用户或 HELOC 申请者。这些用户不关心整体模型，也不追求如何获得近似的理解。他们的目标非常明确，即确切地告诉我，为什么我的申请被认为是信誉良好或信誉不良。当申请被判为信誉不良时，他们想知道如何在下次申请中得到批准。基于特征的准确局部解释就满足了此需求。

对比解释法(CEM)能从不可解释模型中提取这类精确的局部解释，为申请者提供明确的补救措施[①]。CEM 提供两种互补解释，即负面相关因素(Pertinent negatives)和正面相关因素(Pertinent positives)，这些术语起源于医学领域。负面相关因素是指助于诊断的因素，

① Amit Dhurandhar, Pin-Yu Chen, Ronny Luss, et al. “Explanations Based on the Missing: Towards Contrastive Explanations with Pertinent Negatives.” In: *Advances in Neural Information Processing Systems* 32 (Dec. 2018): 590-601.

但患者否认了它们的存在；正面相关因素则是患者确实表现出的症状。例如，一个患有腹痛、腹泻、无发热症状的患者，很可能被诊断为病毒性胃肠炎，而非细菌性胃肠炎。其中，腹痛和腹泻是正面相关因素，而无发热是负面相关因素。负面相关因素解释是改变预测标签所需特征的最小变化，如将无发热改为有发热，可能会导致从病毒性胃肠炎的诊断转变为细菌性胃肠炎。

CEM 的计算公式与第 11 章中介绍的对抗样本非常相似，即找到最小的稀疏扰动 δ 使得 $\hat{y}(x+\delta)$不同于 $\hat{y}(x)$。对于负面相关因素，我们希望这些扰动集中在少数特征上，以便于解释。这与对抗样本的情况恰恰相反，因为在对抗样本中，我们希望扰动分散在多个特征上，使其难以被察觉。一个正面相关因素的解释是指一种从 x 中删除并保持预测标签的稀疏扰动。对比解释是在训练了一个不可解释模型后再计算的。与对抗样本类似，其计算可分为两种情况：当模型梯度可用时，对比解释为白盒计算；当梯度不可用且需估算时，对比解释为黑盒计算。

表 12.6　预测为信誉良好的 HELOC 申请者的对比解释示例

特　　征	申请者（信誉良好）	正面相关因素
外部风险评估	82	82
自最早交易以来的月数	280	—
自最近交易以来的月数	13	—
平均归档月数	102	91
满意交易次数	22	22
未逾期交易百分比	91	91
自最近一次逾期还款的月数	26	—
总交易次数	23	—
过去 12 个月内打开的交易次数	0	—
分期付款交易的百分比	9	—
自最近一次查询以来的月数	0	—
周转余额除以信用额度	3	—

表 12.7　预测为信誉不良的 HELOC 申请者的对比解释示例

特　　征	申请者（信誉不良）	负面相关因素扰动	负面相关因素值
外部风险评估	65	15.86	80.86
自最早交易以来的月数	256	0	256
自最近交易以来的月数	15	0	15
平均归档月数	52	13.62	65.62
满意交易次数	17	4.40	21.40

续表

特　征	申请者（信誉不良）	负面相关因素扰动	负面相关因素值
未逾期交易百分比	100	0	100
自最近一次逾期还款的月数	0	0	0
总交易次数	19	0	19
过去 12 个月内打开的交易次数	7	0	7
分期付款交易的百分比	29	0	29
自最近一次查询以来的月数	2	0	2
周转余额除以信用额度	57	0	57

12.4.6 节中，两位申请者的对比性解释示例分别展示于表 12.6（信誉良好，正面相关因素）和表 12.7（信誉不良，负面相关因素）。为保持信誉良好的评价，正面相关因素指出 HELOC 申请者应维持“外部风险评估”“满意交易次数”和“未逾期交易百分比”等指标不变。而“平均归档月数”可以降至 91，这与原型解释中的第一个原型相吻合。对于信誉评价为不良的申请者，负面相关因素扰动是期望的稀疏形式，仅涉及 3 个变量的改变。这种最小的特征变化告诉申请者，如果他们提高“外部风险评估”16 个点，等待 14 个月以增加其“平均归档月数”并增加 5 次“满意交易次数”，那么该模型将预测他们为信誉良好。对申请者来说，补救途径是很明确的。

12.6 量化可解释性

本章探讨了多种不同的解释方法，这些方法在机器学习的不同阶段和角色中均有应用，并可根据多个核心概念进行分类，分别为局部与全局、近似与准确、基于特征与基于样本。然而，怎么确定哪种方法更优越？除非你能证明你的解释方法确实有效，否则你的老板不会允许你在 Hilo 平台上使用它。

评估可解释性并没有像本书第三部分所描述的，可以产生与分布鲁棒性、公平性和对抗鲁棒性一样的量化指标。在理想状态下，你应当将解释展示给大量与模型任务相关的用户，并听取他们的反馈。此种评估解释质量的方式称为基于应用的评估，但通常这样做既昂贵又逻辑复杂[①]。一个更为实用的方法是基于人的评估，它通过简化的任务和非特定的用户实现，因此只需要普通的测试者，而不是真正的评估师或信贷员。另外，一个更简单的评估可解释性的方法是基于功能的评估，该方法采用定量的代理指标衡量解释方法在常规预测任务上的效果。表 12.8 概述了这些评估方法。

① Finale Doshi-Velez, Been Kim. “Towards a Rigorous Science of Interpretable Machine Learning.” arXiv: 1702.08608, 2017.

表 12.8　三类评估解释

类　型	用　户	任　务
基于应用的评估	真实角色成员	真实任务
基于人的评估	一般人群	简单任务
基于功能的评估	无	代理任务

那么，哪些可以作为可解释性的量化代理指标呢？有些指标很直观，如使用模型进行预测所需的操作次数。另一些指标则将解释性方法对特征的归因排序与某些基准排序进行对比（这些指标仅适用于基于特征的解释）。其中一个基于特征排序比较的可解释性指标是忠实度[①]，它并不依赖于真实排序，而是比较给定方法的特征排序与在去除某特征后模型准确性降低最多的排序之间的关联。关联值达到 1 意味着忠实度最高。然而，当忠实度应用于显著性图解释时，却并不可靠[②]。在 Hilo 平台上线前，你应重视基于功能的评估，并在可能的情况下进行基于人和基于应用的评估。

你已经为 Hilo 的房屋评估和信贷审核模型准备了一个全面的可解释性工具包，并针对申请者、评估师、信贷员和监管者设计了合适的解释方法。你没有采取捷径，而是进行了多轮基于功能的评估。你对 Hilo 平台所做的贡献，使其上线时获得了极大的成功。

12.7　总结

- 可解释性和可说明性旨在克服机器学习模型和人类用户之间在“最后一公里”沟通问题中存在的认知偏差。
- 目前并没有所谓的最佳解释方法。不同用户由于角色的不同，有不同的需求实现他们的目标。其中重要的角色包括受影响的用户、决策者和监管者。
- 为了实现机器学习的可解释性，我们需要能够理解的特征。如果特征不够直观，解耦表示可以提供协助。
- 解释方法可以根据三对对立概念分为八类。每个类别往往仅适合一种用户角色。第一对概念指解释是针对整个模型还是特定输入数据点（全局/局部）；第二对概念指解释是对底层模型的准确表示，还是包含一些近似（准确/近似）；第三对概念指创建解释时使用的语言是基于特征还是基于整个数据点（基于特征/基于样本）。
- 理论上，你会希望在真实的任务背景中展示解释给用户，并根据他们的反馈评估解释的优劣。但由于此方法成本高并难以实施，因此研发了代理量化指标，尽管它们尚未达到理想状态。

---

① David Alvarez-Melis，Tommi S. Jaakkola. “Towards Robust Interpretability with Self-Explaining Neural Networks.” In：*Advances in Neural Information Processing Systems* 32 (Dec. 2018)：7786-7795.

② Richard Tomsett，Dan Harborne，Supriyo Chakraborty，et al. “Sanity Checks for Saliency Metrics.” In：*Proceedings of the AAAI Conference on Artificial Intelligence*. New York，USA，Feb. 2020：6021-6029.

第13章

透 明 性

假设你是JCN公司(虚构)的模型风险管理部门的验证者,这家信息技术公司正在进行第一次企业转型(如第7章所述)。除使用机器学习评估员工能力外,JCN公司也在人力资源中采用机器学习主动保留员工。他们正在使用历史的员工管理数据开发系统,以预测接下来六个月可能自愿离职的员工,并采取措施留住他们。数据涵盖了职位、职责、薪资、市场需求、绩效评价、晋升和管理链等内部信息。员工已经在雇佣合同中同意以此目的使用这些数据。在经过合适的匿名处理后,数据被提供给JCN的数据科学团队。

团队使用多种机器学习算法开发了几个离职预测模型,并考虑了准确性、公平性、分布鲁棒性、对抗鲁棒性和可解释性等多个目标。如果预测模型是公平的,那么主动保留员工的系统将使JCN公司的雇佣更公正。此项目已经通过了问题描述、数据理解、数据准备和建模等开发阶段,现在进入评估阶段。

> "机器学习项目的完整周期不仅是建模,还包括找到适当的数据、部署、监测、为模型反馈数据、证明其安全性,以及为部署模型所需的所有工作。这远远超出了在测试集上表现良好的范畴,幸运或不幸的是,这正是我们在机器学习领域所擅长的。"
>
> ——吴恩达(Andrew Ng),斯坦福大学计算机科学家

作为模型验证者,你的任务是测试和比较模型,确保在部署之前至少有一个模型是安全和可信的。在你签字批准模型部署之前,需要获得所有相关方的支持。为了获得JNC内部高管和合规人员、外部监管机构[①],以及公司内部小组各成员的支持,你需展示所进行的独立测试结果,以及项目早期阶段的情况,确保透明性(在部署模型后,还应考虑向公众报告)。这种透明性不仅涉及模型的可解释性,还包括模型性能指标及其不确定性特征、训练数据信息、模型的建议用途和可能的误用[②]等,统称为"事实"。

在你的透明度报告的读者中,不是每个人都在寻找相同的信息或同等深度的细节。除预测自愿离职外,其他的建模任务可能还需要不同的事实。透明性并没有一种适用于所有情况的解决方案。因此,你应该首先进行一个小型的设计探索,以了解在特定的应用场景

---

① 法规在公司的员工保留计划中起着作用,因为它们需要遵守公平就业法。

② Q. Vera Liao, Kush R. Varshney. "Human-Centered Explainable AI (XAI): From Algorithms to User Experiences." arXiv: 2110.10790, 2021.

下，不同用户需要哪些事实和细节，以及每个用户喜欢的呈现风格[1]（这种探索与价值对齐紧密相关，详见第 14 章）。最后为用户呈现的事实集合被称为事实表（Factsheet）。完成设计探索后，你就可以开始创建、收集和传递与模型生命周期相关的信息。

你肩负重任，不能草率行事，或走任何捷径。本章将指导你如何评估和验证 JCN 公司的离职预测模型，并如何将你的发现展示给各方。

- 创建事实表并进行透明度报告。
- 获取关于模型目的、数据来源和开发步骤的事实。
- 进行测试，测量预期损失的概率和意外损失的可能性，以得到量化事实。
- 传达测试结果及其不确定性。
- 针对那些不信任你的人证明你的努力。

现在，让我们为你提供必要的工具，帮助你应对这些挑战。

13.1　事实表

透明性应揭示来自生命周期不同阶段的关键事实[2]。从问题描述阶段开始，我们需明确系统目标、预期用途、可能的系统滥用情况以及参与决策的人员（是否考虑了多元的观点）。在数据理解阶段，要注重数据的来源及其收集的原因。在数据准备阶段，需要对数据团队（包括数据工程师和数据科学家）采用的数据转换和特征工程步骤进行梳理，并进行全面的数据质量分析。在建模阶段，要深入了解所选算法和其背后的理由，以及采取的缓解措施。评估阶段重点在于测试与信任相关的指标及其不确定性（13.2 节将详细讨论）。总之，你需透明地报告两类事实：需要明确询问来自某人的主观（定性）知识；可以数字化的事实，如数据、处理步骤、测试结果、模型或其他相关工作成果。

如何从机器学习生命周期的各阶段及其不同角色中收集这些信息呢？持续的记录和透明报告岂不更为方便？得益于模型风险管理部门的努力，JCN 公司为整个生命周期配备了一个强制性的管理工具，该工具通过为各角色创建清单和弹出提醒，确保机器学习开发的高效进行，并及时记录定性事实。此工具还能自动收集生成的数字工件并进行版本控制，作为事实管理。我们称此工具为“事实流”，如图 13.1 所示。

由于机器学习是一种通用技术（回顾第 1 章的讨论），无论其用途和应用领域是什么，没有一套适用于所有模型的通用事实集合。验证 m-Udhār Solar、Unconditionally、ThriveGuild 和 Wavetel（前几章讨论的虚构公司）的机器学习系统所需的事实各有不同，每一种都需要更准确的描述[3]。此外，用户可以决定哪些事实入选事实表以及它们的展示方式。作为模型验证者，你需要了解所有事实的详细信息。应根据需要的细节程度为不同角色创建摘要、文档

---

① John Richards, David Piorkowski, Michael Hind, et al. “A Methodology for Creating AI FactSheets.” arXiv: 2006.13796, 2020.

② Matthew Arnold, Rachel K. E. Bellamy, Michael Hind, et al. “FactSheets: Increasing Trust in AI Services through Supplier's Declarations of Conformity.” In: *IBM Journal of Research and Development* 63.4/5 (Jul./Sep. 2019): 6.

③ Ryan Hagemann, Jean-Marc Leclerc. “Precision Regulation for Artificial Intelligence.” In: *IBM Policy Lab Blog* (Jan. 2020).

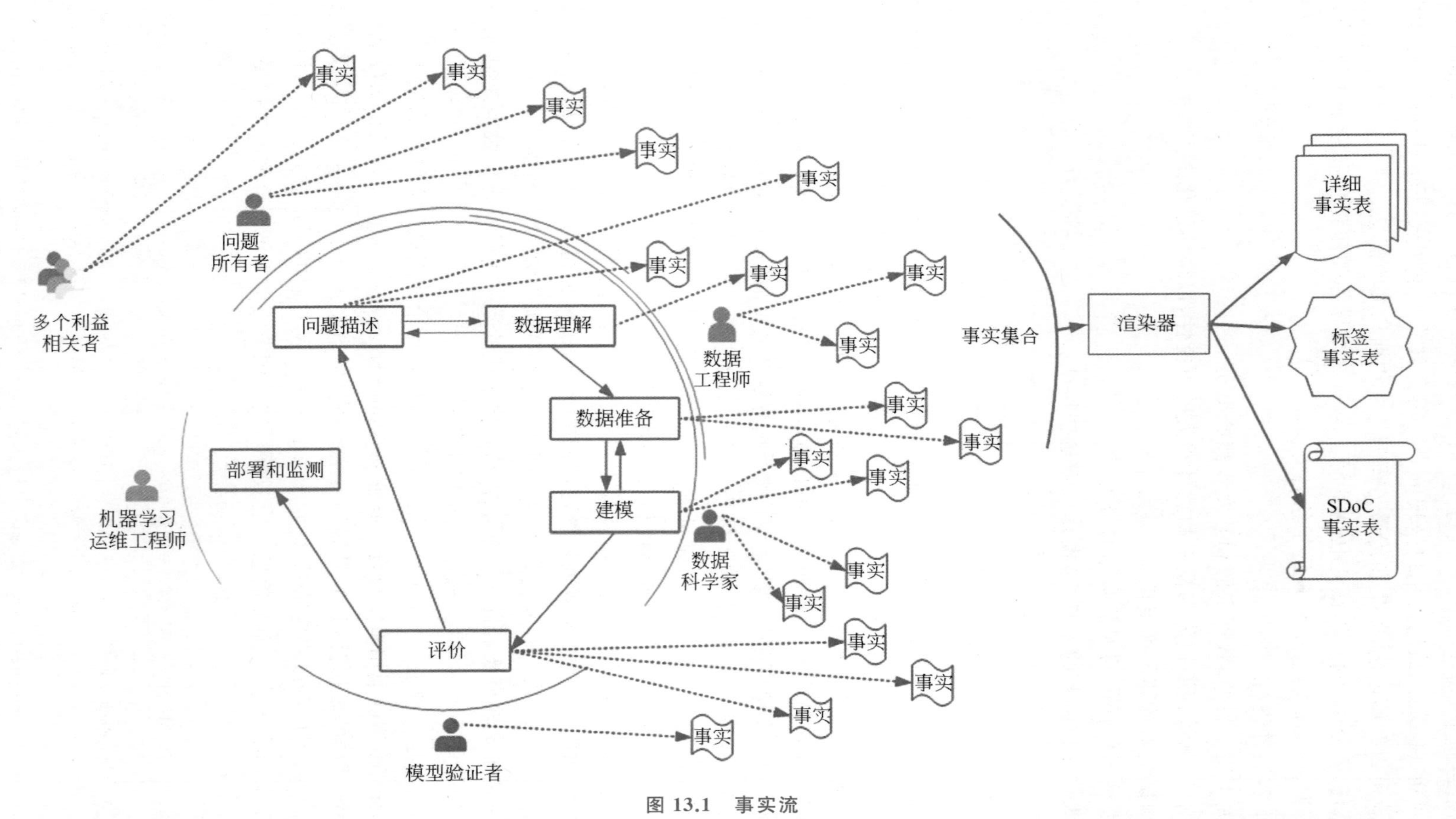

图 13.1 事实流

事实流捕获了整个机器学习开发生命周期中不同人员和流程产生的定性和定量事实，并将其呈现为适合不同用户的事实表。开发生命周期中的人员和技术步骤的事实进入渲染器，可输出详细事实表、标签事实表或 SDoC 事实表。

或幻灯片，以满足那些为了克服认知偏差而只需要较少细节的人的需求。对于 JCN 公司的经理（决策者）、员工（受影响的用户）和渴望透明性的公众，你应向他们提供简化的事实表，确保更广泛的信息传播。初步的设计探索，帮助你确定不同角色所需的事实集合、细节程度及呈现风格。事实流通过渲染器产生不同形式的事实表。

你还应签署并发布一份事实表，作为供应商的符合性声明（Supplier's Declaration of Conformity，SDoC）供外部监管机构参考。SDoC 是一种书面保证，表示产品或服务符合某一标准或技术规定。你的声明基于对事实流工具的信任及检查结果[①]。符合性与合规性、影响性和责任性等概念有所关联但并不完全相同[②]，它专注于当前法规的遵守，而合规性涉及更广泛的监管框架。符合性是对当前法规遵守的声明，而影响性是对未来法规的遵守。责任性则关乎对此类遵守的责任。因此，符合性是最狭义的定义，是欧洲经济区高风险机器学习系统法规的基础，并可能成为其他地区的标准。因此，SDoC 体现了用于高风险决策的机器学习系统的新要求，包括 JCN 公司的主动保留策略。

> "我们真的需要对审计的标准有所了解。"
>
> ——拉曼·乔杜里（Rumman Chowdhury），Twitter 的机器学习伦理学家

13.2 定量事实检验

许多定量事实源于模型的评估阶段测试。测试机器学习模型看似简单，实则不是。JCN 公司的数据科学家在独立同分布的保留数据集上已取得不错的准确率，那么还存在什么问题呢？首先，我们不能确保数据科学家已完全隔离了他们的保留数据集，以及在建模过程中是否发生数据泄露[③]。身为模型验证者，你需要在测试中确保这种隔离。

要明白，测试机器学习系统与测试其他软件系统是不同的[④]。机器学习系统的主要目标是将训练数据推广到新的、未见过的数据点。因此，它们面临一个预测性问题：不知道给定输入的正确输出应是什么[⑤]。要解决这个问题，并不是通过查看单个员工的输入数据点，及其相应的离职预测输出，而是通过查看两个或更多产生相同输出的变体，这种方法称为蜕变关系（Metamorphic Relation，MR）。

例如，对反事实公平性（在第 10 章中描述）的一种常见测试是输入两个数据点，这两点除在受保护的属性上有所不同外，其他属性都相同。如果这两点产生不同的预测标签，则反

---

① National Institute of Standards and Technology. "The Use of Supplier's Declaration of Conformity."

② Nikolaos Ioannidis, Olga Gkotsopoulou. "The Palimpsest of Conformity Assessment in the Proposed Artificial Intelligence Act: A Critical Exploration of Related Terminology." In: *European Law Blog* (Jul. 2021).

③ Sebastian Schelter, Yuxuan He, Jatin Khilnani, et al. "FairPrep: Promoting Data to a First-Class Citizen in Studies of Fairness-Enhancing Interventions." In: *Proceedings of the International Conference on Extending Database Technology*. Copenhagen, Denmark, Mar.-Apr. 2020: 395-398.

④ P. Santhanam. "Quality Management of Machine Learning Systems." In: *Proceedings of the AAAI Workshop on Engineering Dependable and Secure Machine Learning Systems*. New York, USA, Feb. 2020.

⑤ Jie M. Zhang, Mark Harman, Lei Ma, et al. "Machine Learning Testing: Survey, Landscapes and Horizons." In: *IEEE Transactions on Software Engineering* 48.1 (Jan. 2022): 1-36.

事实公平性测试未通过。关键在于，真正的预测标签值（如自愿辞职或不自愿辞职）并不重要，重要的是这两个输入是否产生相同的预测结果。再如，对于模型的鲁棒性，如果你将所有训练数据的某个特征乘以一个常数后进行训练，并对按同样的常数缩放的测试数据进行评估，预测的结果应与不缩放时相同。对于包含半结构化数据的应用，如音频，其蜕变关系可能是在音高保持不变的情况下加速或减速。设计这些蜕变关系需要创新思维，而自动化此流程则是一个尚未解决的研究难题。

除机器学习的预测问题外，还有 3 个因素需要考虑，这些因素超出了 JCN 公司数据科学家在生成事实时进行的典型测试范围。

（1）对准确性以外的维度进行测试，如公平性、鲁棒性和可解释性。

（2）将系统推向其极限，不仅测试平均情况，还覆盖边缘案例。

（3）量化测试结果的偶然不确定性和认知不确定性。

接下来，将逐一探讨这 3 个因素。

13.2.1 测试可信性维度

读到本书这部分的你，必然已经意识到，在评估机器学习模型时，仅测试准确性（以及第 6 章中描述的相关性能指标）是不足够的。除此之外，你还需借助差异性影响比和平均概率差异（第 10 章中描述）等指标测试公平性，采用经验鲁棒性和 CLEVER 得分（第 11 章中描述）等指标衡量对抗鲁棒性，以及运用忠实度（第 12 章中描述）等指标评估可解释性[①]，还需要考虑分布偏移下的准确性（第 9 章中描述）。JCN 公司的数据科学团队开发了多种离职预测模型，供你从各种角度比较。计算完这些指标后，你可以将各模型的细节列入事实表（见表 13.1），或通过可视化方式（13.3 节中将介绍）呈现，助你更全面地理解模型在各可信维度上的性能（准确性性能是第 7 章的核心内容）。

表 13.1 针对 5 个信任相关指标的多个离职模型的测试结果

模型	准确性	分布偏移下的准确性	差异性影响比	经验鲁棒性	忠实度
逻辑回归	0.869	0.775	0.719	0.113	0.677
神经网络	0.849	0.755	1.127	0.127	0.316
决策森林（提升法）	0.897	0.846	1.222	0.284	0.467
决策森林（装袋法）	0.877	0.794	0.768	0.182	0.516

在这些结果中，提升法决策森林在分布偏移上表现出色，具有很高的准确性和鲁棒性，但在对抗鲁棒性、公平性和可解释性上较为薄弱。相较之下，逻辑回归模型在对抗鲁棒性和可解释性上有优异表现，但准确性和分布鲁棒性略显不足。没有一个模型在公平性（差异性影响比）上表现突出，因此数据科学家需重新考虑并努力减少偏差。这个例子表明，仅关注准确性可能导致评估阶段的盲点。身为模型验证者，确保全面测试是必要的。

---

① Moninder Singh, Gevorg Ghalachyan, Kush R. Varshney, et al. "An Empirical Study of Accuracy, Fairness, Explainability, Distributional Robustness, and Adversarial Robustness." In: *Proceedings of the KDD Workshop on Measures and Best Practices for Responsible AI*. Aug. 2021.

13.2.2　生成和测试边缘案例

测试或审计机器学习模型的标准方法是输入员工数据，然后查看生成的离职预测①。采用与训练数据相同概率分布的保留数据集，可以得知模型的平均性能。这是评估经验风险（错误概率的经验近似值）的方法，也是估算预期损失风险的方法。同样，测试公平性和可解释性的常见做法（但并非必须）也使用与训练数据相同概率分布的保留数据。但根据定义，测试分布鲁棒性时，输入数据应该来自与训练数据不同的概率分布。同理，计算经验对抗鲁棒性时，需要输入对抗性特征。

第 11 章已经介绍了如何利用对抗样本将人工智能系统推至极限。这些示例是意外或极端情况的测试用例，超出了训练和保留数据集的范围。实际上，对于公平性和可解释性，你也可以考虑制定对抗样本，而不仅仅是针对准确性②。另一个方法是，邀请一群以“击败机器”为目标的人类测试员③，让他们提供罕见但可能造成灾难的数据点。

值得注意的是，与恶意攻击者或“机器击败者”不同，积极的模型验证者持有不同的理念。他们可能只需一次成功便能得分，而模型验证者则需系统地生成高覆盖率的测试用例，从多方面优化系统。你和其他模型验证者必须“痴迷”于失败，如果没有发现缺陷，就会觉得自己还不够努力④。为了实现这一目标，有人为神经网络设计了覆盖率指标，检查每个神经元是否都被测试过。但这种覆盖率可能会具有误导性，且不适用于其他类型的机器学习模型⑤。开发有效的覆盖率指标及相应的测试用例生成算法，仍是一个未决之题。

13.2.3　不确定性量化

当为 JCN 公司评估和测试主动保留模型时，你将测试结果整合成表 13.1 中的各个信任维度的估计值。然而，如在本书中所学，特别是在第 3 章，不确定性无处不在，包括在这些测试结果中。通过量化与信任相关的指标的不确定性，你可以对测试结果的局限性进行诚实且透明的了解。本节将介绍几种不确定性量化的方法，如图 13.2 所示。

> “我可以接受怀疑、不确定和未知。而且认为，活在未知中比拥有可能错误的答案更有趣。”
>
> ——理查德·费曼（Richard Feynman），加州理工学院物理学家

---

① Aniya Aggarwal, Samiulla Shaikh, Sandeep Hans, et al. “Testing Framework for Black-Box AI Models.” In: *Proceedings of the IEEE/ACM International Conference on Software Engineering*. May 2021: 81-84.

② Botty Dimanov, Umang Bhatt, Mateja Jamnik, et al. “You Shouldn't Trust Me: Learning Models Which Conceal Unfairness from Multiple Explanation Methods.” In: *Proceedings of the European Conference on Artificial Intelligence*. Santiago de Compostela, Spain, Aug.-Sep. 2020. Dylan Slack, Sophie Hilgard, Emily Jia, et al. “Fooling LIME and SHAP: Adversarial Attacks on Post Hoc Explanation Methods.” In: *Proceedings of the AAAI/ACM Conference on AI, Ethics, and Society*. New York, USA, Feb. 2020: 180-186.

③ Joshua Attenberg, Panos Ipeirotis, Foster Provost. “Beat the Machine: Challenging Humans to Find a Predictive Model's ‘Unknown Unknowns.’” In: *Journal of Data and Information Quality* 6.1 (Mar. 2015): 1.

④ Thomas G. Diettrich. “Robust Artificial Intelligence and Robust Human Organizations.” In: *Frontiers of Computer Science* 13.1 (2019): 1-3.

⑤ Dusica Marijan, Arnaud Gotlieb. “Software Testing for Machine Learning.” In: *Proceedings of the AAAI Conference on Artificial Intelligence*. New York, USA, Feb. 2020: 13576-13582.

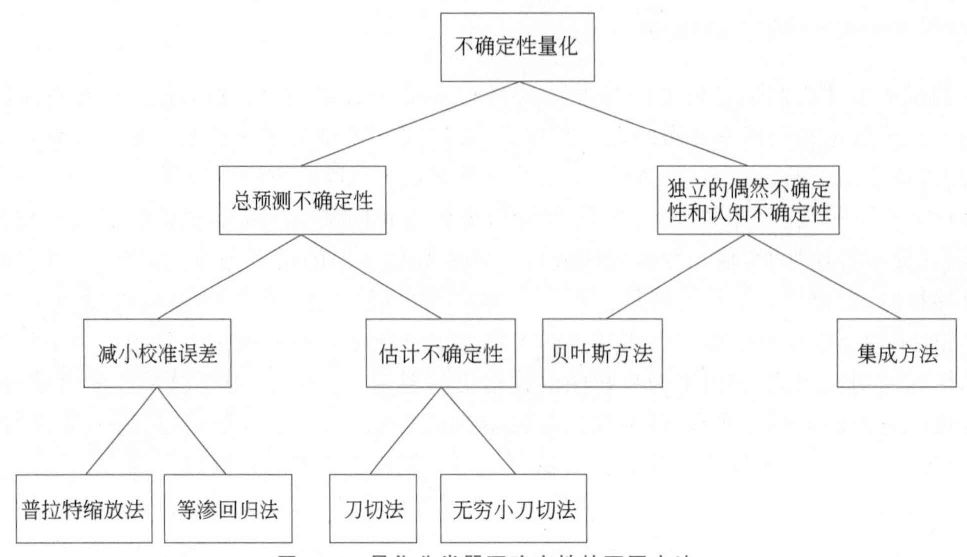

图 13.2 量化分类器不确定性的不同方法

以不确定性量化为根的层次结构图，不确定性量化有两条分支，分别是总预测不确定性与独立的偶然不确定性和认知不确定性。总预测不确定性有两条分支，分别为减小校准误差和估计不确定性。减小校准误差的子项是普拉特缩放法和等渗回归法。估计不确定性的子项有刀切法和无穷小刀切法。独立的偶然不确定性和认知不确定性的子项包括贝叶斯方法和集成方法。

预测的总体不确定性包括偶然不确定性和认知不确定性，可以通过校准分类器的分数表示（回忆第 6 章中的校准定义、Brier 分数和校准损失①）。当离职预测分类器校准得当时，员工的自愿辞职概率为 1。那些分数接近 0 和 1 的预测是确定的，而接近 0.5 的则是不确定的。尽管本书讨论的几乎所有分类器都会输出连续值分数，但其中许多分类器，例如朴素贝叶斯分类器和现代深度神经网络，通常校准得并不很好。它们的校准损失较大②，这是因为它们的校准曲线并不是理想情况下的直线对角线（回忆图 6.4，其中校准曲线是在理想对角线下方和上方的图片）。

就如其他可信性要素，估计不确定性和减少校准误差的算法可应用于机器学习的各个阶段。但与其他领域不同，不确定性量化在预处理阶段并无适用方法。但在模型训练和后处理阶段，有一些适用的方法。例如，有两种后处理方法可以用于减少校准误差，即普拉特缩放法和等渗回归法。它们的目标是调整分类器的校准曲线，使其更直。其中，普拉特缩放法假设原有的校准曲线呈 sigmoid 或 logistic 形状，而等渗回归法则适用于任何形状的校准曲线，并且通常需要更多的数据。

另一种用于量化总预测不确定性的后处理方法与第 12 章中的计算删除诊断法类似，不依赖现有的分类器分数。它首先训练多个离职模型，每次训练时留下一个数据点，然后计算这些模型的准确性标准差，将其用作预测不确定性的指标。在不确定性量化的语境下，这种

① 第 6 章中详述的校准损失的一个流行变体，被称为预期校准误差，它使用平均绝对差而非平均平方差。

② Alexandru Niculescu-Mizil, Rich Caruana. "Predicting Good Probabilities with Supervised Learning." In: *Proceedings of the International Conference on Machine Learning*. Bonn, Germany, Aug. 2005: 625-632.

Chuan Guo, Geoff Pleiss, Yu Sun, et al. "On Calibration of Modern Neural Networks." In: *Proceedings of the International Conference on Machine Learning*. Sydney, Australia, Aug. 2017: 1321-1330.

方法被称为刀切估计(Jackknife estimate)。此外,可以扩展表13.1,为各种信任相关的指标创建一个包含不确定性量化的结果表,如表13.2所示,其应在事实表中展示。

表13.2 对不同离职模型信任相关指标的测试结果,使用低于指标值的标准差量化不确定性

模 型	准确性	分布偏移下的准确性	差异性影响比	经验鲁棒性	忠实度
逻辑回归	0.869 (±0.042)	0.775 (±0.011)	0.719 (±0.084)	0.113 (±0.013)	0.677 (±0.050)
神经网络	0.849 (±0.046)	0.755 (±0.013)	1.127 (±0.220)	0.127 (±0.021)	0.316 (±0.022)
决策森林(提升法)	0.897 (±0.041)	0.846 (±0.009)	1.222 (±0.346)	0.284 (±0.053)	0.467 (±0.016)
决策森林(装袋法)	0.877 (±0.036)	0.794 (±0.003)	0.768 (±0.115)	0.182 (±0.047)	0.516 (±0.038)

第12章指出,直接计算删除诊断的成本很高,所以引入了影响函数作为一种近似的可解释方法。对于不确定性量化,也可以采用涉及梯度和海森矩阵的类似近似,称为无穷小刀切法[①]。影响函数和无穷小刀切法同样适用于某些公平性、可解释性和鲁棒性的指标推导[②]。

在机器学习生命周期中,这些方法与直接可解释模型(第12章)和过程中的偏差缓解(第10章)一样。提取这两种不确定性的基本思路如下[③]:预测的总不确定性,即在给定特征 X 的情况下预测标签 $\hat{Y}$,使用熵 $H(\hat{Y}|X)$ 衡量(回顾第3章的熵)。这个预测的不确定性包括认知不确定性和偶然不确定性;它是通用的,并不限定实际分类器函数 $\hat{y}^*(\cdot)$ 在假设空间 $\mathcal{F}$ 中的选择。认知不确定性部分反映了对恰当假设空间和假设空间内恰当分类器知识的缺乏。因此,一旦确定了对假设空间和分类器的选择,认知不确定性就会消失,剩下的只有偶然不确定性。偶然不确定性由另一个熵 $H(\hat{Y}|X,f)$ 衡量,在分类器 $f(\cdot)\in\mathcal{F}$ 之间取平均值,其成为良好分类器的概率基于训练数据。然后,认知不确定性是 $H(\hat{Y}|X)$ 和平均 $H(\hat{Y}|X,f)$ 之间的差。

有几种方法可以获得这两种熵,从而获得偶然不确定性和认知不确定性。贝叶斯方法,包括贝叶斯神经网络,可以学习特征和标签的完整概率分布,并从中计算熵,贝叶斯方法的

---

① Ryan Giordano, Will Stephenson, Runjing Liu, et al. "A Swiss Army Infinitesimal Jackknife." In: *Proceedings of the International Conference on Artificial Intelligence and Statistics*. Naha, Okinawa, Japan, Apr. 2019: 1139-1147.

② Hao Wang, Berk Ustun, Flavio P. Calmon. "Repairing without Retraining: Avoiding Disparate Impact with Counterfactual Distributions." In: *Proceedings of the International Conference on Machine Learning*. Long Beach, California, USA, Jul. 2019: 6618-6627.

Brianna Richardson, Kush R. Varshney. "Addressing the Design Needs of Implementing Fairness in AI via Influence Functions." In: *INFORMS Annual Meeting*. Anaheim, California, USA, Oct. 2021.

③ Stefan Depeweg, José Miguel Hernández-Lobato, Finale Doshi-Velez, et al. "Decomposition of Uncertainty in Bayesian Deep Learning for Efficient and Risk-Sensitive Learning." In: *Proceedings of the International Conference on Machine Learning*. Stockholm, Sweden, Jul. 2018: 1184-1193.

细节超出了本书的范围[1]。另一种获得偶然不确定性和认知不确定性的方法是通过集成，如装袋法和提升法。这些方法显式或隐式地创建了几个可聚合的独立的机器学习模型(装袋法和提升法在第 7 章有描述)[2]。用于描述偶然不确定性的平均分类器特定熵可通过平均所有训练后模型的几个数据点的熵来估计。而总不确定性可以通过计算整个集成的熵来估计。

13.3 传达测试结果和不确定性

回顾第 12 章，要克服用户对解释的认知偏差，对测试结果和不确定性的传达也同样重要。研究发现，结果的呈现方式对用户有显著影响[3]，所以不要认为完成测试和不确定性量化后你的任务就结束了。还需要向多种用户(如 JCN 公司的内部利益相关者、外部监管机构等)展示模型验证的正确性，并思考如何有效地传达这些结果。

13.3.1 可视化测试结果

尽管表 13.2 这种数字表格是传达带有不确定性测试结果的直接有效方式，但还有其他方法值得考虑。首先，尝试利用可解释性方法，如对比解释和影响函数，帮助用户理解模型为何具有特定的公平性度量或不确定性水平[4]。更为常见的是，使用各种可视化技巧。

通常，你所测试的信任维度指标以柱状图形式展现，可以通过相邻柱状图比较多个模型的信任指标，如图 13.3 所示。但现在还不确定这种可视化是否比简单表格(如表 13.1)更有说服力。特别是当模型在不同尺度的维度上比较时，大的动态范围可能会影响用户的判断。如果有些指标是越高越好(如准确性)，而其他是越低越好(如统计均等差异)，这可能会使用户在进行比较时感到困惑。当涉及多个模型(多个条形)时，图形可能变得难以解读。

另一种方法是平行坐标图，它通过并列的方式将不同的度量维度绘制在一起，每个度量维度都经过标准化处理[5]。图 13.4 提供了一个示例。每个指标单独进行标准化，允许你翻转坐标轴的方向，例如，表示“越高越好”(在该图中，经验鲁棒性的轴已经翻转)。由于线条

---

① Alex Kendall, Yarin Gal. “What Uncertainties Do We Need in Bayesian Deep Learning for Computer Vision?” In: *Advances in Neural Information Processing Systems* 31 (Dec. 2017): 5580-5590.

② Yarin Gal, Zoubin Gharahmani. “Dropout as a Bayesian Approximation: Representing Model Uncertainty in Deep Learning.” In: *Proceedings of the International Conference on Machine Learning*. New York, New York, USA, Jun. 2016: 1050-1059.

Aryan Mobiny, Pengyu Yuan, Supratik K. Moulik, et al. “Drop Connect is Effective in Modeling Uncertainty of Bayesian Deep Networks.” In: *Scientific Reports* 11.5458 (Mar. 2021).

Mohammad Hossein Shaker, Eyke Hüllermeier. “Aleatoric and Epistemic Uncertainty with Random Forests.” In: *Proceedings of the International Symposium on Intelligent Data Analysis*. Apr. 2020: 444-456.

③ Po-Ming Law, Sana Malik, Fan Du, et al. “The Impact of Presentation Style on Human-in-the-Loop Detection of Algorithmic Bias.” In: *Proceedings of the Graphics Interface Conference*. May 2020: 299-307.

④ Javier Antorán, Umang Bhatt, Tameem Adel, et al. “Getting a CLUE: A Method for Explaining Uncertainty Estimates.” In: *Proceedings of the International Conference on Learning Representations*. May 2021.

⑤ Parallel coordinate plots have interesting mathematical properties. For more details, see: Rida E. Moustafa. “Parallel Coordinate and Parallel Coordinate Density Plots.” In: *WIREs Computational Statistics* 3 (Mar./Apr. 2011): 134-148.

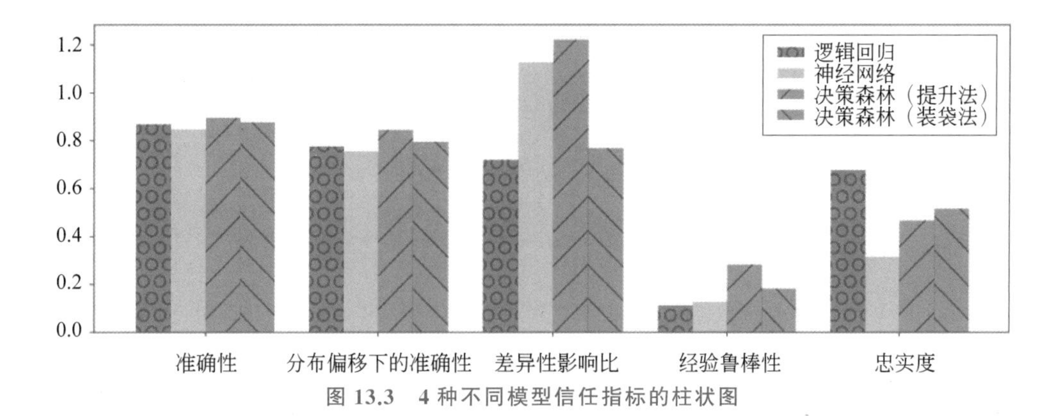

图 13.3　4 种不同模型信任指标的柱状图

可能会重叠，所以当比较多个模型时，平行坐标图不会像柱状图那样拥挤（如果模型过多导致平行坐标图难以阅读，可以使用平行坐标密度图作为替代，它通过阴影表示每个部分的线条数量）。平行坐标图的主要用途是在多个度量维度下比较不同类别项目。条件平行坐标图是平行坐标图的交互式版本，它允许你在一个高级维度中展开子指标[①]。例如，如果你创建了一个综合指标，该指标将经验鲁棒性、CLEVER 分数等多个对抗鲁棒性指标整合在一起，那么初始的可视化将只显示综合的鲁棒性分数，但可以扩展以显示由它所组成的其他指标细节。平行坐标图也可以用于绘制雷达图，如图 13.5 所示。

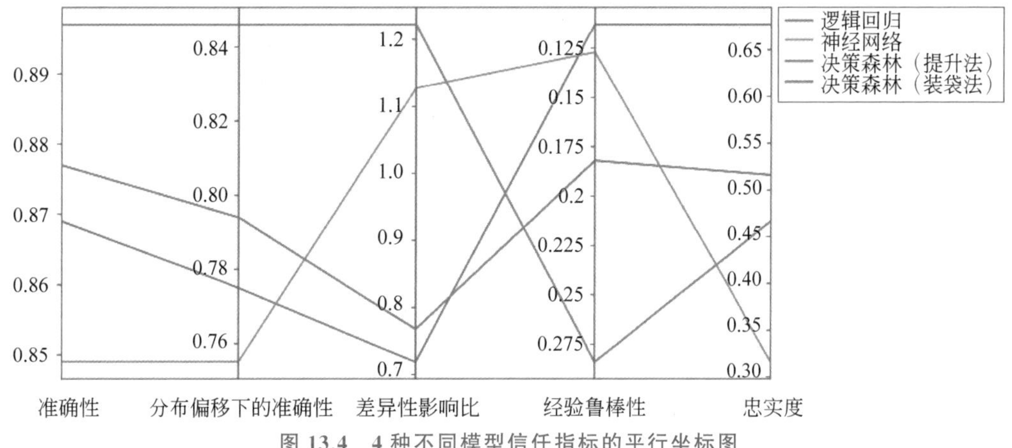

图 13.4　4 种不同模型信任指标的平行坐标图

对于“差异性影响比”这种指标，其小值和大值均代表性能较差，而中间值则代表性能较好。这类指标的可视化较为困难。在这种情境下，以及面向非技术性用户时，可以采用颜色块（如绿色/黄色/红色，代表好/中/差的性能）、象形图（如笑脸或星星）或哈维球（○/◔/◑/◕/●）等这类简单的非数字可视化方法，请参见图 13.6 的示例。但这些可视化方法需要预先设定好、中、差的阈值，这些阈值是价值对齐的一部分，在第 14 章有详细介绍。

① Daniel Karl I. Weidele. “Conditional Parallel Coordinates.” In: *Proceedings of the IEEE Visualization Conference*. Vancouver, Canada, Oct. 2019: 221-225.

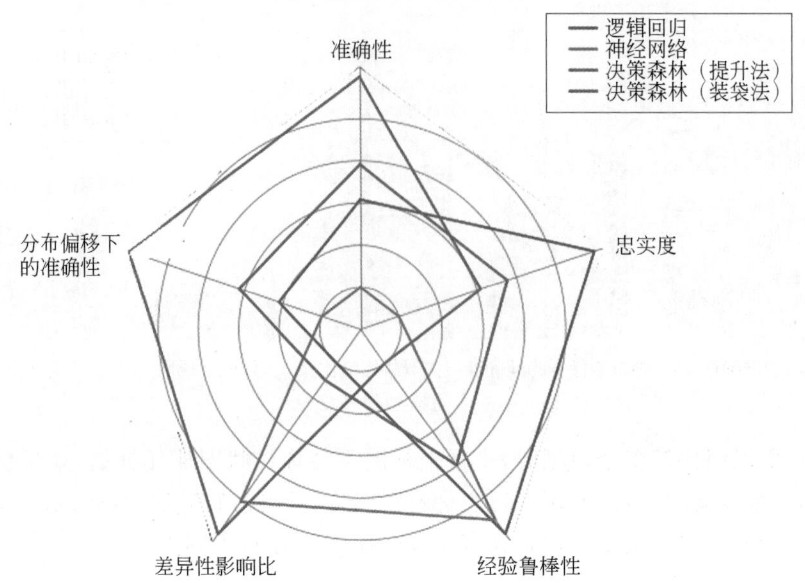

图 13.5 4 种不同模型信任指标的雷达图

模型	准确性	分布偏移下的准确性	差异性影响比	经验鲁棒性	忠实度
逻辑回归	★★★★	★★★★	★	★★★★★	★★★★★
神经网络	★★★★	★★★★	★★★	★★★★	★
决策森林(提升法)	★★★★★	★★★★★	★	★	★★★
决策森林(装袋法)	★★★★	★★★★	★★	★★★	★★★

图 13.6 4 种不同模型信任指标的简单非数字可视化

13.3.2 传达不确定性

你不仅要用有意义的方式呈现测试结果，还要呈现这些测试结果的不确定性，以确保接受和不接受留任激励的员工、他们的经理、JCN 公司的其他利益相关者和外部监管机构对主动保留系统有充分的了解[①]，这点很重要。Van der Bles 等定义了 9 个不确定性传达层次[②]。

（1）明确否认不确定性的存在。

（2）不提及不确定性。

（3）非正式地提及不确定性。

（4）列出可能性或情境。

（5）使用限定性的口头陈述。

（6）使用预定义的不确定性分类。

① Umang Bhatt, Javier Antorán, Yunfeng Zhang, et al. "Uncertainty as a Form of Transparency: Measuring, Communicating, and Using Uncertainty." In: *Proceedings of the AAAI/ACM Conference on AI, Ethics, and Society*. Jul. 2021, 401-413.

② Anne Marthe van der Bles, Sander van der Linden, Alexandra L. J. Freeman, et al. "Communicating Uncertainty About Facts, Numbers and Science." In: *Royal Society Open Science* 6.181870 (Apr. 2019).

(7) 提供近似的数字、范围或数量级评估。

(8) 提供分布摘要。

(9) 给出完整的显式概率分布。

建议避免使用前 5 个选项。

与上述测试值的绿色/黄色/红色类别类似,预定义的不确定性分类,如"极不确定""不确定""确定"和"非常确定",可能对非技术性用户更为友好。这与上述的绿色/黄色/红色不同,因为不确定性类别不需要与具体的价值对齐,它们是更为普遍的概念,与实际度量或用例无关。表示可能性函数的范围(第 3 章介绍)对于非技术性用户来说也是一个有效的表示方式。

最后两个选项更适合深入地传达不确定性给用户。概率分布的摘要,如表 13.2 中的标准差,可以在柱状图中通过误差条显示。箱线图与柱状图相似,但它可以显示标准差,并通过标记、线条和阴影区域组合显示异常值、分位数和其他不确定性摘要。小提琴图类似于柱状图,但通过其形状展示完整的显式概率分布,其形状是由概率密度函数翻转得到。图 13.7、图 13.8 和图 13.9 为相应示例。平行坐标图和雷达图也可以用误差线或阴影表示概率分布的摘要,但当展示超过两个或三个模型时,可能变得难以解释。

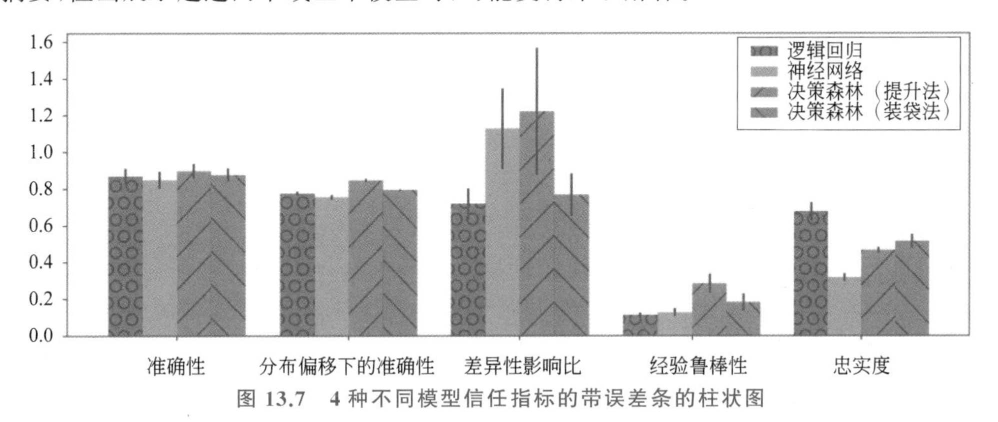

图 13.7　4 种不同模型信任指标的带误差条的柱状图

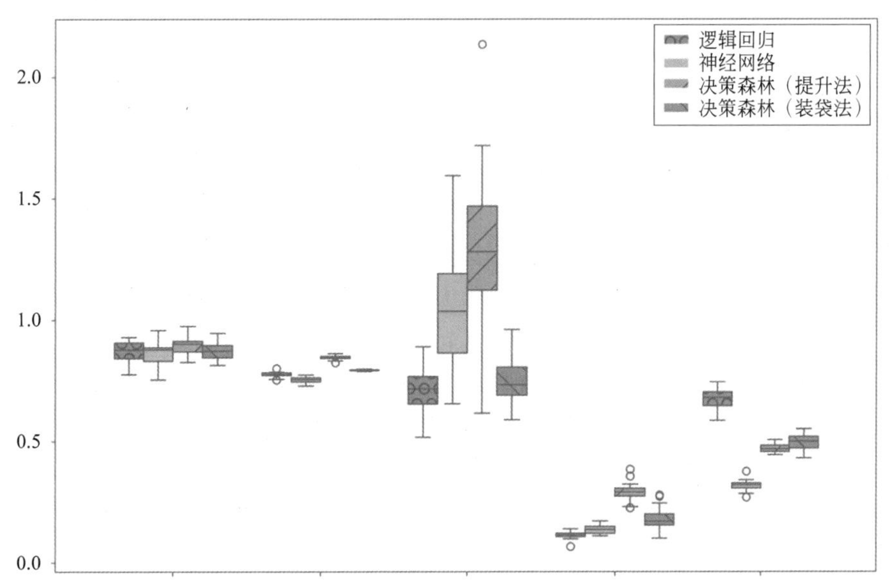

图 13.8　4 种不同模型信任指标的箱线图

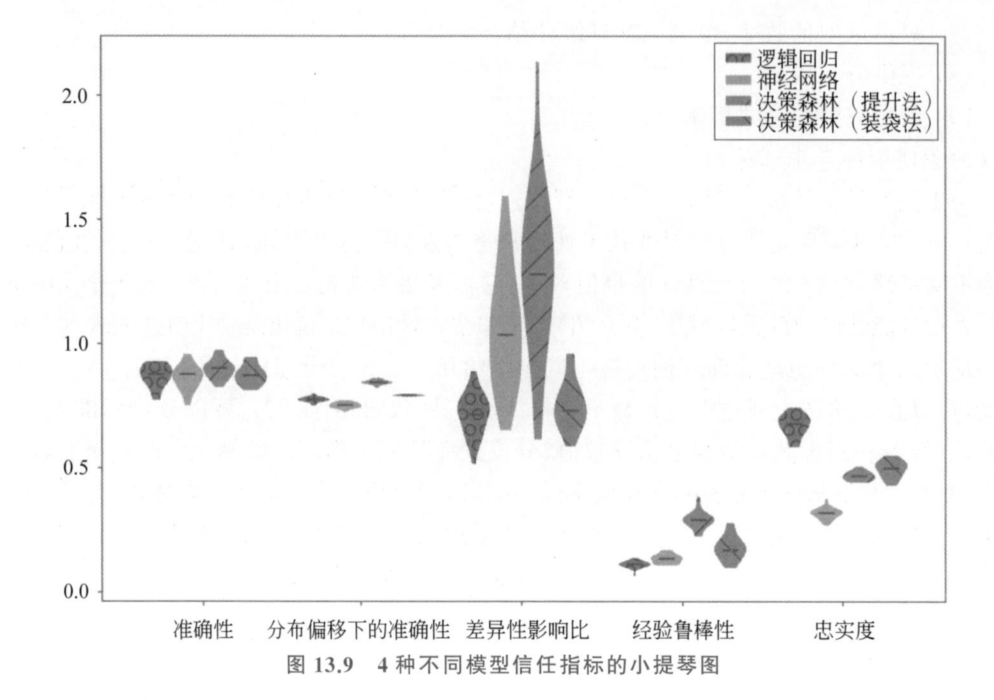

图 13.9　4 种不同模型信任指标的小提琴图

13.4　保持溯源性

在理论上，事实表是实现透明性、确保符合性和增强 JCN 公司主动保留系统信赖度的有效手段。然而，如果事实表的用户认为 JCN 公司在误导他们，面对这样的情况（假设所有事实均真实可靠），你应如何说服他们？更进一步，如何确保这些事实在产生后没有被篡改或修改？提供这种保证很困难，因为在整个开发生命周期，事实是由许多不同人员和流程产生的，一个薄弱环节就可能破坏整个事实表。因此，对事实保持溯源性是必须的。

一种可能的解决方案是使用不可变分类账本作为事实流工具的存储后端。不可变分类账本是一个记录系统，其中的条目（在理论上）是不可修改的，因此，所有事实都会有时间戳并且难以篡改，只能进行追加。这意味着你只能添加信息，而不能修改或删除。区块链是实现这种不可变分类账本的技术，由属于不同拥有者并位于不同地理位置的计算机组成，这些计算机验证并存储事实的复制品。篡改区块链的唯一方法是与多数计算机的所有者合谋，这在实际中是非常困难的。区块链为我们提供了分布式的信任。

区块链有两种类型，分别为许可的（也称为私有的）和非许可的（也称为公开的）。许可型区块链只允许有特定凭证的用户读写信息和控制机器。而非许可型区块链则向所有人开放，允许匿名访问。这两种方法都能确保事实的溯源性，并使离职预测模型更加可靠。如果事实表的用户都是公司内部的，或者是一组特定的监管机构，那么许可型区块链就足够了。但如果目标用户是广大公众或 JCN 公司之外的人，那么非许可区块链将是更好的选择。

将事实发布到区块链可以解决事实溯源性的问题，但如果事实本身在创建过程中被篡改该如何处理？假设一位数据科学家在特征工程代码中发现一个微小的错误，这个错误不太可能对模型性能产生重大影响，并且已经对其进行了修复。重新训练整个模型将需要一整夜的时间，但在业务结束前有一个提交事实的截止日期。因此，该数据科学家提交了之前的模型训练结果。这种做法也可以通过区块链技术避免[1]。由于许多机器学习模型是通过确定性的迭代过程(如梯度下降)进行训练的，区块链网络中的其他节点可以从数据科学家发布的迭代检查点开始，通过局部地重新进行计算的部分步骤，从而验证实际的训练结果。然而，如何确保这种方法在计算和通信成本上是可行的，这已超出本书的讨论范围。

在测试中，你发现所有模型在公平性方面都不尽如人意，于是你将其退还给数据科学家，要求他们采取更有效的偏差缓解措施。他们满足了你的要求，现在所有的利益相关者都表示满意。因此，你可以确认系统的合规性，并开始部署过程。在部署工作的同时，你还发布了一份供JCN公司管理层使用的事实表，用以追踪机器推荐的员工保留措施。新的机器学习系统的承诺是提高JCN公司的雇佣公平性，但这只有在管理层采纳系统建议时才能实现[2]。你为保证事实表透明性所付出的努力，已成功地在管理层中建立了信任，他们现在愿意采纳这个系统，使JCN公司的员工留任决策更加公正。

13.5 总结

- 透明性是提高机器学习可信性的第三个属性(人机交互)的关键手段之一。
- 事实流是一个自动化的机制，用于收集开发周期中的定性和定量事实。事实表是适当呈现给特定用户的事实集合，用于确保透明性和符合性。
- 模型验证和风险管理涉及在信任维度对模型进行测试、计算测试结果的不确定性、收集开发周期的定性事实，并通过事实表透明地记录和传达这些内容。
- 测试机器学习模型是一项不同于其他软件测试的特殊任务，因为它涉及预测问题，事先不知道行为应该是什么。
- 可视化有助于各种用户角色更好地理解测试结果及其不确定性。
- 保持并验证事实和事实表的溯源性会增加其可信性。使用区块链技术实现的不可变分类账本为我们提供了这种能力。

---

① Ravi Kiran Raman, Roman Vaculin, Michael Hind, et al. "A Scalable Blockchain Approach for Trusted Computation and Verifiable Simulation in Multi-Party Collaborations." In: *Proceedings of the IEEE International Conference on Blockchain and Cryptocurrency*. May 2019, Seoul, Korea: 277-284.

② There have been instances where a lack of transparency in machine learning algorithms designed to reduce inequity were adopted to a greater extent by privileged decision makers and adopted to a lesser extent by unprivileged decision makers, which ended up exacerbated inequity instead of tamping it down. See: Shunyung Zhang, Kannan Srinivasan, Param Vir Singh, et al. "AI Can Help Address Inequity—If Companies Earn Users' Trust." In: *Harvard Business Review* (Sep. 2021).

第14章

价值对齐

本书前两章关于交互主要聚焦机器系统与人类用户之间的交互。本章将深入探讨从人类到机器系统的交互方向。假设你是 Alma Meadow(虚构)慈善组织的负责人,这个组织投资于初创阶段的社会企业,并邀请这些企业的创始人参与为期两年的创业基金项目。每年,Alma Meadow 收到大约 3000 份申请,从中挑选大约 30 位基金得主。身为该项目的负责人,你正在考虑利用机器学习来优化其运营。因此,在机器学习生命周期的问题描述阶段,你是问题所有者,你最关心的是如何在选择有社会影响力的初创公司时,确保不违背 Alma Meadow 的使命和价值观。

> "我们需要进行更多的对话,将政策、全球影响、我们关心的事务与数学、数据和技术结合起来,并努力在后台实现这些目标。"
>
> ——雷伊德·加尼(Rayid Ghani),卡内基梅隆大学机器学习和公共政策研究员

价值观是指导行动的基本信念,反映个人或团体对于各种事务和行为的看重程度,并决定最佳的生活和行为方式。将价值观融入机器学习系统称为价值对齐,包括两部分[①]。第一部分是技术性,即如何将价值观编码并呈现给机器学习系统。第二部分是规范性,即实际价值观是什么("规范性"一词指的是社会而非数学意义上的规范,即正确行动的标准或原则)。本章主要关注价值对齐的第一部分:如何与你的同事和其他利益相关者进行沟通,以及如何在技术上实现这些价值观,同时还需考虑法律和法规的制约。价值观的深入探讨将在本书第六部分和最后关于目标的章节进行。

> "我们可以进行科学研究,深入了解如何将公认的价值观融入与人合作的人工智能系统中。"
>
> ——弗朗西斯科·罗西(Francesca Rossi),IBM 人工智能伦理学全球领导者

在深入探讨价值对齐的技术细节之前,让我们先退一步,先谈谈表达价值观的两种方

---

① Iason Gabriel. "Artificial Intelligence, Values, and Alignment." In: *Minds and Machines* 30 (Oct. 2020): 411-437.

式，即义务论和结果论[①]。简而言之，义务论是基于固定规则或道德准则来定义行为，而不是基于其产生的结果，而结果论则侧重于为所有相关人员创造有益的结果。例如，Alma Meadow 有两个义务论价值观：一种是每年至少有一名基金得主是曾经被监禁的人，另一种是受资助的企业不能宣传特定宗教。这些规定或限制都不考虑其可能带来的结果。而从结果论的角度看，Alma Meadow 希望从申请池中挑选的基金得主能够领导的初创企业在未来十年中最大限度地减少全球的伤残调整寿命年(DALY)指标。DALY 是一个综合评估全球疾病负担的指标，结合了发病率和死亡率(虽然由于种种不确定因素，无法预先确定哪个申请人会达到这一目标，但它仍是一个重要的评判标准)。这种基于结果(如 DALY)的评估方法就是结果论的体现。

义务论和程序正义(如第 10 章所述)之间存在一定的重叠，而结果论和分配正义之间同样存在重叠。结果论和分配正义的主要区别在于：当通过群体公平性达到分配正义(如第 10 章所述)时，那些追求好的结果的用户将会受到影响，这时的公正/公平只限于决策所在的时刻和范围[②]。而在结果论中，重点放在了整个社会的利益上，不仅关心即时的结果，还看重长远的效果。第 10 章主要关注的是分配正义而不是程序正义，因为前者在监督分类中更为直观。因此，此处的重点放在了结果论上而不是义务论。但需要注意的是，我们可以从公众那获取到基于义务论的价值观，并将其作为 Alma Meadow 筛选模型的附加约束条件。在某些场合下，这种约束可以很容易地加入模型中，而无须重新进行训练[③]。

价值对齐是生命周期其他部分的基础，因此在这方面绝对不能走捷径。在价值对齐的过程中，数据科学家会试图在生命周期的建模阶段采用机器学习模型、偏差缓解算法、可解释性算法及对抗性防御等方式来满足问题描述的要求。

值得警惕的是，模型可能会因为描述不够详细而走捷径[④](在价值对齐文献中也称为规范博弈和奖励黑客)。这个概念在第 9 章有详细介绍，但仍值得重申。任何没有明确指出的价值观都是机器学习算法可能探索的维度。因此，即使你为机器学习定义的价值观中并未明确强调公平性，你可能还是会反对一个极度不公正的模型。如果你没有设定关于公平的最基本规则，那么模型可能会在提高准确性、量化不确定性和保护隐私方面变得极其不公平。

在本章后续部分，你会在问题描述阶段坚持价值对齐，运用监督机器学习选出 Alma Meadow 的基金获得者，并深入探讨以下问题。

- 你应该考虑哪些不同层次的结果论价值观？
- 如何从个体中收集这些价值观，以及如何整合来自多个人的价值观？
- 如何将获取的价值观和第 13 章介绍的透明文档进行整合，从而指导机器学习系统？

---

① Joshua Greene, Francesca Rossi, John Tasioulas, et al. "Embedding Ethical Principles in Collective Decision Support Systems." In: *Proceedings of the AAAI Conference on Artificial Intelligence*. Phoenix, Arizona, USA, Feb. 2016: 4147-4151.

② Dallas Card, Noah A. Smith. "On Consequentialism and Fairness." In: *Frontiers in Artificial Intelligence* 3.34 (May 2020).

③ Elizabeth M. Daly, Massimiliano Mattetti, Öznur Alkan, et al. "User Driven Model Adjustment via Boolean Rule Explanations." In: *Proceedings of the AAAI Conference on Artificial Intelligence*. Feb. 2021: 5896-5904.

④ Victoria Krakovna, Jonathan Uesato, Vladimir Mikulik, et al. "Specification Gaming: The Flip Side of AI Ingenuity." In: *DeepMind Blog* (Apr. 2020).

14.1 可信机器学习中的4个价值层次

当刚开始考虑使用机器学习改进 Alma Meadow 的申请筛选流程时，你大概知道为什么要这样做（提高效率和透明性）。然而，当你想弄清楚在选择过程中，是否应该使用机器学习，哪些部分应该使用机器学习，应该关心哪些可信机器学习的要素，以及如何量化这些问题时，有一系列问题需要解决。为了理清思路，思考以下四个问题（下一部分将为你提供答案）。

(1) 你应该解决这个问题吗？

(2) 哪些可信性要素值得你关注？

(3) 这些可信性要素的合适的指标是什么？

(4) 这些指标值的可接受范围是什么？

首先，你应该问自己是否应该解决这个问题。答案有可能是不需要。如果你停下来想一想，会发现很多问题其实并不需要解决。表面上看，评估3000份申请并批准基金似乎不会造成压抑、伤害、误导或无用等不良后果，但在给出答案之前，你仍应该进行深入的思考。

> "技术受众永远不会对'只是不做'这种解决方案满意。"
>
> ——克里斯蒂安·卢姆(Kristian Lum)，宾夕法尼亚大学统计学家

即使是一个应该解决的问题，机器学习也并不总是最佳选择。Alma Meadow 在过去的30多年里一直采用手工筛选申请的方式，并未遭受任何负面影响。那为什么现在要改变呢？在整个评估过程中，真的所有部分都适用于机器学习吗？

其次，需要更深入地探讨第二个问题。目前为止，本书已经讨论了多个可信性的方面，如隐私、同意、准确性、分布鲁棒性、公平性、对抗鲁棒性、可解释性及不确定性的量化。那么哪些方面最为关键？哪些是必须的，而哪些则是次要的？第三个问题是关于如何将这些抽象的可信性要素转化为具体的指标。准确性、平衡精度或 AUC，哪一个是更好的度量方式？统计均等差异（Statistical Parity Difference）和平均绝对概率差异（Average Absolute Odds Difference）之间如何选择？最后，第四个问题聚焦第三个问题中所选指标的偏好值范围。例如，Brier 分数是否应该小于或等于0.25？重要的是，不同要素之间是相互关联的，不可能建立一个在所有方面都是完美的系统。例如，使用差分隐私的典型方法可能会牺牲公平性和不确定性的量化[①]，而可解释性可能与其他可信性维度冲突[②]。因此，在解决第四个问题时，理解不同要素指标之间的关系，并确定一个实际的范围是至关重要的。

---

① Marlotte Pannekoek, Giacomo Spigler. "Investigating Trade-Offs in Utility, Fairness and Differential Privacy in Neural Networks." arXiv: 2102.05975, 2021. Zhiqi Bu, Hua Wang, Qi Long, et al. "On the Convergence of Deep Learning with Differential Privacy." arXiv: 2106.07830, 2021.

② Adrian Weller. "Transparency: Motivations and Challenges." In: *Explainable AI: Interpreting, Explaining and Visualizing Deep Learning*. Ed. by Wojciech Samek, Grégoire Montavon, Andrea Vedaldi, et al. Cham, Switzerland: Springer, 2019: 23-40.

14.2 价值观的表示和导出

现在你对评估 Alma Meadow 考虑的监督机器学习系统的四个不同价值层次有了初步了解，下面将深入探讨如何表达这些价值观，以及如何找出你自己的价值观。

14.2.1 你是否应该解决这个问题

在确定价值观时，检查清单是一个非常有用的工具。它可以列出所有潜在的关注点和相关的案例，通过真实的机器学习应用案例展示每个关注点。例如，"伦理 OS 工具包"提供了一个清单，其中列出了你应该考虑的 8 种不同的，在机器学习系统中常见的检查项。

(1) 虚假信息：系统帮助大规模颠覆真相。

(2) 成瘾：系统让用户过度沉浸，超出其真实需求范围。

(3) 经济不平等：系统只服务富有用户，或淘汰低收入工作岗位，从而加剧收入和财富不平等。

(4) 算法偏差：系统放大了社会偏差。

(5) 监视状态：该系统使压制异议成为可能。

(6) 数据失控：系统导致人们失去对自己个人数据及其可能带来盈利的控制。

(7) 隐秘行为：系统在用户不知情的情况下进行操作。

(8) 仇恨与犯罪：系统使得欺凌、跟踪、欺诈或盗窃变得更加容易。

在伦理 OS 工具包中，每个检查项都附带了相关案例研究的链接。其中一些案例研究展示了这些检查项在现实世界中发生的情况，而另一些案例研究则展示了如何采取措施以防止这些情况的发生。案例研究的另一个来源是持续更新的人工智能事件数据库[①]。本书的第六部分集中讨论目标，也涉及了部分检查项和相应的案例研究。

首先，从检查清单开始，你需要确定哪些检查项是成立的，哪些是不成立的。实际操作中，你会深入研读这些案例研究，将其与 Alma Meadow 的案例对比，进而形成自己的看法。许多人(包括你)可能会认为这 8 个检查项都不应该成立。如果有任何一个检查项成立，那么这个系统就可能被视为过于有问题而不能继续运作。然而，价值观并不是普遍适用的，有些人可能会认为某些检查项是成立的，这些认知甚至可能是有条件的。例如，只有当经济不平等(第 3 项)不存在时，才会认为算法偏差(第 4 项)不存在。在这种或其他更复杂的情况下，确定你的偏好可能会变得困难。

条件偏好网络(CP-net)是一种价值观表示工具，它可以考虑条件偏好，帮助你明确对系统的整体偏好，并使机器也能够理解[②]。CP-net 是一种有向图模型，其中每个节点代表一个属性(即检查项)，而箭头则代表条件关系。每个节点都有一个条件偏好列表，列出了偏好排序(这与第 8 章中介绍的因果图和结构方程有些相似)。符号"≻"表示一种偏好关系，即左

---

① Sean McGregor. "Preventing Repeated Real World AI Failures by Cataloging Incidents: The AI Incident Database." In: *Proceedings of the AAAI Conference on Artificial Intelligence*. Feb. 2021: 15458-15463.

② Craig Boutilier, Ronen I. Brafman, Carmel Domshlak, et al. "CP-Nets: A Tool for Representing and Reasoning with Conditional Ceteris Paribus Preference Statements." In: *Journal of Artificial Intelligence Research* 21.1 (Jan. 2004): 135-191.

侧的条件优于右侧的条件。图 14.1 展示了一个假设中的 CP-net,即所有 8 个检查项都被认为是不成立的。这个 CP-net 的底部有一个额外节点,表示解决问题的整体偏好,这一偏好取决于前 8 个检查项。通过一个简单的贪婪算法,可以得出 CP-net 中的最优偏好。但在这个例子中,我们不需要使用算法就可以很容易地得到答案:如果所有 8 个检查项都是不成立的,那么我们应该继续处理这个问题。在具有更复杂 CP-net 的一般情况下,推理算法是非常有用的。

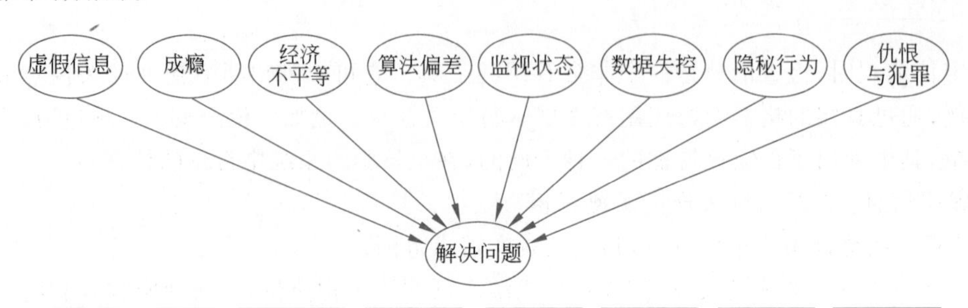

虚假信息	成瘾	经济不平等	算法偏差	监视状态	数据失控	隐秘行为	仇恨与犯罪
否>是	否>是	否>是	否>是	否>是	否>是	否>是	否>是

解决问题
虚假信息=否,成瘾=否,经济不平等=否,算法偏差=否,监视状态=否,数据失控=否,隐秘行为=否,仇恨与犯罪=否:是>否
虚假信息=是,成瘾=否,经济不平等=否,算法偏差=否,监视状态=否,数据失控=否,隐秘行为=否,仇恨与犯罪=否:否>是
虚假信息=否,成瘾=是,经济不平等=否,算法偏差=否,监视状态=否,数据失控=否,隐秘行为=否,仇恨与犯罪=否:否>是
⋮
虚假信息=否,成瘾=否,经济不平等=否,算法偏差=否,监视状态=否,数据失控=否,隐秘行为=否,仇恨与犯罪=是:否>是
虚假信息=是,成瘾=是,经济不平等=否,算法偏差=否,监视状态=否,数据失控=否,隐秘行为=否,仇恨与犯罪=否:否>是
⋮
虚假信息=是,成瘾=是,经济不平等=是,算法偏差=是,监视状态=是,数据失控=是,隐秘行为=是,仇恨与犯罪=是:否>是

图 14.1 关于 Alma Meadow 是否应处理应用评估问题的 CP-net 示例

图 14.1 的上半部分是图模型。下半部分是条件偏好表。8 个节点分别为虚假信息、成瘾、经济不平等、算法偏差、监视状态、数据失控、隐秘行为以及仇恨与犯罪,它们都有“解决问题”的子节点。前 8 个节点的偏好均为“否＞是”。在所有的“是”和“否”的配置中,只有当所有顶部 8 个节点配置都为“否”时(“否＞是”),“解决问题”的偏好是“否＜是”。

一旦确定了价值观,应检查每一项,确定它们是否与最关心的价值观保持一致。

(1) 虚假信息 = 否:评估企业家的申请不太可能会颠覆事实。

(2) 成瘾 = 否:这种使用机器学习的方式不太可能导致成瘾。

(3) 经济不平等 = 部分是,部分否:系统可能倾向选择技术化、专业打磨的初创公司申请。但这个风险不足以完全停止使用机器学习。这意味着,机器学习应在半决赛候选人评估中使用,后期则交给人类评估,因为人类可能发现机器未察觉的优秀申请。

(4) 算法偏差 = 否:近年来,Alma Meadow 针对社会偏差进行了大量的人工评估,所以训练数据不易导致偏差。

(5) 监视状态 = 否:机器学习系统不大可能成为压制工具。

(6) 数据失控 = 否:申请中包含了企业家的观点,他们可能担心知识产权丧失,但 Alma Meadow 已努力防范。实际上,为确保该价值观,Alma Meadow 为申请者提供了如何构建保密信息转让协议的指南。

(7) 隐秘行为 = 否：系统不太可能做出任何用户不知情的行为。

(8) 仇恨与犯罪 = 否：该系统不易引发犯罪活动。

上述检查项都不是系统的属性，包括限制机器学习仅在第一轮评估中使用的经济不平等。这与你最优先考虑的价值观保持一致，所以应该解决这个问题。

14.2.2　值得关注的可信性要素

通过第一层价值判断后，你需确定在特征工程和建模阶段哪些可信性要素是主要关注点。与其让你直接尝试阐述一个偏好顺序，如公平性>可解释性>分布鲁棒性>不确定性量化>隐私>对抗鲁棒性，还不如创建一个 CP-net，并回答一些更容易回答的考虑因素。为了简化问题，假设你处于预测建模阶段，不涉及因果干预。将第 6 章的准确性等性能指标排除，因为基本能力总是关键。此外，假设应用具有高风险（对 Alma Meadow 的申请人选择来说确实如此），所以可信性的各要素是你价值考虑因素的部分，并且需要获得同意和透明性。然后，从以下 7 个属性开始构建可信性要素的 CP-net。

(1) 不利影响（否，是）：确定是否某些决策可能会给特定群体或个体带来系统性劣势。

(2) 人在回路（否，是）：系统提供的预测是为了辅助人类决策。

(3) 监管者（否，是）：模型是否需要受到监管机构（广义上）的审核。

(4) 追索权（否，是）：受影响的用户是否有权对他们收到的决策提出质疑。

(5) 重新训练（否，是）：模型是否需要定期进行重新训练，以适应随时间变化的数据分布。

(6) 人员数据（不是关于人的、关于人的但非敏感个人信息、敏感个人信息）：系统是否使用关于人的数据，并判断这些数据是否属于敏感个人信息（SPI）。

(7) 安全性（外部可访问、内部且不安全、内部且安全）：数据、模型接口或软件代码是公开可访问的、仅限内部访问但可能不安全，还是仅限内部访问并且高度安全。

明确上述 7 个系统属性后，根据它们的设定，对不同的可信性要素进行条件优先级的设定变得更加直观。例如，当存在可能的系统性劣势，并且涉及人员数据时，那么公平性的考量就显得尤为重要。结合所有这些因素，我们可以构建出一个类似图 14.2 的 CP-net 模型。

顶层系统属性偏好对于你在 Alma Meadow 的应用评估案例中具有高度的特定性。作为问题所有者之一，你具备为其提供判断的必要知识。而连接顶层属性与具体的可信性要素（如公平性、可解释性）的条件偏好则更具普遍性和广泛适用性。尽管图中的连接和条件偏好表并不完全适用于所有场景，但它们趋近通用，可在多个应用场景中直接采用。

在图 14.2 的 Alma Meadow 案例中，你的具体判断是：存在可能的系统性劣势，更倾向于让人类参与决策，不会进行监管审计；你希望社会企业家申请者有提出质疑的机会；不希望系统经常重新训练；希望申请中包含人员数据（如申请者和他们服务的群体），但不包括敏感个人信息；希望数据和模型是安全的。基于这些价值观以及 CP-net 中的条件偏好，我们可以推断公平性、可解释性、不确定性量化和分布鲁棒性具有较高的优先级，而隐私和对抗鲁棒性则被视为具有较低的优先级。

14.2.3　合适的度量指标

完成第二阶段的价值对齐后，你会清楚知道哪些可信性要素更为重要，然后可以进一步

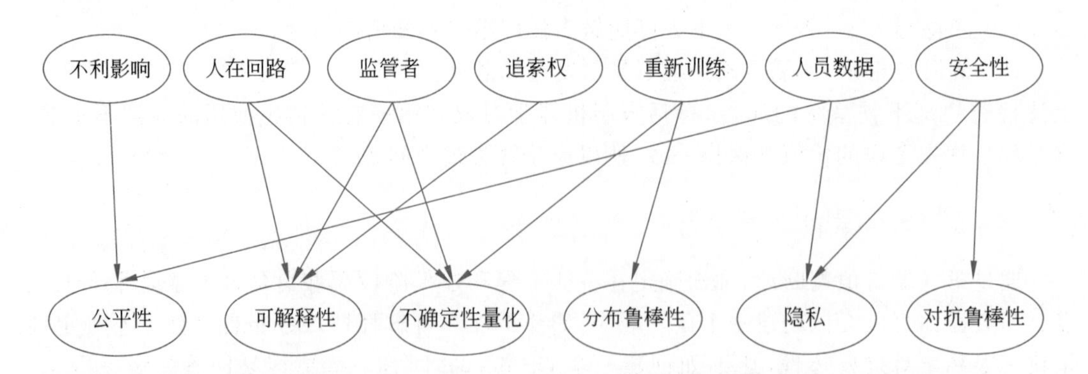

不利影响	人在回路	监管者	追索权	重新训练	人员数据	安全性
是>否	是>否	否>是	是>否	否>是	非SPI>与人无关>SPI	安全>内部非安全>外部

公平性
不利影响-否，人员数据-与人无关 低优先级>高优先级
不利影响-否，人员数据-非SPI 低优先级>高优先级
不利影响-否，人员数据-SPI 低优先级>高优先级
不利影响-是，人员数据-与人无关 低优先级>高优先级
不利影响-是，人员数据-非SPI 高优先级>低优先级
不利影响-是，人员数据-SPI 高优先级>低优先级

分布鲁棒性
重新训练-否 高优先级>低优先级
重新训练-是 低优先级>高优先级

可解释性
人在回路-否，监管者-否，追索权-否 低优先级>高优先级
人在回路-否，监管者-否，追索权-是 高优先级>低优先级
人在回路-否，监管者-是，追索权-否 高优先级>低优先级
人在回路-否，监管者-是，追索权-是 高优先级>低优先级
人在回路-是，监管者-否，追索权-否 高优先级>低优先级
人在回路-是，监管者-否，追索权-是 高优先级>低优先级
人在回路-是，监管者-是，追索权-否 高优先级>低优先级
人在回路-是，监管者-是，追索权-是 高优先级>低优先级

隐私
人员数据-与人无关，安全性-外部 低优先级>高优先级
人员数据-与人无关，安全性-内部非安全 低优先级>高优先级
人员数据-与人无关，安全性-安全 低优先级>高优先级
人员数据-非SPI，安全性-外部 低优先级>高优先级
人员数据-非SPI，安全性-内部非安全 低优先级>高优先级
人员数据-非SPI，安全性-安全 低优先级>高优先级
人员数据-SPI，安全性-外部 高优先级>低优先级
人员数据-SPI，安全性-内部非安全 低优先级>高优先级
人员数据-SPI，安全性-安全 低优先级>高优先级

不确定性量化
人在回路-否，监管者-否，重新训练-否 高优先级>低优先级
人在回路-否，监管者-否，重新训练-是 低优先级>高优先级
人在回路-否，监管者-是，重新训练-否 高优先级>低优先级
人在回路-否，监管者-是，重新训练-是 高优先级>低优先级
人在回路-是，监管者-否，重新训练-否 高优先级>低优先级
人在回路-是，监管者-否，重新训练-是 高优先级>低优先级
人在回路-是，监管者-是，重新训练-否 高优先级>低优先级
人在回路-是，监管者-是，重新训练-是 高优先级>低优先级

对抗鲁棒性
安全性-外部 高优先级>低优先级
安全性-内部非安全 高优先级>低优先级
安全性-安全 低优先级>高优先级

图 14.2 一个关于 Alma Meadow 在开发应用评估问题的模型时，应该优先考虑哪些可信性要素的 CP-net 示例

图 14.2 的上半部分是图模型，下半部分是条件偏好表。在图模型中有许多条边，从不利影响到公平性、从人员数据到公平性、从人在回路到可解释性、从监管者到可解释性、从追索权到可解释性、从人在回路到不确定性量化、从监管者到不确定性量化、从重新训练到不确定性量化、从重新训练到分布鲁棒性、从人员数据到隐私、从安全性到隐私、从安全性到对抗鲁棒性。条件优先级列表明确列出了各种条件下的优先级偏好。

探索这些要素的具体度量指标。这一步称为性能指标导出。在先前的章节中，我们讨论了在做出这些决策时需要考虑的因素。例如，如第 6 章所述，当你希望在所有操作点上都表现出色时，AUC 是一个合适的基本性能指标。又如，表 10.1 列出了在确定群体公平性指标时需要考虑的因素，如是基于测试数据还是模型、测试是否存在社会偏差，以及有利标签是否属于辅助性的或非惩罚性的。本章不再赘述这些观点，将介绍另一个工具协助你进行指标导出。

在此之前，为了对各种可信性要素进行优先级排序，人们往往难以直观地做出决策；使用 CP-net 能简化并结构化这一过程。还有其他类似的方法，如成对比较法。该方法与眼科医生通过让你比较不同镜片对来确定最佳度数的方法相似。此处，成对比较是在一个给定要素内的不同可能指标之间进行的。通过比较多个模型的指标值，你可以理解其代表的含义并做出选择。若使用机器学习选择配对，经过大量比较后，模型将逐步收敛到你偏好的指标上。其中一种方法是通过线性或二次特性来高效地导出基本性能和公平性指标[①]，并向用户展示一系列混淆矩阵（回顾第 6 章的混淆矩阵）。值得注意的是，混淆矩阵对于不同利益相关者来说过于困难，他们可能难以理解最简单的 2×2 数字矩阵，可考虑使用其他可视化方法，如树状图、流程图或带有上下文信息的矩阵[②]。另一种基于成对比较的方法是层次分析法，它要求在比较中给出数值评分（1～9），这样不仅可以判断哪个指标更好，还可以大致估算两者之间的差距[③]。

14.2.4 指标值的可接受范围

在选择特定的度量指标后，价值对齐的最后一个阶段是确定在 Alma Meadow 半决赛候选人选择模型中首选指标值的量化范围。由于可信性的不同要素及其相关指标之间存在相互关联，包括一些权衡关系，因此这一阶段的指标导出不应单独对每个指标进行，而应综合考虑。

如图 14.3 所示，开始时有一组可选的指标值。在该示意图中，单个模型的量化测试结果（如第 13 章中的表格、柱状图、平行坐标图和雷达图所示）被映射到可行区域的某个点上。根据第 6 章可知，最优贝叶斯风险在成本加权准确性上是最佳的。你可以使用 Alma Meadow 的历史申请数据经验性地估计这一风险[④]。此外，基于检测理论和信息理论中切尔诺夫信息（Chernoff information）[⑤]的概念，学者已开始研究不同可信性要素间度量的基本

---

① Gaurush Hiranandani, Harikrishna Narasimhan, Oluwasanmi Koyejo. "Fair Performance Metric Elicitation." In: *Advances in Neural Information Processing Systems* 33 (Dec. 2020): 11083-11095.

② Hong Shen, Haojian Jin, Ángel Alexander Cabrera, et al. "Designing Alternative Representations of Confusion Matrices to Support Non-Expert Public Understanding of Algorithm Performance." In: *Proceedings of the ACM on Human-Computer Interaction* 4.CSCW2 (Oct. 2020): 153.

③ Yunfeng Zhang, Rachel K. E. Bellamy, Kush R. Varshney. "Joint Optimization of AI Fairness and Utility: A Human-Centered Approach." In: *Proceedings of the AAAI/ACM Conference on AI, Ethics, and Society*. New York, USA, Feb. 2020: 400-406.

④ Visar Berisha, Alan Wisler, Alfred O. Hero, et al. "Empirically Estimable Classification Bounds Based on a Nonparametric Divergence Measure." In: *IEEE Transactions on Signal Processing* 64.3 (Feb. 2016): 580-591.

Ryan Theisen, Huan Wang, Lav R. Varshney, et al. "Evaluating State-of-the-Art Classification Models Against Bayes Optimality." In: *Advances in Neural Processing Systems* 34 (Dec. 2021).

⑤ Frank Nielsen. "An Information-Geometric Characterization of Chernoff Information." In: *IEEE Signal Processing Letters* 20.3 (Mar. 2013): 269-272.

理论关系(包括权衡和非权衡关系),如信任统一理论[①]。一旦研究完成,图 14.3 将能够具体化给定的机器学习任务,第 4 个价值对齐问题(关于指标值的范围)也会更明确。通过明晰指标值的可行集,你可以为 Alma Meadow 半决赛优先级模型做出更有根据的选择,而非盲目猜测。

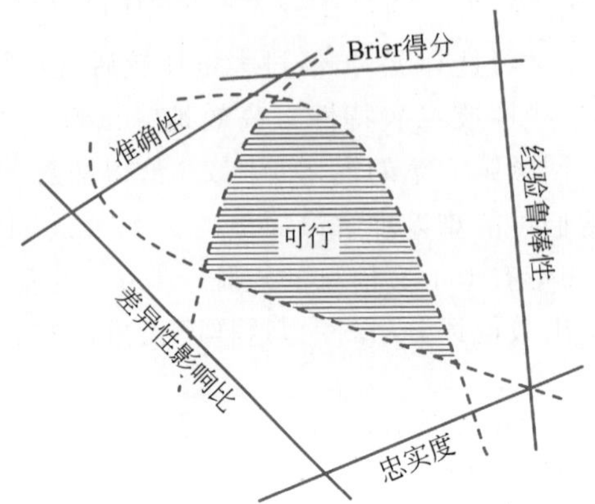

图 14.3　信任相关指标的可行集示意图

一个由 3 条曲线段围起来的阴影区域被标记为可行。它被 5 条轴包围,分别为准确性、Brier 得分、经验鲁棒性、忠实度和差异性影响比。

尽管有了可行集这一出色的起点,但如何确定指标选择的范围仍是一个问题。有两种方法可能有所帮助。首先,价值对齐系统可以自动汇集或生成许多相同或相似预测任务的模型库,并计算其指标值,以获取指标之间关系的经验特征[②]。基于库中指标的联合分布,可以更深入地了解对指标值的选择。第 13 章提及的平行坐标密度图可以用于联合分布的可视化。

其次,价值对齐系统可以利用所谓的电车问题的变体来进行监督机器学习。电车问题是关于一个虚构情境的思想实验,在这个情境中,你可以通过变道杀死一个人,拯救五个本会被电车撞死的人的生命。你是否选择电车变道,揭示了你的价值观。电车问题的变体改变了每个选项下的死亡人数,并为这些人附加了属性[③],形成成对比较。电车问题对于价值

---

① Sanghamitra Dutta, Dennis Wei, Hazar Yueksel, et al. "Is There a Trade-Off Between Fairness and Accuracy? A Perspective Using Mismatched Hypothesis Testing." In: *Proceedings of the International Conference on Machine Learning*. Jul. 2020: 2803-2813.

Kush R. Varshney, Prashant Khanduri, Pranay Sharma, et al. "Why Interpretability in Machine Learning? An Answer Using Distributed Detection and Data Fusion Theory." In: *Proceedings of the ICML Workshop on Human Interpretability in Machine Learning*. Stockholm, Sweden, Jul. 2018: 15-20.

Zuxing Li, Tobias J. Oechtering, Deniz Gündüz. "Privacy Against a Hypothesis Testing Adversary." In: *IEEE Transactions on Information Forensics and Security* 14.6 Jun. 2019: 1567-1581.

② Moninder Singh, Gevorg Ghalachyan, Kush R. Varshney, et al. "An Empirical Study of Accuracy, Fairness, Explainability, Distributional Robustness, and Adversarial Robustness." In: *KDD Workshop on Measures and Best Practices for Responsible AI*. Aug. 2021.

③ Edmond Awad, Sohan Dsouza, Richard Kim, et al. "The Moral Machine Experiment." In: *Nature* 563.7729 Oct. 2018: 59-64.

观导出非常有用，因为人们更容易处理小整数而非长串小数。此外，根据实际场景进行判断，有助于人们内化决策结果，并将其与所使用的案例联系起来。

如图 14.4 中，你更倾向于哪个场景？你更愿意让一个对抗样本欺骗系统，还是接受高的差异性影响比？实际的数字也起着作用，因为在第二种情景中，差异性影响比为 2，这是很高的。选择没有对错，但无论如何选择，它都反映了你的价值观。

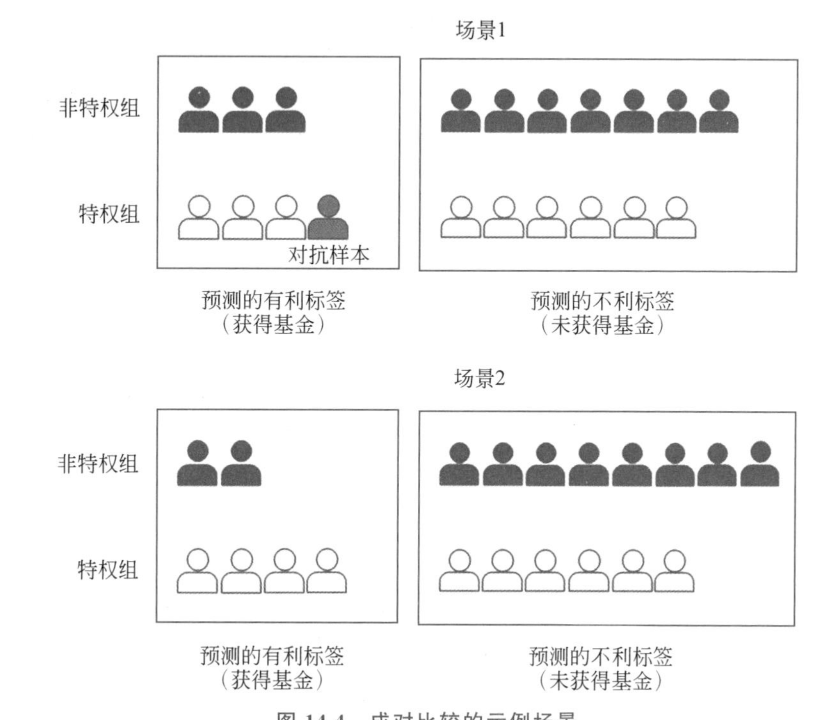

图 14.4　成对比较的示例场景

两个场景中，各有不同数量的非特权群体和特权群体成员获得和未获得基金，第一个场景还有一个对抗样本。

14.3　群体偏好整合

基于 14.2 节的讨论，你已经了解了如何在不同的层面向机器学习系统传达你的偏好。作为问题所有者，你手中拥有很大的权利，但是，你真的应该单独行使这一权利吗？是否应该更多地考虑多元化的声音并达成共识？答案是肯定的。非常重要的是要考虑其他利益相关者的意见，如执行总监、董事会成员和 Alma Meadow 的团队成员。同样，创业家和那些具有社会影响力的初创公司受益者在价值对齐过程中的参与也是至关重要的（他们的参与应该得到适当的经济补偿）。传达给机器学习系统的价值观还需要考虑相关的法律和法规，这些法律和法规也代表一种声音。

每个小组成员都可以经历你在 14.2 节中描述的四层价值导出，从而得到多个 CP-net 和成对比较的集合。但接下来如何操作呢？如何技术性地整合每个人展现出的个体偏好？投票（也称为计算社会选择）是一个自然的选择。CP-net 和层次分析法的扩展都使用类似投票的机制来整合多个个体的偏好①。而其他集体偏好整合方法也是基于投票②。

投票方法的常规做法是,在与其他潜在值的成对比较中选择多数人的偏好值(这种多数人偏好值的集合被称为孔多塞赢家)。但是,当整合各利益相关者的偏好时,这种多数统治方式是否真的是你想要的仍然是个问题。少数群体可能会提出重要的看法,这些观点不应该被多数群体的偏好掩盖。在基于投票的偏好整合中,少数群体的声音可能会被忽略。这些少数群体的参与不应如此微弱,以至于变得毫无意义,更不应是剥削性的③(第 15 章将深入讨论后殖民主义中的剥削性概念)。这种投票系统的缺点提示我们,应该寻找一个不会再现现有权利结构的替代方法。参与式设计,即所有利益相关者、数据科学家和工程师共同完成的 CP-net 和成对比较过程,被视为一种可行的方法。但实际上,如果不恰当地进行,可能仍会反映出现有的权利关系。因此,在 Alma Meadow 的职责中,确保参与性设计会议由经过充分培训的引导者主持是非常重要的。

14.4 治理

在与利益相关者就 Alma Meadow 的申请筛选系统中的价值观达成共识后,你已经为它们设定了机器学习系统可以接受的量化指标范围。接下来,如何确保实际部署的机器学习模型真正体现这些预期的价值观呢?答案是通过监控和治理④。我们可以把整个生命周期看作一个控制系统,如图 14.5 所示,价值对齐的输出是参考输入,数据科学家作为控制器,尽力确保机器学习系统与预期价值观一致。而模型事实(在第 13 章中提及的透明性的部分)是测试后的测量输出,显示是否满足这些价值观。事实与价值观之间的偏差是数据科学家需要进一步优化模型的信号。因此,机器学习系统的治理不仅要导出系统的预期行为(价值对齐),还需要报告测量这些行为的事实(透明性)。

在第 13 章中,事实表不仅包含定量测试结果,还包含预期用途和关于开发过程的其他定性信息。但从治理的角度看,事实表似乎只使用了定量测试结果。那么,治理是仅关注具有结果论性质的测试结果,还是也关注具有义务论性质的开发过程?由于数据科学家(作为控制器)带有个体的特性和偏见,结合这两种事实可以帮助他们在处理特定的错位时,同时考虑全局目标。因此,规范化的开发过程是治理的一个关键环节。为了达到这一点,你已经

---

① Lirong Xia, Vincent Conitzer, Jérôme Lang. "Voting on Multiattribute Domains with Cyclic Preferential Dependencies." In: Proceedings of the AAAI Conference on Artificial Intelligence. Chicago, Illinois, USA, Jul. 2008: 202-207.

Indrani Basak, Thomas Saaty. "Group Decision Making Using the Analytic Hierarchy Process." In: *Mathematical and Computer Modelling* 17.4-5 (Feb.-Mar. 1993): 101-109.

② Ritesh Noothigattu, Snehalkumar 'Neil' S. Gaikwad, Edmond Awad, et al. "A Voting-Based System for Ethical Decision Making." In: *Proceedings of the AAAI Conference on Artificial Intelligence*. New Orleans, Louisiana, USA, Feb. 2018: 1587-1594.

Min Kyung Lee, Daniel Kusbit, Anson Kahng, et al. "WeBuildAI: Participatory Framework for Algorithmic Governance." In: *Proceedings of the ACM on Human-Computer Interaction* 3.181 (Nov. 2019).

③ Sasha Costanza-Chock. Design Justice: Community-Led Practices to Build the Worlds We Need. Cambridge, Massachusetts, USA: MIT Press, 2020.

④ Osonde A. Osoba, Benjamin Boudreaux, Douglas Yeung. "Steps Towards Value-Aligned Systems." In: *Proceedings of the AAAI/ACM Conference on AI, Ethics, and Society*. New York, USA, Feb. 2020, 332-336.

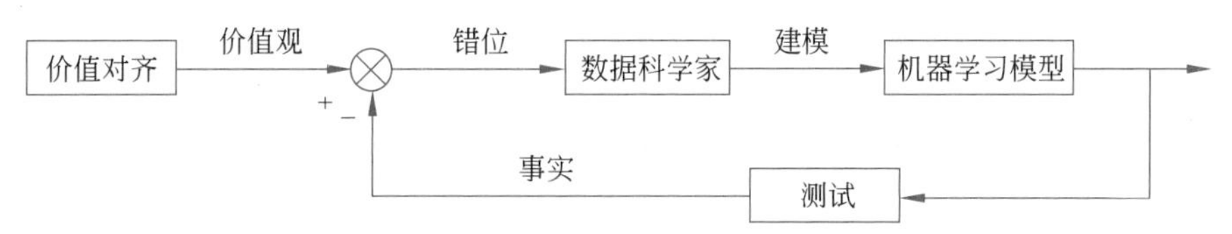

图 14.5　描述如何通过透明性和价值对齐共同治理机器学习系统

图 14.5 从价值对齐模块开始，输出为价值观。从价值观中减去事实得到错位。将错位输入数据科学家模块中，其输出是建模。建模再被输入机器学习模型模块，输出送至测试模块。测试的输出与初次的价值观比较，形成一个反馈循环。

为 Alma Meadow 的数据科学团队制定了一套检查清单，以确保整个系统的良性治理。

14.5　总结

- 人与机器学习系统之间的交互不仅有从机器学习系统到人的可解释性和透明性。从人到机器的交互，即价值对齐，也同样至关重要，它确保了机器行为可被人们接受。
- 有两种类型的价值观：关注结果的结果论价值观和关注行动的义务论价值观。在监督机器学习系统的价值对齐中，结果论价值观更为常见。
- 监督分类的价值对齐包括四个层面：是否应该解决这个问题？哪些可信性要素是高优先级的？合适的度量指标是什么？度量指标的可接受范围是什么？
- CP-net 和成对比较是用于在四个层面上结构化导出价值偏好的工具。
- 通过投票或参与式设计会议，可以整合利益相关者的群体偏好，包括那些传统上被边缘化的群体。
- 机器学习系统的治理结合价值对齐来引导期望的行为，并通过基于事实表的透明性来衡量是否达到了这些行为。

第六部分

第 15 章

伦 理 原 则

第 1 章介绍的第 4 个可信属性，包括对自我定位、为他人和自身利益服务的动机、仁爱和目标对齐。本章将重点放在第 4 个属性上，同时也开启了本书的第六部分，也是结尾部分（参考如图 15.1 所示的本书组织结构）。第 14 章讨论的价值对齐可以分为技术性和规范性两部分，而本章专注于规范性部分。与之前的章节不同，本章并没有用虚构的案例进行阐述。

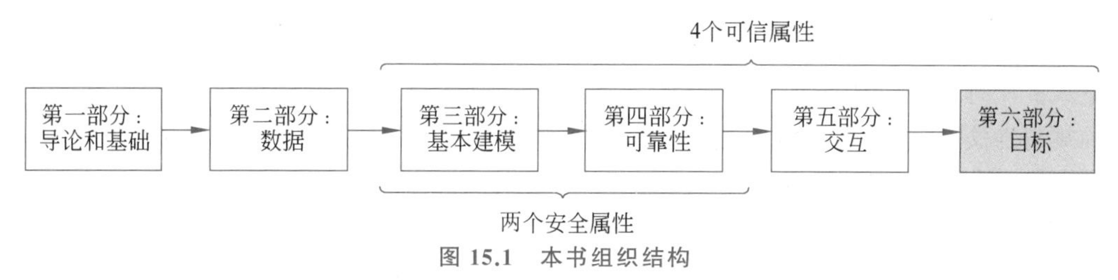

图 15.1　本书组织结构

第六部分关注可信性的第 4 个属性——目标，其与机器学习的使用相对应。流程图从左到右的六个方框分别为：第一部分为导论和基础；第二部分为数据；第三部分为基本建模；第四部分为可靠性；第五部分为交互；第六部分为目标。其中，第六部分被突出显示，第三和第四部分被标记为安全属性，第三至第六部分被标记为可信属性。

仁爱意味着将机器学习应用于良好目的。从结果论角度看（如第 14 章所述），我们应该为所有人争取最佳的结果，但无法期望单一的技术系统满足所有人的需求。因此，我们需要问：为谁好？机器学习将为谁服务？谁可以利用机器学习实现其目标？

机器学习系统中所编码的价值观是权利的直接反映。有权利的人群能推进他们所看重的“善”。但为了使机器学习系统得到信任，它的价值观应既服务于有权利的人群，也要关心边缘群体。第 14 章详细描述了如何技术性地纳入多元声音到价值对齐过程中，本章将探讨这些不同声音表达的内容。

但在深入探讨之前，让我们再次思考机器学习作为控制系统的治理问题，如何使机器学习既公正又赋予所有人权利？如图 15.2（基于图 14.5）所示，一种范式（一种事情应该如何做的规范理论）产生了原则，原则产生了价值观，价值观最终影响建模。

在这样的复杂系统中，存在多个可以影响系统行为的关键点[①]。微调机器学习模型的参数是能产生一点效果的关键点。快速计算事实并反馈到数据科学家模块是能产生稍大效

---

① Donella H. Meadows. *Thinking in Systems*: *A Primer*. White River Junction, Vermont, USA: Chelsea Green Publishing, 2008.

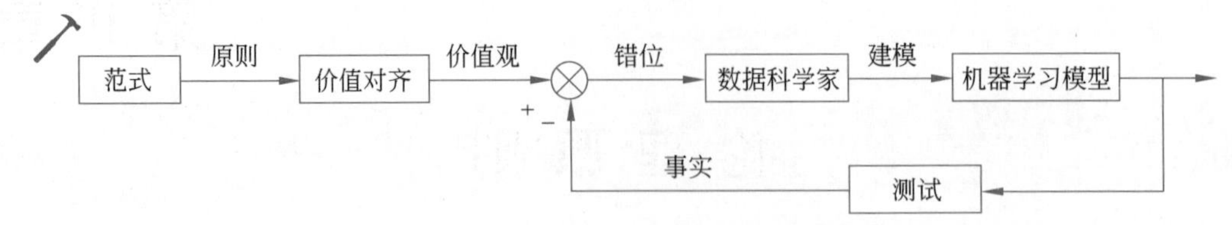

图 15.2 范式决定了构建价值观的原则

范式是系统中最有效的干预点，可以改变其行为。图 15.2 从范式开始，输出原则。将原则输入价值对齐模块，输出价值观；从价值观中减去事实得到错位。将错位输入数据科学家模块，输出建模。将建模输入到机器学习模型模块，再输出到测试模块。测试的输出就是从价值观中得出的事实，形成一个反馈循环。图中用锤子表示范式被干预。

果的关键点。然而，最有效的关键点是对范式的干预[①]。因此，本章将主要讨论不同的范式及其所产生的原则、规范和准则。

15.1 原则概述

近年来，来自不同行业和地区的团体为机器学习（以及更广泛的人工智能）制定了符合其范式的伦理原则。私营企业、政府和民间团体（包括非政府组织（NGOs））也都制定了相关的规范性文件。然而，经济发达国家的组织相较于经济欠发达国家的组织展现出更高的活跃度，这有可能导致权利失衡。此外，机器学习的伦理框架主要基于西方哲学，而非其他伦理观念[②]。尽管不同的原则集合有许多相似之处，但也存在关键差异[③]。

首先，我们先看其相似之处。在宏观层面，众多组织的伦理指导原则中通常包括以下 5 项。

（1）隐私。

（2）公平性和正义。

（3）安全性和可靠性。

（4）透明性（通常包括可解释性和可说明性）。

（5）社会责任和行善。

此列表与本书描述的可信属性框架相吻合。某些主题，如通用人工智能和其潜在的存在主义威胁（机器接管世界），以及机器学习对人类心理的影响，常常从伦理原则中遗漏。

政府、非政府组织和私营企业制定的伦理原则存在明显差异。与私营企业不同，政府和非政府组织的原则制定过程更具参与性。他们的伦理原则不仅包含上述 5 项，还有其他补充原则。此外，阐述其原则的文件内容也更加有深度。

---

① More philosophically, Meadows provides an even more effective leverage point: completely transcending the idea of paradigms through enlightenment.

② Abeba Birhane. "Algorithmic Injustice: A Relational Ethics Approach." In: *Patterns* 2.2 (Feb. 2021): 100205. Ezinne Nwankwo and Belona Sonna. "Africa's Social Contract with AI." In: *ACM XRDS Magazine* 26.2 (Winter 2019): 44-48.

③ Anna Jobin, Marcello Ienca, Effy Vayena. "The Global Landscape of AI Ethics Guidelines." *In*: *Nature Machine Intelligence* 1 (Sep. 2019): 389-399.

Daniel Schiff, Jason Borenstein, Justin Biddle, et al. "AI Ethics in the Public, Private, and NGO Sectors: A Review of a Global Document Collection." In: *IEEE Transactions on Technology and Society* 2.1 (Mar. 2021): 31-42.

政府更注重机器学习对就业和经济增长的宏观经济影响，非政府组织更关注机器学习的潜在滥用，而私营企业则重视信任、透明性和社会责任。本章后续部分将对这些模式进行深入探索。

15.2　政府

政府的主要目标是什么？其核心目标包括法律与秩序、国家防卫，以及确保人民的健康、福祉、安全和道德。许多国家都有长期的国家发展计划，致力于提高民众的生活质量。2015 年，联合国的会员国达成一致，制定了 17 个到 2030 年的可持续发展目标，为各国的发展方向提供了共同指引。这些目标包括以下内容。

（1）在全球消除贫困。

（2）消除饥饿，实现粮食安全，改进营养并推广可持续农业。

（3）确保所有人在所有年龄段享有健康的生活和促进福祉。

（4）提供包容和公平的优质教育，为所有人提供终身学习机会。

（5）实现性别平等，赋予所有妇女和女童权利。

（6）确保所有人都能获得可持续管理的水资源和卫生设施。

（7）确保所有人都能获得经济实惠、可靠、可持续和现代的能源。

（8）促进持续、包容和可持续的经济增长，实现充分和高效的就业，为所有人提供体面的工作。

（9）建设弹性基础设施，推动包容和可持续的工业化，并鼓励创新。

（10）减少各国和国际间的不平等。

（11）构建包容、安全、弹性和可持续的城市和人类居住地。

（12）确保可持续的消费和生产模式。

（13）采取紧急行动应对气候变化及其影响。

（14）保护和可持续利用海洋、海域和海洋资源以实现可持续发展。

（15）保护、恢复和促进陆地生态系统的可持续利用，持续管理森林，防治荒漠化，阻止和扭转土地退化，防止生物多样性丧失。

（16）促进和平与包容社会的可持续发展，为所有人提供公正司法，建立各级有效、负责任和包容性的制度。

（17）加强实施手段，激活全球可持续发展伙伴关系。

为了实现其目标，政府的人工智能伦理原则以可持续发展目标为基础。公平和正义是伦理原则的核心原则之一，并被包括在第 5、第 10 和第 16 个目标中。其他几个目标则与社会责任和公益行为有关。

经济增长和充分就业是第 8 个目标的核心内容，同时在第 9 和第 12 个目标中也有所涉及。政府普遍关心的是，机器学习技术可能会通过自动化取代工作岗位，而不是创造新的工作机会。因此，正如前文所述，政府的人工智能伦理原则强调经济方面，而其他领域的伦理原则可能对此没有那么强烈的关注。

> “我们目前使得工作过于自动化，同时拒绝投资于人类生产力；进一步发展将取代工人，无法创造新的机会（同时，无法充分发挥人工智能提高生产力的潜力）。”
>
> ——达伦·阿西莫格鲁（Daron Acemoglu），麻省理工学院经济学家

为实现这一目标的一部分，越来越多的呼吁要求转变观念，将人工智能系统作为补充或增强人类智能，而非模仿人类智能[①]。

此外，为了提高经济竞争力和抵御外部威胁，一些国家现已开始参与所谓的“军备竞赛”。将机器学习的发展视为一场竞赛可能会导致在安全和治理方面走捷径，而本书一直在提醒大家要警惕这种风险[②]。

15.3 私营企业

企业的宗旨是什么？在过去的五十年里，多数公司（尽管有例外）的宗旨是为投资者创造利润，也就是最大化股东价值。

> “企业唯一的社会责任是：从事旨在增加利润的活动。”
>
> ——米尔顿·弗里德曼（Milton Friedman），芝加哥大学经济学家

然而，在2019年，总部位于美国的184家大公司首席执行官组成的商业圆桌会议提出了公司更为广泛的宗旨，具体内容如下。

（1）为客户创造价值，持续满足或超越其期望。

（2）投资员工。公平支付薪酬和福利，通过培训和教育提升他们，帮助他们掌握新技能以应对快速变化的世界。推崇多元化、包容性、尊严和尊重。

（3）公平、道德地与供应商合作。努力成为与各大、小公司的好伙伴，以帮助完成使命。

（4）支持与工作相关的社区。尊重社区成员，并在业务中通过采用可持续方法维护社区环境。

（5）为股东创造长期价值，股东为公司投资、成长和创新提供了资本。我们致力于与股东保持透明性和有效沟通。

股东价值列在最后一条，其他内容涉及公平性、透明性和可持续发展。公司制定的人工智能伦理原则与其日益扩大的宗旨一致，也注重公平性、透明性和可持续发展[③]。

---

① Daron Acemoglu, Michael I. Jordan, E. Glen Weyl. “The Turing Test is Bad for Business.” In: *Wired* (Nov. 2021).

② Stephen Cave, Seán S. ÓhÉigeartaigh. “An AI Race for Strategic Advantage: Rhetoric and Risks.” In: *Proceedings of the AAAI/ACM Conference on AI, Ethics, and Society*. New Orleans, Louisiana, USA, Feb. 2018: 36-40.

③ 2022年1月，商业圆桌会议提出了10条自己的人工智能伦理原则：(1)为多元化创新；(2)减轻潜在的不公平偏差；(3)设计和实施透明性、可解释性和可说明性；(4)投资未来人工智能劳动力；(5)评估和监控模型适用性和影响；(6)负责任地管理数据收集和数据使用；(7)设计和部署安全的人工智能系统；(8)鼓励全公司范围的负责任的人工智能文化；(9)调整现有治理结构以适应人工智能；(10)在整个组织中实施人工智能治理。

> “我认为我们正处于第三个时代，即综合影响力的时代，在这个时代，我们所创造的社会影响成为公司核心价值和功能的一部分。”
>
> ——艾琳·瑞利(Erin Reilly)，Twilio 首席社会影响官

2019 年商业圆桌会议的声明引起了广泛争议。有人批评这仅是为了公关而发表的声明，并未伴随实质性的行动。还有观点认为，这是 CEO 试图减少对投资者的问责[①]。特别是那些正在研究机器学习技术的公司，其人工智能伦理原则也受到了“伦理洗白”的批评，这意味着他们打出伦理发展的旗号，而实际努力却相当肤浅[②]。最为激烈的批评则指出，这些科技公司正试图误导公众，掩盖他们对机器学习真实的目的和意图[③]。

15.4 非政府组织

非政府组织的构成多种多样，但他们的宗旨主要是为了推进其成员的政治或社会目标。非政府组织的发展理论可能聚焦于促进人权、改善弱势群体的生活条件或保护环境。作为第三部门(民间团体)，非政府组织作为政府和企业的制衡力量，扮演着他们未能或不愿扮演的角色。非政府组织通过揭露问题对政府和私营部门施加压力，并努力使权利转移到社会的弱势群体。

批判理论是研究社会价值观的一种方法，旨在揭示和挑战社会中的权利结构；它是许多非政府组织发展理论的基础，包括批判性种族理论、女权主义、后殖民主义和批判性残疾理论等。批判性种族理论挑战与种族和民族有关的权利结构，特别关注美国的白人至上主义和针对黑人的种族主义。女权主义关注与性别有关的权利结构，挑战男性至上主义。后殖民主义挑战(通常是欧洲的)帝国主义的遗产，这种遗产继续为殖民者榨取人力和自然资源利益。批判性残疾理论挑战对残疾人的歧视。这些不同维度的组合，被称为交叉性(第 10 章首次引入)，也是批判理论的一个关键组成部分。

从批判理论的角度看，机器学习系统往往是巩固霸权(由主导群体施加的权利)的工具[④]。它们从弱势群体中提取数据，但往往会给弱势群体造成伤害。因此，非政府组织提出

---

① Lucian A. Bebchuk, Roberto Tallarita. “The Illusory Promise of Stakeholder Governance.” In: *Cornell Law Review* 106 (2020): 91-178.

② Elettra Bietti. “From Ethics Washing to Ethics Bashing: A View on Tech Ethics from Within Moral Philosophy.” In: *Proceedings of the ACM Conference on Fairness, Accountability, and Transparency*. Barcelona, Spain, Jan. 2020: 210-219.

③ Mohamed Abdalla, Moustafa Abdalla. “The Grey Hoodie Project: Big Tobacco, Big Tech, and the Threat on Academic Integrity.” In: *Proceedings of the AAAI/ACM Conference on AI, Ethics, and Society*. Jul. 2021: 287-297.

④ Shakir Mohamed, Marie-Therese Png, William Isaac. “Decolonial AI: Decolonial Theory as Sociotechnical Foresight in Artificial Intelligence” In: *Philosophy & Technology* 33 (Jul. 2020): 659-684.

Alex Hanna, Emily Denton, Andrew Smart, et al. “Towards a Critical Race Methodology in Algorithmic Fairness.” In: *Proceedings of the ACM Conference on Fairness, Accountability, and Transparency*. Barcelona, Spain, Jan. 2020: 501-512.

Emily M. Bender, Timnit Gebru, Angelina McMillan-Major, et al. On the Dangers of Stochastic Parrots: Can Language Models Be Too Big? In: *Proceedings of the ACM Conference on Fairness, Accountability, and Transparency*. Mar. 2021: 610-623.

的人工智能伦理原则经常呼吁打破当前的权利格局,尤其是通过关注最弱势的人群,赋予他们追求自己目标的能力。

> "对人工智能,真正的伦理立场要求我们关注三个目标:增强、本地化情境和包容性,这与晚期资本主义所证明的价值是对立的。"
>
> ——达纳·博伊德(Danah Boyd),数据与社会研究所所长

以一个致力于为弱势群体提供人道主义救援的非政府组织提出的人工智能原则为例[①]。

(1)权衡利弊与风险:尽可能避免使用人工智能。

(2)使用基于情境的人工智能系统。

(3)鼓励和纳入当地社区参与人工智能项目。

(4)实现算法审计系统。

15.5 从原则到实践

来自政府、企业和民间团体的伦理原则代表了3种不同的规范价值范式,这些范式可以通过价值对齐技术(在第14章中描述)编码,进而指导可信机器学习系统的行为。但这些原则只有在组织内部存在足够的动力、激励和资源去实施时才能真正生效。干预系统范式是一个有效的起点,但并不是唯一的关键点。落实原则还涉及多个关键环节。

可信机器学习的理论和方法起始于算法研究。传统机器学习研究者常追求算法的性能、泛化性、效率、可理解性、新颖性及其与前人工作的关系[②]。而随着公平性、可解释性和鲁棒性研究的兴起(这是"热门话题"),研究者也开始重视算法的可信性。为此,他们开发了许多开源和商业工具,使数据科学家能够应用最新研究的算法。但仅有算法工具还不足以将伦理原则付诸实践。实践者还需要知道如何在组织内部驱动发展并管理各方利益关系。制定风险列表是实现组织发展的方法之一[③],但制定更多的组织发展战略还需进一步探索研究。

将原则付诸实践是一个有其独特生命周期的过程[④]。首先,需要付出一系列小的努力,由温和激进分子(组织内相信发展并持续采取小步骤实现发展的人)发起的临时风险评估。其次,通过这些小的努力展示可信机器学习的价值,并获得高层管理人员对这些伦理原则的支持。一旦得到高管的支持,他们便可以就这些原则对整个组织进行普及和教育,并开始重

---

① Jasmine Wright, Andrej Verity. "Artificial Intelligence Principles for Vulnerable Populations in Humanitarian Contexts." Digital Humanitarian Network, Jan. 2020.

② Abeba Birhane, Pratyusha Kalluri, Dallas Card, et al. "The Values Encoded in Machine Learning Research." arXiv: 2106.15590, 2021.

③ Michael A. Madaio, Luke Stark, Jennifer Wortman Vaughan, et al. "Co-Designing Checklists to Understand Organizational Challenges and Opportunities around Fairness in AI." In: *Proceedings of the CHI Conference on Human Factors in Computing Systems*. Honolulu, Hawaii, USA, Apr. 2020: 318.

④ Bogdana Rakova, Jingying Yang, Henriette Cramer, et al. "Where Responsible AI Meets Reality: Practitioner Perspectives on Enablers for Shifting Organizational Practices." In: *Proceedings of the ACM on Human-Computer Interaction* 5.CSCW1 (Apr. 2021): 7. Kathy Baxter. "AI Ethics Maturity Model." Sep. 2021.

视那些在组织中为可信机器学习实践做出贡献的个人工作。有时，高管的推动力也可能受到外部因素的影响，如新闻媒体、品牌声誉、第三方审计或法规要求。接下来，应在组织使用的整个开发基础设施中集成事实流工具（一种在第 13 章中介绍的自动捕获事实以实现透明性的工具）以及关于公平性、鲁棒性和可解释性的算法。最后，建立一个涉及不同利益相关者的问题规范（价值对齐）和机器学习系统的评估机制，赋予其修改或停止系统部署的权利。此外，这个阶段还需要为实施可信机器学习分配相应的资源。

15.6 总结

- 可信机器学习系统的目的是行善，但“善”的定义并不唯一。
- 政府、私营企业和社会团体组织各有其定义的伦理原则。
- 隐私性、公平性、可靠性、透明性和行善是常见的伦理主题。
- 各国政府注重机器学习在经济上的应用。
- 企业主要注重常见的伦理主题。
- 非政府组织强调关注和赋权弱势群体。
- 一系列小的措施有助于推动组织接纳人工智能的伦理框架和原则。尽管采纳这些原则是实现可信机器学习的有效起点，但这并不是唯一需要的措施。
- 从原则到实际操作还需要：在组织内部进行广泛的普及和教育；在组织的开发生命周期中为可信机器学习提供工具；将可信机器学习的检查和缓解措施融入每个模型中分配资源；在问题定义和评估阶段，赋予不同利益相关者否决权。

第 16 章

生活经验

在第 10 章，我们提及了美国一家顶尖的健康保险公司 Sospital(虚构)。这家公司正在努力以公平为核心原则，改革其护理管理系统。假设你是 Sospital 的项目经理，主要负责减少会员对阿片类止痛药的滥用。自 20 世纪 90 年代末，美国的阿片类药物的滥用已经愈演愈烈，导致每年超过 8.1 万人因为过量使用这些药物而失去生命。为了更深入地解决这个问题，首先你要深入分析成员的用药数据。当前，已有的基于机器学习的阿片类药物过量风险模型是依据国家处方药监控项目的数据进行训练的，这些数据可能还包括来自执法机关的相关信息。这个模型在数据质量、知情同意、数据偏差、模型的可解释性以及透明性等方面存在诸多问题[①]。而且，这个模型更容易捕获到伪相关性，它是一个预测性的机器学习模型，而不是因果关系模型。基于以上原因，你并不打算简单地采用这个现有模型，而是决定从零开始，构建一个更可信的模型。一旦模型开发完成，你的目标是对其实际部署，帮助决策者以公平、负责和支持的方式对结果进行干预。

为了实现这个目标，你着手组建一个团队，负责整个阿片类药物风险评估模型的机器学习生命周期。你深知团队的多元化是促进业务发展的关键[②]。例如，一项 2015 年的研究显示，在性别和种族/民族多元化上位于前 25%的公司，其财务表现超过其他公司 25%[③]。在实验中，多元化团队更注重事实，并且更具创新性[④]。但多元化团队真的能为我们带来更好、更少偏差、更可信的机器学习模型吗[⑤]？如果可以，这样的模型是如何构建的？它们为何能够实现预期效果？当谈及“多元化”时，我们具体指的是什么？它在机器学习生命周期的哪些环节和角色中发挥作用？

> “我坚信，多元化会推动我的专业领域向前，从而为全人类带来更先进的技术和更大的益处。”
>
> ——安德烈亚·戈尔德史密斯(Andrea Goldsmith)，斯坦福大学的电气工程师

---

① Maia Szalavitz. “The Pain Was Unbearable. So Why Did Doctors Turn Her Away?” In：*Wired* (Aug. 2021).

② Among many other points that are used throughout this chapter，Fazelpour and De-Arteaga emphasize that the business case view on diversity is problematic because it takes the *lack* of diversity as a given and burdens people from marginalized groups to justify their presence. Sina Fazelpour and Maria De-Arteaga. “Diversity in Sociotechnical Machine Learning Systems.” arXiv：2107.09163，2021.

③ The study was of companies in the Americas and the United Kingdom. Vivian Hunt，Dennis Layton，and Sara Prince. “Why Diversity Matters.” McKinsey & Company，Jan. 2015.

④ David Rock，Heidi Grant. “Why Diverse Teams are Smarter.” In：*Harvard Business Review* (Nov. 2016).

⑤ Caitlin Kuhlman，Latifa Jackson，Rumi Chunara. “No Computation Without Representation：Avoiding Data and Algorithm Biases Through Diversity.” arXiv：2002.11836，2020.

首要问题是团队是否会影响创建的模型？当拥有相同的数据时，所有技术娴熟的数据科学家是否会构建出相同的模型并得出一致的结论呢？一个真实的实验考察了 29 个团队的数据科学家，他们被赋予同一个开放性的任务，即使用完全一致的数据集[①]来研究足球裁判是否对深肤色球员存在偏见。由于各团队在分析过程中的主观判断和选择不同，得到的结论也各异：20 个团队认为裁判对深肤色球员有明显的偏见，而 9 个团队得出的结论是没有。另一项实验中，25 个数据科学团队使用完全相同的健康数据开发死亡预测模型，但这些模型在公平性上存在显著差异，尤其在种族和性别方面[②]。在开放式的生命周期中，模型的结果在很大程度上可能取决于团队的选择。

如果团队很重要，那么团队中的哪些特征最为关键呢？当你组建团队来构建阿片类药物滥用风险的模型时，你应当考虑哪些因素呢？需要关注的有两个主要特征：①信息细化，即团队成员是如何协作的；②认知，即团队成员各自了解哪些知识。在信息细化中，社会文化多元化的团队更可能会放慢步伐，思考那些关键且有争议的问题，而不是简单地采取捷径[③]。这种放慢步伐在文化单一的团队中不常见，并且，这并不仅取决于团队成员是否具备不同的知识背景。团队成员都可能了解这些关键问题，但如果他们在社会文化上较为同质，那么他们可能不会深入考虑这些问题。

你可能已经发现，本书中有许多与特定主题相关的引用。这些引用来自不同的社会文化背景，可能与你的背景大不相同。这是一个有益的设计。尽管这些引用的内容可能与书中的核心观点不完全一致，但其目的是让你听到这些声音，放慢思考的步伐，不走捷径（不走捷径是本书的主旨之一）。

社会文化的多元化与边缘化的生活经验是相互关联的[④]。回想第 1 章提到的生活经验，即通过直接体验那些不可避免的事件而获得的知识，这与团队的第二个特征——认知，有直接关系。与可信机器学习相关的一个核心理论认为：拥有边缘化生活经验的人在反思受压制经历时，相对于没有这种经验的人，他们能更加深入地理解权利结构和决策系统[⑤]。受压制的人拥有一种“双重意识”，能够在压制者和被压制者的视角中切换。相比之下，特权阶层往往有认知盲区，他们只能从自己的角度看待问题。

> “具有边缘化特征的人，也就是那些遭受过歧视的人，对可能发生在人们身上的各种负面的事情，以及世界糟糕的运行方式有更深入的理解。”
>
> ——玛格丽特·米切尔（Margaret Mitchell），研究科学家

---

① Raphael Silberzahn, Eric L. Uhlmann. “Crowdsourced Research: Many Hands Make Tight Work.” In: *Nature* 526 (Oct. 2015): 189-191.

② Timothy Bergquist, Thomas Schaffter, Yao Yan, et al. “Evaluation of Crowdsourced Mortality Prediction Models as a Framework for Assessing AI in Medicine.” medRxiv: 2021.01.18.21250072, 2021.

③ Daniel Steel, Sina Fazelpour, Bianca Crewe, et al. “Information Elaboration and Epistemic Effects of Diversity.” In: *Synthese* 198.2 (Feb. 2021): 1287-1307.

④ Neurodiversity is not touched upon in this chapter, but is another important dimension that could be expanded upon.

⑤ Natalie Alana Ashton, Robin McKenna. “Situating Feminist Epistemology.” In: *Episteme* 17.1 (Mar. 2020): 28-47.

> “那些直接受到过人工智能系统伤害的人，深知知识和专业技能的重要性。”
> ——艾米丽·登顿(Emily Denton)，谷歌研究科学家

> “技术知识无法替代情境理解和生活经验。”
> ——梅雷迪思·惠特克(Meredith Whittaker)，纽约大学研究科学家

在现代科学和工程领域，来自生活经验的知识往往被视为不重要；而通常，只有通过科学方法得到的知识才被认为是有效的。这与批判理论形成了鲜明对比，批判理论以边缘化群体的生活经验为基础。考虑到第15章介绍的基于批判理论的伦理原则，有必要在开发阿片类药物滥用风险模型时纳入生活经验。因此，在本章后续部分，你将学习以下内容。

- 把团队成员的生活经验的认知优势与机器学习生命周期的各阶段的需求和标准联系起来。
- 制定如何利用该映射设计生命周期的角色和架构。

16.1 生命周期不同阶段的生活经验

在开发阿片类药物滥用风险模型时，其生命周期的第一阶段是问题描述和价值对齐。在这个阶段，需要确保具有多元生活经验的人参与，以质疑假设，并确定第14章提到的4个价值对齐的核心问题：你是否应该解决这个问题，哪些可信性要素需要重视，如何评估这些要素的性能，以及何为可接受的指标范围。在这个阶段，团队成员的认知优势至关重要。没有经历过系统性劣势的团队成员存在认知盲区，这将使他们无法注意到系统可能带来的滥用和伤害，例如对传统边缘化群体的不当拒诊。这个阶段应该使用参与式设计，正如第14章所描述[①]。

> “新的视角会带来新的问题，这是不争的事实。这正是包容性至关重要的原因！”
> ——黛布·拉吉(Deb Raji)，Mozilla研究员

第二阶段是数据理解。在这一阶段，需要深入挖掘可用数据及其来源，以确定可能存在的偏差和知情同意问题，详见第4章和第5章。这是团队需要持续批判性思考的一个阶段，其中，有认知优势的成员可以起到关键作用。如第10章所述，开发Sospital护理管理系统的团队在利用健康成本作为健康需求的代理时，需要意识到对非裔美国人的潜在偏见。同时，患者数据中的阿片类药物成瘾诊断表明他们在Sospital接受治疗，这也会对那些较少使用医疗保健系统的群体产生偏见。边缘化群体的问题所有者、利益相关者和数据科学家可能更容易发现这些问题。此外，多元的生活经验有助于揭示一些问题，如患者记录中大剂量的阿片类药物是为他们的宠物开具的，而非为他们自己；纳曲酮作为一种阿片类药物，其存

① Vinodkumar Prabhakaran, Donald Martin Jr. “Participatory Machine Learning Using Community-Based System Dynamics.” In: *Health and Human Rights Journal* 22.2 (Dec. 2020): 71-74.

在代表治疗成瘾，而非滥用的进一步证据。

第三阶段是数据准备，可以分为数据整合和特征工程。数据整合比较机械化，因此，生活经验的批判性在此可能作用不大，但在更具创造性的特征工程部分也是否如此呢？如第 10 章所述，特征工程可能引入偏差，如通过累加不同的健康成本创建一个单独的列。具有认知优势的团队成员可能识别出这些偏差。但如果数据集的约束（如公平性指标约束）已在问题描述阶段中考虑，以预测可能产生的危害，那么可能就不需要额外的认知优势来识别这些问题。因此，在生命周期的数据准备阶段，团队中那些有边缘化经验的成员作用相对较小。

在生命周期的第四阶段，团队将利用已准备好的数据，针对导致阿片类药物滥用的原因开发一个因果模型①。在确定了建模任务、性能指标的问题描述阶段，以及在数据理解和数据准备阶段确定数据集后，与前一节所述的足球裁判和死亡预测任务相比，建模阶段不再是开放性的。从数据科学家的视角看，建模受到了较大约束。

近期的一项研究邀请了 399 名数据科学家单独工作，根据约 500 个传记特征建立人们的数学素养模型；数据集和基础性能指标已设定（但未规定公平性指标）②。值得指出的是，数据集包含大量数据点，经过精心收集，形成一个无总体偏差的代表性样本。因此，数据集的认知不确定性被视可以忽略不计。研究对这 399 个模型进行了分析，发现模型中的不必要偏差与开发模型的数据科学家的社会文化背景之间并无明显关联。

在此类例子及其他受约束、认知不确定性较低的建模任务中，团队的生活经验似乎不太重要。然而，当面临高度的认知不确定性，如在分析阿片类药物滥用问题时，数据科学家选择的模型的归纳偏差会变得尤为关键，此时他们的生活经验可能变得很重要。但与此前关于问题描述可能削弱特征工程中边缘化群体认知优势的论点相吻合，明确描述所有相关的信任度量维度也可能减弱生活经验在建模中的作用。

当阿片类药物风险模型建立后，评估模型并不仅是按照第 14 章所述，简单地测试其指定的信任度量范围。一旦模型具体化，就能通过多种方式对其进行操作，并更直观地洞察其可能产生的危害。因此，在评估过程中，经历过系统性劣势的团队成员的批判性分析是必要的，他们能更好地识别在 Sospital 运营中部署模型时可能的负面影响。

最后，如果模型通过了评估，团队中的机器学习运营工程师将执行生命周期的部署和监测阶段。他们主要负责确保与 Sospital 的其他系统进行技术整合，并关注随着时间的推移，在价值对齐期间产生的信任度量范围何时被违反。这是生命周期中的另一个阶段，在这个阶段中，一个包含边缘化生活经验的工程师团队并没有太多的认知优势。

总的来说，如图 16.1 所示，一个包含边缘化生活经验成员的多元化团队在生命周期的 3 个阶段（问题描述、数据理解和评估）是有助益的，而在另外 3 个阶段（数据准备、建模、部署和监测）中，可从其中获得的认知优势相对较少。这为你开发的阿片类药物风险模型提供了一个特定的生命周期架构，下节将对此进行详细讨论。

---

① Chirag Nagpal, Dennis Wei, Bhanukiran Vinzamuri, et al. "Interpretable Subgroup Discovery in Treatment Effect Estimation with Application to Opioid Prescribing Guidelines." In: *Proceedings of the ACM Conference on Health, Inference, and Learning*. Apr. 2020: 19-29.

② Bo Cowgill, Fabrizio Dell'Acqua, Samuel Deng, et al. "Biased Programmers? Or Biased Data? A Field Experiment in Operationalizing AI Ethics." In: *Proceedings of the ACM Conference on Economics and Computation*. Jul. 2020: 679-681.

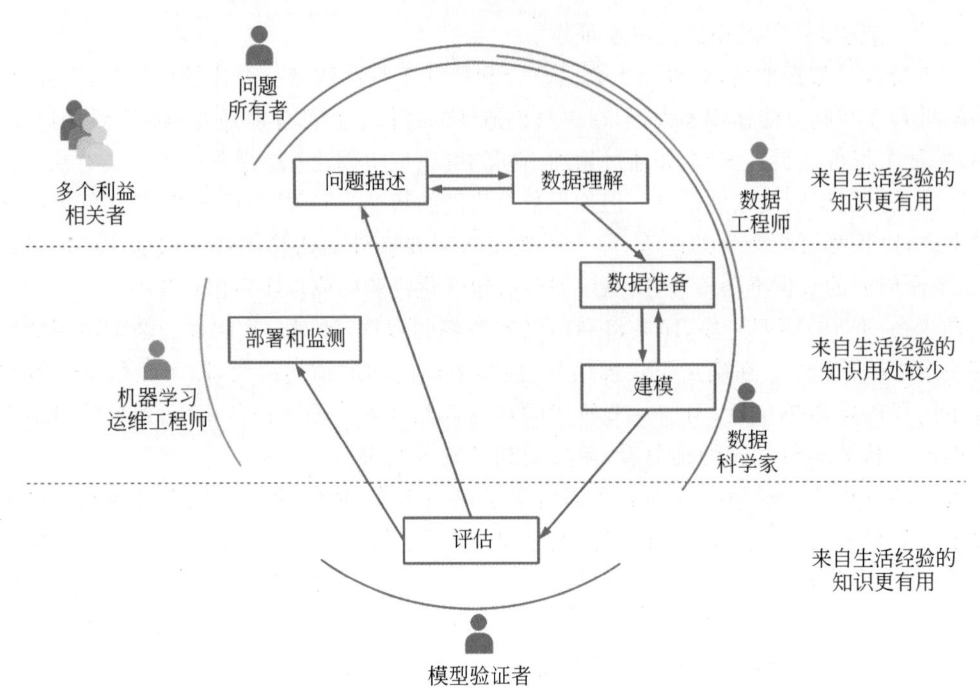

图 16.1 以生活经验知识实用性描述的机器学习生命周期

来自生活经验的知识在问题描述、数据理解和评估方面很有用，而在数据准备、建模、部署和监测方面的用处相对较少。生命周期图表按照各阶段的生活经验的有用性进行标注。

16.2 包容性生命周期架构

从 16.1 节中了解到，在问题描述、数据理解和评估阶段，拥有一个具有边缘化生活经验的多元化团队是非常重要的。这些阶段最突出的角色通常是问题所有者和模型验证者。问题所有者通常是应用领域的专家，他们可能并不擅长数据工程和建模。他们可能有边缘化的生活背景，也可能没有。考虑到多数公司（包括 Sospital）的权利结构，问题所有者往往具有特权背景。即使 Sospital 的情况并非如此，也强烈建议在生命周期的这些阶段，让来自多元化边缘化群体参与并提供意见。

这为我们留下了另外 3 个阶段。那么，这 3 个阶段如何进行？分析显示，只要问题描述和验证阶段涵盖了具有负面经历的团队和小组成员[①]，任何有能力、可靠、善于沟通和无私的数据工程师、数据科学家和机器学习运营工程师，只要他们掌握了可信的机器学习工具并接受了适当的培训，都可以创建一个可信的阿片类药物滥用风险模型，而不必考虑他们的生活经验。Sospital 的专业数据科学团队并不都是具有丰富生活经验的人，你也不想对有经验的人征收“少数人税”，即以多元化的名义向少数群体员工增加额外责任。所以，你选择了最合适的人，这是完全没问题的（机器学习研究人员应当具备各种生活经验，因为他们不仅要提出问题，还要回答问题。幸运的是，尽管他们的总人数不多，但与其他机器学习研究领

① 这些规范和验证也必须拥有真正的权利。这一点稍后将使用术语“参与洗白”讨论。

域相比，在可信机器学习研究中具有边缘化经验的研究人员代表性似乎更强[①])。

如果数据科学家和工程师的生活经验对于构建可信机器学习系统并不重要，或者数据科学家和工程师本身不是真实的人，那将会怎样？技术的进步意味着在不久的将来，特征工程和建模大部分会自动化，采用所谓的自动机器学习。算法会构建派生特征、选择假设类别、优化机器学习算法的超参数等。只要这些自动机器学习算法本身是可信的[②]，那么它们似乎就可以无缝融入生命周期，与问题所有者和模型验证者互动，成功创建一个关于阿片类药物滥用的可信模型。

如图 16.2 所示，在不久的将来，在第 14 章和第 15 章介绍的治理控制理论视角下，自动机器学习将会取代数据科学家成为控制器。这种自动机器学习架构允许问题所有者和边缘化群体在不依赖稀缺且昂贵的数据科学家的情况下追求他们的目标。当配合低代码/无代码界面（允许用户在很少或不需要了解传统计算机编程的情况下，创建应用程序的可视化软件开发环境）使用时，此架构能为 Sospital 的问题所有者提供更大众化和更易于使用的机器学习。

> “这是一个将人类置于中心的问题，关于那些不必要的障碍。那些具有领域专业知识的人在指导机器方面遇到了困难。”
>
> ——克里斯托弗·里(Christopher Re)，斯坦福大学计算机科学家

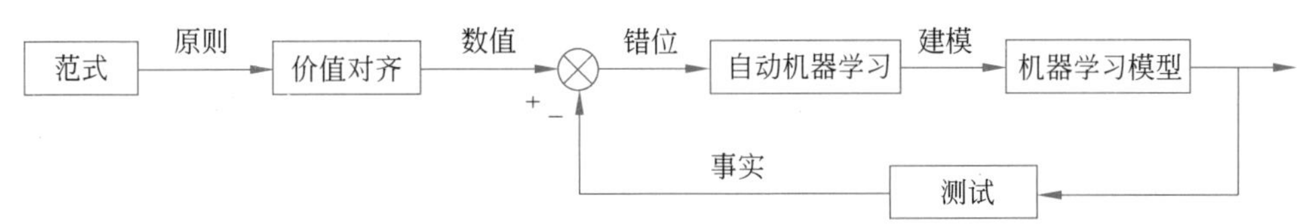

图 16.2　以自动机器学习技术作为控制器代替数据科学家的人工智能治理的控制理论视角

图 16.2 由范式模块开始，其输出原则，将原则输入价值对齐模块得到数值，从数值中减去事实得到错位。将错位输入自动机器学习模块，并得到建模，将建模输入机器学习模型中，最后将结果输入测试模块，测试的输出就是从数值中减去的事实，从而形成一个反馈循环。

最近对从事机器学习生命周期工作的专业人士进行了一项调查，询问了他们在不同生命周期阶段对自动机器学习的偏好[③]。受访者认为在那些生活经验相对不那么重要的阶段，如数据准备、建模、部署和监测，自动化是首选。而他们不倾向于在生活经验更为关键的生命周期阶段，如问题描述、数据理解和评估中看到自动化。此外，问题所有者更倾向更大程度的自动化，这或许是因为自动化给他们带来了更多的掌控感。这些建议都进一步支持了机器学习开发架构，强调在生命周期的“起飞”（问题描述和数据理解）和“着陆”（评估）阶段需要人的参与，而在“巡航”（数据准备和建模）阶段可采用“自动驾驶”（自动机器学习）。

① Yu Tao, Kush R. Varshney. “Insiders and Outsiders in Research on Machine Learning and Society.” arXiv: 2102.02279, 2021.

② Jaimie Drozdal, Justin Weisz, Dakuo Wang, et al. “Trust in AutoML: Exploring Information Needs for Establishing Trust in Automated Machine Learning Systems.” In: *Proceedings of the International Conference on Intelligent User Interfaces*. Mar. 2020: 297-307.

③ Dakuo Wang, Q. Vera Liao, Yunfeng Zhang, et al. “How Much Automation Does a Data Scientist Want?” arXiv: 2101.03970, 2021.

另一项最近的调查显示，机器学习的专家比非专家更加倾向于加强治理①。这一结果表明，问题所有者可能并未意识到在自动化的生命周期中明确价值对齐的重要性。因此，问题所有者的掌控感应当在强调范式和明确价值的架构中得到体现。

> “参与洗白或许将成机器学习领域的新兴风险。”
>
> ——莫娜·斯隆(Mona Sloane)，纽约大学社会学家

在结束对包容性生命周期架构的讨论之前，我们必须提及“参与洗白”，即边缘化群体成员从事无信誉和无补偿劳动②。参与式设计会议旨在纳入多元的声音，特别是来自具有边缘化经验的人群，他们的贡献应当得到适当的认可和补偿。如果这些会议仅是为了走过场，那其意义便大打折扣。这些会议得出的成果在整个药物滥用模型的开发生命周期中应获得持续的支持和维护，否则整个系统可能面临崩溃。在所有生命周期阶段，都应有相关生活经验的团队成员参与。

抛开为边缘化群体的意见提供所需权利的困难任务，你应该如何召集一个多元化的小组呢？从实际的角度看，如果你的工作受到限制，该怎么办③？弱势人群不熟悉的实体的广告宣传可能不会吸引到很多候选人。在特定的社交媒体群组和招聘网站进行更有针对性的招聘可能会稍好一些，但仍然会遗漏某些群体。遗憾的是，并没有真正的捷径。你必须与服务于不同社区的机构以及这些社区的成员建立关系。只有这样，才能够招募合适的人参与问题描述、数据理解和评估阶段(作为雇员或仅作为一次性的小组成员)，并能够做你知道你应该做的事情。

16.3 总结

- 机器学习生命周期中的模型受团队特征的影响。
- 社会文化多元化较强的团队往往更倾向于深思熟虑，避免采取捷径。
- 具有边缘化生活经验的团队成员在发现潜在危害方面具有认知优势。
- 这种来自生活经验的认识优势在生命周期的问题描述、数据理解和评估阶段尤为关键。在数据准备、建模、部署和监测阶段则相对不那么重要。
- 一个有效的生命周期架构需要关注：在认知优势明显的阶段中，应包括那些具有边缘化生活经历的团队成员。
- 其他阶段可以由可信的数据科学家和工程师完成，甚至是由可信的自动机器学习算法执行，这可能会赋予问题所有者更大的权利。

---

① Matthew O'Shaughnessy, Daniel Schiff, Lav R. Varshney, et al. “What Governs Attitudes Toward Artificial Intelligence Adoption and Governance?” osf.io/pkeb8, 2021.

② Mona Sloane, Emanuel Moss, Olaitan Awomolo, et al. “Participation is Not a Design Fix for Machine Learning.” arXiv: 2007.02423, 2020.

Bas Hofstra, Vivek V. Kulkarni, Sebastian Munoz-Najar Galvez, et al. “The Diversity-Innovation Paradox in Science.” In: *Proceedings of the National Academy of Sciences of the United States of America* 117.17 (Apr. 2020): 9284-9291.

③ Fernando Delgado, Stephen Yang, Michael Madaio, et al. “Stakeholder Participation in AI: Beyond ‘Add Diverse Stakeholders and Stir.’” In: *Proceedings of the NeurIPS Human-Centered AI Workshop*. Dec. 2021.

第 17 章

社会公益

如在第 7 章和第 13 章中所述，信息技术公司 JCN（虚构）拥有多个数据科学团队，这些团队负责解决公司及其客户的各种问题。JCN 的首席执行官是商业圆桌会议的成员，他还是一个签署人，主张将私营企业的价值观从仅限于股东扩展至其他利益相关者（第 15 章有所介绍）。在这种背景下，你认为公司应当更重视行善和助人为乐（关于可信性的第 4 个属性）。因此，你计划在 JCN 中推出一个数据科学的社会公益项目，鼓励数据科学团队兼职进行有助于提升人类福祉的工作。

> "试想一下，如果我们的生产不是基于市场价值，而是基于产品在人们心中的重要性，这个世界会是什么样子的？"
>
> ——维拉斯·达尔（Vilas Dhar），Patrick J. McGovern 基金会主席

从结果论角度看（如第 14 章所述），"社会影响"或"发挥作用"意味着促进人类的整体福祉（在长期预期价值上，不牺牲任何可能具有道德重要性的东西）[①]。但这究竟意味着什么？我们谈论的是哪些人的利益或福祉？

> "'数据科学服务社会公益'是一个模糊的术语。正如许多人所指出，这个词并没有明确指出其真正受益的对象是谁。"
>
> ——瑞秋·托马斯（Rachel Thomas），昆士兰科技大学数据科学家

如果你认为你或 JCN 公司的数据科学团队能够自己决定问题描述以提升弱势群体的地位，那么这种想法很有风险。在数据科学用于社会公益的实践中，技术人员往往走捷径，自行决定问题描述。如果你的数据科学团队是多元化的，并且包含有边缘化生活经历的成员（参考第 16 章），那么他们可能更能够避免家长式的干预，而是积极寻找多元化的、外部的问题所有者。

> "北半球的大多数技术专家通常缺乏自我认识，因此经常只从技术角度看南半球的问题。这样做，他们不可避免地忽略了多元化的观点。"
>
> ——帕特里克·迈尔（Patrick Meier），WeRobotics 公司联合首席执行官

---

① Benjamin Todd. "What Is Social Impact? A Definition." 2021.

那么，这些外部问题所有者应该是谁？首先，你可以考虑寻找大型、有经验的政府和非政府组织的国际发展专家，并参照第 15 章中提到的 17 个联合国可持续发展目标（SDGs）。但随着研究的深入，你会发现确定这些目标背后存在众多的权利和政治斗争，尤其是关于 17 个主要目标下的子目标，它们可能并不完全反映最弱势群体的观点①。你还发现，国际发展界存在许多家长式做法，充斥着一些效果不明确，甚至可能对目标受众有害的项目。

> “找到能让人们按照自己的方式受益的算法。”
>
> ——雅各布·梅特卡夫（Jacob Metcalf），数据与社会研究所的技术伦理学家

因此，在受到可持续发展目标启示的基础上，你决定为即将创建的 JCN 数据科学服务社会公益项目制定以下原则：利用机器学习，赋予那些专注于弱势群体的小型创新组织权利（总体说来，这些组织，无论是民间社会组织还是主要以社会影响为目标的营利性企业，都被称为社会发展组织）。为了在 JCN 公司推进此公益项目，你将在本章中进行以下工作。

- 评估过去的数据科学服务社会公益项目。
- 制定数据科学服务社会公益项目的生命周期。
- 构建促进社会公益的机器学习架构和平台。

在开始实施前，你需要了解如何在 JCN 公司内部获得支持和资源。除与 JCN 公司广泛的利益相关者价值观相一致以及可能的正面公共关系外，还有以下价值主张：第一，在社会影响应用中，机器学习的问题描述与传统的信息技术和企业应用中的约束常常不同。约束通常是创新的推动力，因此研究这些问题会为 JCN 公司带来新的创新机会。第二，与民间社会组织的合作为 JCN 公司提供了关于其机器学习工具的宝贵反馈和公众评价，这通常是传统企业客户不会给予的。第三，进行此类项目能够吸引、留住并提高 JCN 公司内部数据科学家的技能。第四，若该项目在 JCN 公司的云计算平台上运行，那么该平台的使用率会增加。虽然慈善捐赠的税务优惠不在考虑之列，但 JCN 公司仍然可以从社会发展组织获得有关其产品的反馈和潜在的云应用。

17.1 评估数据科学服务社会公益项目

在整本书中，你已经体验了在多个社会发展组织（虚构）中的各种角色，如 m-Udhār Solar（按需支付的太阳能提供商）的项目经理、Unconditionally（无条件现金转账分发商）的数据科学家、ABC 中心（综合社会服务提供商）的数据科学合作伙伴和 Alma Meadow（向初创社会企业家提供两年奖学金的机构）的问题所有者。此外，虽然 Bulandshahr 银行和 Wavetel 推出的基于 Phulo 移动通信的借贷服务是为了盈利，但这些服务实际上也是金融包容和提升的工具。因此，你已经了解了一些数据科学服务社会公益的项目例子。这些实

① Serge Kapto. “Layers of Politics and Power Struggles in the SDG Indicator Process.” In: *Global Policy* 10.S1 (Jan. 2019): 134-136.

例代表了与真实社会发展组织和致力于社会公益的数据科学家的合作[①]。

17.1.1 数据科学服务社会公益

本书中的案例只覆盖了机器学习和人工智能在社会公益领域中可能的应用中的一小部分。此外，由于本书的内容限制，除 ABC 中心的案例外，其他案例主要集中在分类问题上，即如何分配对受益者明显有利的资源。ABC 中心的案例则侧重于因果关系的推断和发现。从对数据科学服务社会公益的研究中可以看出，以下类型的项目与可持续发展目标紧密相关[②]。

- 可访问性。
- 农业。
- 教育。
- 环境。
- 金融普惠。
- 医疗保健。
- 基础设施（如城市规划和交通）。
- 信息验证和确认。
- 公共安全和司法。
- 社会工作。

以及涉及以下来自人工智能的技术方法。

- 监督学习。
- 强化学习。
- 计算机视觉。
- 自然语言处理。
- 机器人技术。

---

① Hugo Gerard, Kamalesh Rao, Mark Simithraaratchy, et al. "Predictive Modeling of Customer Repayment for Sustainable Pay-As-You-Go Solar Power in Rural India." In: *Proceedings of the Data for Good Exchange Conference*. New York, USA. Sep. 2015.

Brian Abelson, Kush R. Varshney, Joy Sun. "Targeting Direct Cash Transfers to the Extremely Poor." In: *Proceedings of the ACM SIGKDD Conference on Knowledge Discovery and Data Mining*. New York, USA, Aug. 2014: 1563-1572.

Debarun Bhattacharjya, Karthikeyan Shanmugam, Tian Gao, et al. "Event-Driven Continuous Time Bayesian Networks." In: *Proceedings of the AAAI Conference on Artificial Intelligence*. New York, USA, Feb. 2020: 3259-3266.

Aditya Garg, Alexandra Olteanu, Richard B. Segal, et al. "Demystifying Social Entrepreneurship: An NLP Based Approach to Finding a Social Good Fellow." In: *Proceedings of the Data Science for Social Good Conference*. Chicago, Illinois, USA, Sep. 2017.

Skyler Speakman, Srihari Sridharan, Isaac Markus. "Three Population Covariate Shift for Mobile Phone-based Credit Scoring." In: *Proceedings of the ACM SIGCAS Conference on Computing and Sustainable Societies*. Menlo Park, California, USA, Jun. 2018, 20.

② Michael Chui, Martin Harryson, James Manyika, et al. "Notes from the AI Frontier: Applying AI for Social Good." McKinsey & Company, Dec. 2018.

Zheyuan Ryan Shi, Claire Wang, Fei Fang. "Artificial Intelligence for Social Good: A Survey." arXiv: 2001.01818, 2020.

- 知识表示和推理。
- 规划和调度。
- 约束满足。

还有其他许多技术。

上述两个清单都相当广泛。因此,你不应该仅将社会公益视为机器学习和人工智能的某一应用领域,而应看作一种范式或价值体系(如第 15 章中所讨论的,范式为价值观的前驱)。不是简单地在与农业、基础设施或虚假信息相关的某个数据集上训练模型,那并不符合数据科学服务社会公益的定义。不要只是为了帮助特权阶层找到哪里的农贸市场有大量的甘蓝而创建系统,这不是数据科学服务社会公益[①]。数据科学服务社会公益要求社会发展组织担任问题所有者,并根据受益者的生活经验描述问题(更好的做法是,将受益者纳入一个多元化的小组中,为项目提供宝贵的信息)。

毋庸置疑,在 JCN 公司开展的数据科学服务社会公益项目中,你必须确保数据的隐私和知情同意,以及可信机器学习的前 3 个属性,即基本性能、可靠性(包括公平性和稳定性)和交互(包括可解释性、透明性和与价值对齐)。这尤其重要,因为这些系统将影响社会中最弱势的人群。

17.1.2 数据科学如何服务于社会公益

对数据科学服务社会公益领域的研究显示,大部分项目都是一次性的,包括数据科学竞赛、周末志愿者活动、长期志愿者咨询、学生奖学金计划、企业慈善行为、特定的非政府组织以及社会发展组织的创新团队。

这种一次性的项目方式需要社会发展组织与数据科学家付出巨大的时间和努力。可从一个项目中学到并应用到另一个项目的知识和经验是有限的,因为每个新项目都与不同的社会发展组织相关,而且随着时间推进,志愿者身份的数据科学家很难连续参与多个项目。这些项目经常需要社会发展组织结合其现有系统和操作,部署并维护机器学习的解决方案。大部分社会发展组织都不具备实施这种"最后一公里"的能力,一大原因是它们的预算限制了其投入时间和资源来建设相关技术能力。

尽管数据科学服务社会公益活动已经进行了近十年,但这些障碍使得大部分项目仍属于示范阶段,对社会发展组织和其受益者的实际影响有限[②]。一个运行数月的项目可能起初显示出潜力,但最后很少能够实际投入使用而真正发挥作用。

17.2 数据科学服务社会公益项目的生命周期

在策划 JCN 公司的数据科学服务社会公益项目时,你肯定希望避免之前的失败经验。那么,你的项目是能直接达到实现高影响力的最终目标,还是必须经历一段过程?抱歉,这

---

① Jake Porway. "You Can't Just Hack Your Way to Social Change." In: *Harvard Business Review* (Mar. 2013).

② Kush R. Varshney, Aleksandra Mojsilović. "Open Platforms for Artificial Intelligence for Social Good: Common Patterns as a Pathway to True Impact." In: *Proceedings of the ICML AI for Social Good Workshop*. Long Beach, California, USA, 2019.

没有捷径可走。正如艺术家和科学家的高影响力作品都源于对多种主题的探索[1](然后才是产生影响的聚焦开发),数据科学服务社会公益项目也需要经历以下 3 个生命周期阶段,如图 17.1 所示。

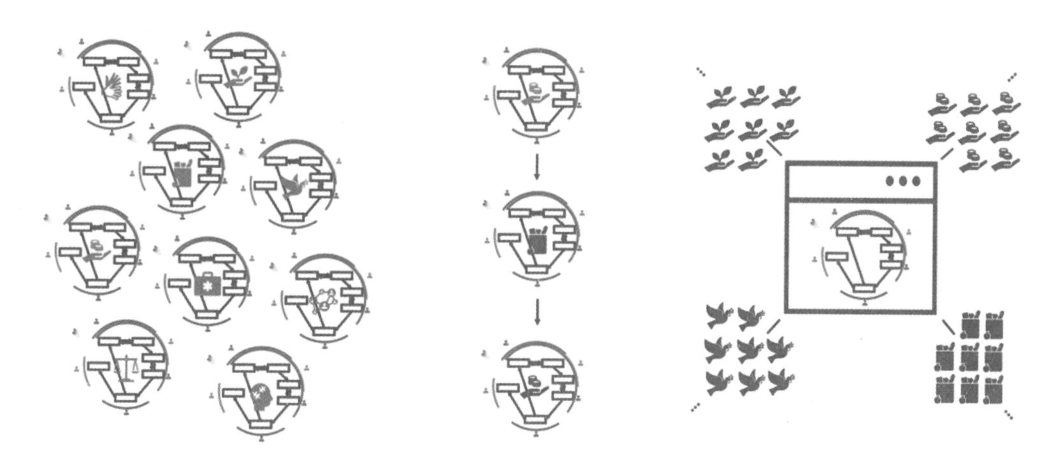

图 17.1 数据科学服务社会公益项目生命周期的 3 个阶段

数据科学服务社会公益项目生命周期的 3 个阶段分别是:①用一系列项目进行试点和创新;②重用和巩固常见模式的解决方案;③创建一个可用的平台,覆盖众多社会发展组织。第 1 步,试点和创新,显示了以不同社会公益应用图标为中心的多个不同开发生命周期,其中灰色表示尚未巩固。第 2 步,重用和巩固,显示了一个包含 3 个开发生命周期的序列,其中社会公益应用图标从暗逐渐变黑以表示巩固。第 3 步,大规模交付,展示了一个完整的开发生命周期,置于一个计算机窗口之中,象征着一个已经整合了众多社会公益应用的平台。

(1) 试点和创新。首先,你应该展开多个独立项目,探索机器学习能够满足的社会发展组织的需求。在这一阶段,JCN 公司的数据科学团队将在处理多个项目的过程中不断积累经验,逐渐发现其中的相似之处。你可以根据公司的价值观或你个人的技术兴趣,在社会公益应用领域或机器学习技术领域进行选择,但不应过分执着。

(2) 重用和巩固。完成数个项目后,你应该停下来,分析其中的常见模式。此时,你的目标是开发通用的算法或工具集,以统一处理这些常见模式。你旨在使用这些通用的模型或算法满足多个社会发展组织的需求。这种机器学习的创新方式是独特的,大部分数据科学家和机器学习研究者可能还未经历过这种后退并进行抽象的挑战,然而,这种洞察力和创新恰恰是对 JCN 公司开发数据科学软件工具和产品的团队的有效反馈。

(3) 大规模交付。只有当这些统一的、可重复使用的算法在资源有限、低技术能力的社会发展组织中调整、使用并维护时,它们才能产生最大的影响(详情请参见第 16 章关于包容性低代码/无代码框架的讨论)。JCN 公司可以采用基于云的"即服务"模式交付。软件即服务(Software-as-a-service)是一种通过订阅授权、集中托管并供用户通过 Web 浏览器访问的软件模式。因此,JCN 公司会负责简化系统的整合和软件的维护,而不是社会发展组织。

你可能对这个数据科学服务社会公益项目生命周期的第一阶段感到满意。只要确保社

---

① Lu Liu, Nima Dehmamy, Jillian Chown, et al. "Understanding the Onset of Hot Streaks Across Artistic, Cultural, and Scientific Careers." In: *Nature Communications* 12 (Sep. 2021): 5392.

会发展组织(代表弱势群体的利益)成为问题所有者并参与评估,JCN 公司的数据科学家就可以按照他们熟悉的方式处理项目。

第二阶段的前提是在社会公益项目中存在可以借助通用模型或算法解决的共同模式。事实上,已有众多证据支持这一观点。例如,同一强盗数据驱动优化(Bandit data-driven optimization)算法在多种社会公益中应用,如解决饥饿问题和预防野生动物偷猎①。再如,本书中介绍的绝大部分社会公益案例(虽为虚构)尽管差异较大,但核心都围绕二元分类的公平分配问题,并可借助如 AI Fairness 360 这类通用算法工具包来解决(AI Fairness 360 是一个公平性评估和偏差缓解的算法库②)。此外,大语言模型已经针对多个不同的社会公益领域进行了微调,如收集关于药物再利用的证据,以及为文化水平较低或存在认知障碍的人群简化文本③(大语言模型是一类基础模型,这类模型在大量数据上受过训练,可根据特定应用进行微调,详见第 4 章)。

社会公益项目生命周期的第三阶段还待进一步证实,而这正是你希望在 JCN 公司项目中实现的目标。接下来的部分将阐述一个易于访问、有包容性的数据科学服务社会公益平台。

在继续之前,我们需要就"规模"这一概念进行进一步阐述。在许多技术产业中,规模化被视为一种至关重要的范式,这也是人们追求能够一次开发、多次使用的数字平台的原因④。但许多社会发展组织并不以规模化为使命。尽管某些组织希望规模扩张,但更多的组织更希望维持较小规模,专注于其核心使命。规模化作为一种主导范式也受到了批评,有时甚至被认为是一种对弱势群体的压制手段⑤。在创建以 JCN 公司为中心的社会公益项目和平台时,你的目标应是简化所有社会发展组织的工作,无论它们是否希望扩展规模。在整个开发周期中,持续关注最弱势群体的价值观,是预防任何潜在压制行为的关键。

17.3 数据科学服务社会公益平台

设计并构建适用于多种社会发展组织问题的基础模型、算法或算法工具包固然是一个出色的开端,但仅此仍难以实现你的发展理念。仅依赖这些技术并不能真正增强社会发展组织的能力,因为他们往往需要具备一定的数据科学与工程技术水平以及相应的基础设施,而这些恰是许多组织所缺乏的。有矛盾的是,这些社会发展组织在资源上常常与其所服务

---

① Zheyuan Ryan Shi, Zhiwei Steven Wu, Rayid Ghani, et al. "Bandit Data-Driven Optimization: AI for Social Good and Beyond." arXiv: 2008.11707, 2020.

② Rachel K. E. Bellamy, Kuntal Dey, Michael Hind, et al. "AI Fairness 360: An Extensible Toolkit for Detecting and Mitigating Algorithmic Bias." In: *IBM Journal of Research and Development* 63.4/5 (Jul./Sep. 2019): 4.

③ Shivashankar Subramanian, Ioana Baldini, Sushma Ravichandran, et al. "A Natural Language Processing System for Extracting Evidence of Drug Repurposing from Scientific Publications." In: *Proceedings of the AAAI Conference on Artificial Intelligence*. New York, USA, Feb. 2020: 13369-13381.

Sanja Stajner. "Automatic Text Simplification for Social Good: Progress and Challenges." In: *Findings of the Association for Computational Linguistics*. Aug. 2021: 2637-2652.

④ Anne-Marie Slaughter. "Thinking Big for Social Enterprise Can Mean Staying Small." In: *Financial Times* (Apr. 2018).

⑤ Katherine Ye. "Silicon Valley and the English Language." Jul. 2020.

的人群同样受限，特别是与那些设有庞大数据科学团队进行机器学习研究的大公司相比。这使得社会发展组织很像是组织版的“金字塔底层”（“金字塔底层”通常指的是在社会经济层面上最为贫困或资源最为有限的群体）。

针对资源充裕的环境设计的洗衣机、炉子或超声波设备，在资源匮乏的环境中往往不适用，核心技术必须以适应“金字塔底层”用户的方式进行改进。对于社会发展组织而言，机器学习也需如此。总体上，为“金字塔底层”设计的创新应遵循以下 12 条原则[①]。

(1) 注重性价比的提升。

(2) 融合新旧技术，形成综合解决方案。

(3) 确保解决方案在不同的国家、文化和语言间都具备扩展性和可迁移性。

(4) 降低对资源的依赖，推进环保产品。

(5) 确定合适功能。

(6) 建立完善的物流和制造业基础设施。

(7) 降低(服务)工作的技能要求。

(8) 提供指导以帮助文化水平较低(半文盲)的消费者使用产品。

(9) 确保产品能在恶劣条件下稳定运行。

(10) 提供能适应各类用户群体的可调整用户界面。

(11) 设计既能适用于分散的农村市场，又适用于密集的城市市场的分发策略。

(12) 注重构建灵活的平台架构，方便迅速整合新功能。

在这 12 条原则中，哪些原则对于一个旨在赋能社会发展组织的机器学习平台尤为关键？什么是平台？

数字平台是一个集合了人员、流程和基于互联网工具的系统，能够让用户开发并运行有价值的应用。因此，机器学习平台包含基于 Web 的软件工具，支持从问题描述到部署及监测的整个机器学习开发生命周期，涉及问题所有者、数据科学家、数据工程师、模型验证者、运维工程师及其他不同角色的参与者。重要的是，机器学习平台不仅是一个现成的建模编程库。

事实上，机器学习的能力分为三类，分别为现成的机器学习软件包、机器学习平台，以及定制构建的机器学习应用[②]。在一种极端情况下，现成的机器学习软件包对于拥有高级数据科学技术和丰富资源的组织是适用的，但对于资源有限的社会发展组织则不太适用。而在另一个极端中，定制开发(过去十年在数据科学服务社会公益领域占主导地位)仅适用于高度复杂的问题或当组织追求技术竞争优势的情况。社会发展组织通常面对的问题虽然有其特定的约束，但从机器学习的角度看并不复杂，它们为受益者提供的优势通常是非技术性的。因此，为社会发展组织使用机器学习平台是合理的。

对于针对“金字塔底层”的机器学习平台，我们需要什么内容呢？将这 12 条原则应用于机器学习平台意味着要关注合适的功能、强适应性的用户界面、去技术化、灵活的架构、分发策略及教育。如上所述，合适的功能意味着将机器学习功能简化为可以被多个社会发展组

---

① C. K. Prahalad. *The Fortune at the Bottom of the Pyramid: Eradicating Poverty Through Profits*. Upper Saddle River, New Jersey, USA: Wharton School Publishing, 2005.

② Andrew Burgess. *The Executive Guide to Artificial Intelligence: How to Identify and Implement Applications for AI in Your Organization*. London, England, UK: Palgrave Macmillan, 2017.

织反复使用的核心模型、算法或工具包。这种基础功能意味着某算法只需开发一次，由专业的机器学习团队进行优化，而不依赖或属于任何一个社会发展组织。

其余内容涉及“最后一公里”问题。你可以遵循第 16 章中关于边缘群体生活经验的包容性架构建议，实现用户友好且去技术化的界面。此架构通过低代码/无代码和自动化机器学习减少数据科学家的专业技能在开发流程中的需求。低代码/无代码和自动机器学习使得配置及优化机器学习应用变得简单，以满足社会发展组织的特定需求。界面还应提供数据管理工具，且必须包括直观的输出预测可视化。关键在于简化，但不能过度简化以致失去意义。

基于 Web 和云的平台被设计为支持快速且方便地整合新功能。对机器学习的任何改进都会自动传递给社会发展组织。此外，云平台还设计成可以广泛地在任何联网设备上使用，从而实现机器学习系统的一键部署和监测。

最后，机器学习平台对社会影响的一个关键方面是教育，如提供教学、参考资料、教程、操作指南、案例等，而这些都需要用社会发展组织容易理解的方式呈现。对社会发展组织进行培训的一个重要部分是激发他们在社会影响领域使用机器学习的想象力。此外，需要有一个角色通过翻译和调整各领域概念，作为社会发展组织与数据科学领域之间的桥梁，这对平台的教育部分起到关键作用[①]。

你注意到了吗？机器学习平台的所有理想属性似乎不仅能对社会发展组织赋能，而且对任何组织，包括处于金字塔顶层的组织都有益。这就是“金字塔底层”创新的魅力所在，这种创新对所有人，包括 JCN 公司的客户，都是有价值的。

除了平台的设计和易用性外，为了可持续地推进平台和整个数据科学服务社会公益项目的发展，获取大型基金会的支持是关键。首先，这些基金会需要给社会发展组织提供某种隐性的使用许可，同时赋予他们充足的启动资金。其次，与一些国际发展项目忽略弱势群体的需求一样，许多这样的项目也没有预留足够的维护和长期发展资金。如果没有持续的资金来源，JCN 公司可能无法长久维护这个社会公益的数据科学平台。所以，确保持续的资金来源是至关重要的。基金会已经开始认识到为其资助的机构提供技术支持的重要性[②]，但对于资助由私营公司运营的平台尚未完全准备好。

这就是你的任务，在 JCN 公司启动一个数据科学服务社会公益项目，并在该项目的每个生命周期阶段都推动其前进：从项目初期的集结，到开发通用算法，再到构建可扩展的平台。这确实需要付出巨大的努力，但只要你拥有坚定的信念、充足的资金和一点运气，成功是可能的。勇往直前吧，真正的行善者[③]！

---

① Youyang Hou，Dakuo Wang. “Hacking with NPOs：Collaborative Analytics and Broker Roles in Civic Data Hackathons.” In：*Proceedings of the ACM on Human-Computer Interaction* 1.CSCW（Nov. 2017）：53.

② Michael Etzel，Hilary Pennington. “Time to Reboot Grantmaking.” In：*Stanford Social Innovation Review*. Jun. 2017.

③ William D. Coplin. *How You Can Help*：*An Easy Guide to Doing Good Deeds in Your Everyday Life*. New York，USA：Routledge，2000.

17.4 总结

- 数据科学服务社会公益——以仁爱之心使用机器学习。这不仅是机器学习的一个应用领域,更是一种范式和价值体系。
- 数据科学服务社会公益的目标是赋能社会发展组织,使其能够按照弱势群体的需求,开发能改善他们生活的机器学习系统。
- 十年来,数据科学服务社会公益很少取得真正有影响力的成果,一个重要原因是很多项目未能解决"最后一公里"的问题。
- 社会发展组织的资源常常有限,仅靠编码或定制化的解决方案很难将机器学习真正融入他们的运营中。
- 机器学习平台是专门被设计来满足数据科学需求,它可以最大限度地减少部署、维护和支持的工作量。这样的平台应该围绕项目共享的、有积极社会影响的通用算法模式来构建。
- 当利用机器学习产生社会影响时,所有在可信机器学习中的属性,如公平性、鲁棒性、可解释性和透明性,都是至关重要的。

第 18 章

过滤气泡和虚假信息

想象一下，你是一位技术高管，不满于少数公司通过广告支持的社交媒体、推荐和搜索引擎来控制人们获取信息的方式。你对这些“大科技”公司的核心批评在于他们的平台上的信息过滤气泡、虚假信息和仇恨言论，这些威胁着和谐社会的正常运行。许多问题都与那些帮助平台最大化用户参与和收益的机器学习系统有关。经济学家把这种超出公司收益最大化但对社会造成伤害的现象称为“负外部性”（Negative Externality）。按照你的价值观，为了增大用户参与而进行的推荐和搜索是有问题的，因为这可能会加剧第 14 章中提到的问题（如虚假信息、成瘾、监视状态、仇恨和犯罪）。

> “我们这一代中最优秀的人都在思考如何让人们点击广告，这太糟糕了。”
>
> ——杰夫·哈默巴赫（Jeff Hammerbacher），Facebook 计算机科学家

近期，你注意到一家新的搜索引擎进入市场，它并不以广告为导向，而是以用户及其信息需求为核心。这家新公司给你带来了希望，可能会有新的发展打破现有的格局。但你希望新的搜索引擎能更加注重多元化的社会，而不仅是以用户为中心。因此，你开始构想一个（假想的）搜索引擎和信息推荐网站，该网站旨在规避广告和参与度模式所带来的负外部性。你回想起你的交响乐团指挥经常在演出前说的：“我向你点头示意，然后我们一起行动。”于是你将这个网站命名为 Upwe.com。

Upwe.com 是否有生命力？一家搜索引擎公司能否真正致力于更广泛、更无私的目标？许多人可能会认为，既不为用户提供专门服务（吸引付费订阅者），也不为最大化参与度（从而最大化广告收入）而设计的平台是不现实的。但正如第 15 章所讨论的，有些公司已从追求最大化股东价值转变为服务于更广大的利益相关者。通过强调“我们”，你正在倡导一种不同的伦理观，即关系伦理，而不是个人主义伦理。关系伦理强调在决定正确行为时，考虑的不仅是个体的利益，而且要考虑与他人及环境的关系。这种关系思维将负外部性看作是核心问题，试图减少掠夺性或殖民性的行为，包括在机器学习的背景下[①]。

回到最初的问题：Upwe.com 真的可行吗？你对它的愿景有何期望？在本章中，我们将探索这些答案。

- 探讨社会为何深度依赖大型科技公司的数字平台。

---

① Sabelo Mhlambi. “From Rationality to Relationality: Ubuntu as an Ethical and Human Rights Framework for Artificial Intelligence Governance.” Harvard University Carr Center Discussion Paper Series 2020-009, Jul. 2020.

- 深入分析导致回音室效应、虚假信息和仇恨言论的原因。
- 评估针对负外部性的可能解决方案。

18.1　认知依赖和机构信任

众所周知，如今的知识总量以惊人的速度增长，远超我们的理解速度，而这个速度还在加快。数字信息的指数增长为机器学习提供了巨大机会，但对于个体和社会来说可能是个挑战。现代世界充斥着如此丰富的信息，个人即使借助专业知识，也难以完全理解或判断其中的真实性。如今，甚至专家和科学家也难以完全掌握其大规模实验中的所有复杂关系[①]。所谓认知依赖是指，人们必须依赖他人为其解释相关知识。在第 3 章和第 16 章中，你已经了解了认知不确定性（缺乏知识）和认知优势（有边缘化生活经验的人拥有对伤害的认知）。认知依赖也是如此，即从拥有知识的人那里获得你所缺乏的知识，相信他们而无须验证那些知识的真实性。

现代社会中，人们可以从各种渠道获得知识，如互联网文章、帖子、评论、图片、播客和视频等。认知依赖不再受到任何限制，但随着信息的爆炸式增长，人们越来越依赖搜索引擎和推荐算法来获取所需的信息。这些背后的算法对于大多数用户来说，如同一个黑盒，神秘且难以理解。尽管人们可能知道这些信息检索算法（通常基于机器学习）的存在，但大多数人并不了解其具体的工作原理，因此，你不仅要相信知识的来源和内容，还要相信把知识带给你的黑盒系统[②]。但这并不意味人们可以完全不负认知责任，他们仍需对获取的知识、其来源或传递方式进行核实。

本书将机器学习系统的可信性与其他个体的可信性相提并论，如同事、顾问或决策者。但当涉及数字平台中的信息筛选机制时，这种对比就不再成立。对大多数人来说，机器学习早已超出其知识和交互的界限，它更像是一个庞大的机构，如银行或司法系统。普通人并非机器学习的用户，而更像是其受众[③]。机构信任与人际信任有所不同。

公众对机构的信任是基于其对该机构的总体感受，而不仅是基于与该机构的某一次互动或某一部分功能。公众不会像对待个人那样去测试一个机构具体的可信性指标，如评估个人的能力、公平性、沟通能力、善行等（甚至不关心这样的评估结果）。他们更依赖机构本身所建立的信任机制。人们的信任是基于第 14 章描述的治理和控制机制建立的，这些机制应该容易理解，而不需要过多的认知负担。为了理解治理，人们需要认识并接受系统所遵循的价值观。因此，当构建 Upwe.com 时，你需要确保正确地设定范式，并让这些价值观易于被所有人理解。只有当这两方面都得到满足时，公众才能更好地履行其认知责任。正如第 15 章所提到的，干预范式是最有影响力的关键点，这也解释了为什么本章更关注范式，而不是直接解决负外部性，如通过检测仇恨言论的方法。为了达到这一目标，你需要深入研究现

---

① Matthew Hutson. "What Do You Know? The Unbearable Vicariousness of Knowledge." In: *MIT Technology Review* 123.6 (Nov./Dec. 2020): 74-79.

② Boaz Miller, Isaac Record. "Justified Belief in a Digital Age: On the Epistemic Implications of Secret Internet Technologies." In: *Episteme* 10.2 (Jun. 2013): 117-134.

③ Bran Knowles, John T. Richards. "The Sanction of Authority: Promoting Public Trust in AI." In: *Proceedings of the ACM Conference on Fairness, Accountability, and Transparency*. Mar. 2021: 262-271.

有数字平台上的问题，并找出可能的解决方案。

18.2 是否最大化用户参与度

正确理解范式与价值观的关键是什么呢？有多种方式可以实现这点，但关键的方法是不将增加参与度作为首要目标。通常，参与度或注意力是通过用户在平台上的停留时间和点击次数衡量的，最大化追求用户参与度可能会导致用户对平台产生依赖。

> "当你致力于最大化参与度时，你就变得不在乎真相了，对带来的伤害、社会分裂和各种阴谋论也不关心了。事实上，这些问题可能会成为你的朋友。"
>
> ——哈尼·法里德(Hany Farid)，加州大学伯克利分校计算机科学家

首先，我们来探讨一下，过度追求参与度如何导致回音室效应、虚假信息和仇恨言论等问题。在本节最后，我们将简要介绍一些关于参与度最大化的替代方案。

18.2.1 过滤气泡和回音室

当一个推荐系统仅向用户展示与其兴趣、关系和世界观相符的内容，这些用户就被困在所谓的"过滤气泡"中。那么，过滤气泡是如何与数字平台上用户参与度的增大策略相联系的呢？通过不断为用户提供他们喜欢的内容，这种管理和个性化使得用户总是看到相同类型的信息。有趣和令人愉悦的内容总是能吸引我们。

> "当你接触到与自己观点不一致的信息，你会开始思考并可能会感到不快。作为一个以出售用户注意力给广告商为目的的盈利公司，Facebook 并不希望看到这种情况，因此存在算法强化的同质化和过滤气泡的风险。"
>
> ——詹妮弗·斯特罗默-加利(Jennifer Stromer Galley)，雪城大学的信息科学家

在回音室中，用户会看到大量重复且无异议的信息。这使他们更加坚信某些信息，哪怕这些信息可能是错误的。过滤气泡往往导致回音室效应。尽管过滤气泡可能被视为一种有益的内容策略，但它限制了用户接触到的观点的多元化，导致认知不平等[①]。如第 16 章所述，观点的多元化促使人们深入思考信息——有争议的问题带来思考。因此，身处过滤气泡的人们容易采取思考的捷径，这可能会带来各种问题。

18.2.2 错误信息和虚假信息

什么样的内容容易引起我们的兴趣？任何出乎我们意料的内容都容易吸引注意力[②]。

---

① Shoshana Zuboff. "Caveat Usor: Surveillance Capitalism as Epistemic Inequality." In: *After the Digital Tornado*. Ed. by Kevin Werbach. Cambridge, England, UK: Cambridge University Press, 2020.

② Laurent Itti, Pierre Baldi. "Bayesian Surprise Attracts Human Attention." In: *Vision Research* 49.10 (Jun. 2009): 1295-1306.

在真相变得乏味前，有很多方法可以让其以出人意料的方式呈现[①]。而五花八门谎言的拼凑和组合可以长时间地持续制造噱头，从而保证用户的平台参与度。研究显示，虚假信息在社交媒体上的传播速度要比真实信息快得多[②]。

> “既然我们构建了一个可以在全球即时传播信息而不考虑其真实性的技术装置，那么就不应该对它会让我们淹没在谎言中感到惊讶。”
>
> ——马克·佩斯克(Mark Pesce)，未来学家

标题诱饵通过使用虚假、令人惊讶而有吸引力的新闻标题来提高参与度。它可能是错误信息(或有意或无意地误导的信息)，也可能是虚假信息(有意误导的信息)。事实上，一些所谓的大型科技公司为了提高其平台的用户参与度[③]，被发现资助了“标题诱饵工厂”。

> “错误信息往往比实际新闻更具吸引力，因为当你不受事实真相的限制，就更容易让事情变得有趣和好玩。”
>
> ——帕特里夏·罗西尼(Patricia Rossini)，利物浦大学通信研究员

深度伪造是另一种由机器学习技术制造的虚假信息。它是通过高度复杂的建模生成的图像或视频，可以让观众误以为某位公众人物正在说或做他们实际上未曾说过或做过的事情，从而创造令人信服的虚假内容。

虽然一些错误信息可能是无害的，但许多虚假信息对个人和社会都可能造成严重的危害。另外，出于政治动机的虚假信息有可能破坏国家的稳定。

18.2.3 仇恨言论和煽动暴力

无论信息真假，仇恨言论(针对某特定群体的侮辱性言辞)常常引起广泛关注。尽管传统媒体大多避免传播仇恨言论，并且许多社交媒体平台的使用条款中明确禁止其发布，并为用户提供了举报功能，但在全球范围内准确定义和规范仇恨言论仍然具有挑战性。因此，这些言论依然在社交媒体上频繁出现，甚至可能因算法的推荐而被放大，因为它们常常能引起强烈反应。

令人关注的是，社交媒体上的信息与现实世界中的行为有密切联系[④]。仇恨言论、侵犯性内容以及煽动暴力的信息在数字平台上的流传，已在现实中导致了多起严重事件，例如 2018 年针对罗兴亚人的暴力事件和 2021 年美国国会暴动。

---

① Lav R. Varshney. “Limit Theorems for Creativity with Intentionality.” In: *Proceedings of the International Conference on Computational Creativity*. Sep. 2020: 390-393.

② Soroush Vosoughi, Deb Roy, Sinan Aral. “The Spread of True and Fake News Online.” In: *Science* 359.6380 (Mar. 2018): 1146-1151.

③ Karen Hao. “How Facebook and Google Fund Global Misinformation.” In: *MIT Technology Review*. 2021.

④ Alexandra Olteanu, Carlos Castillo, Jeremy Boy, et al. “The Effect of Extremist Violence on Hateful Speech Online.” In: *Proceedings of the AAAI International Conference on Web and Social Media*. Stanford, California, USA, Jun. 2018: 221-230.

18.2.4 替代方案

你已经了解到最大化参与度是如何导致真实世界中的负外部性。但在设计 Upwe.com 信息检索系统的机器学习算法时，有没有经过验证的替代方案呢？目前，可行的替代方案很少，部分原因在于大型科技公司的内部研究团队往往缺乏针对这一问题的研究动机，而外部研究者则缺乏资源去验证和实施他们的解决思路[①]。

尽管如此，在为 Upwe.com 制定范式时，你可以考虑如下理念：确保平台为用户提供真实且准确的信息；鼓励内容多元化，让用户能够了解新的观点并建立广泛的社交联系[②]；为用户提供长期价值，即使用户可能并未意识到这些价值。这种方法被称为"推断意志"。你可以在数据预处理、模型训练或后处理中应用这些理念，但这取决于你能否有效地实施它们[③]。为了让 Upwe.com 更具包容性，鼓励边缘化群体的代表参与价值观的定义与校准是至关重要的。

你所采纳的策略应当足够透明，以便所有利益相关者都能理解。事实和事实报告（在第13章中介绍）在呈现单个机器学习模型的具体测试结果上很有用，但对于建立机构信任关系来说意义不大（除作为审计员认证系统的手段外）。CP-net（在第14章中介绍）为人们提供了一个容易理解的价值观表示，但并没有真正触及价值体系或范式。如何记录和呈现这些范式本身目前尚不明确，这是在开发 Upwe.com 时值得进一步探索的问题。

18.3 税收和法规

在资本主义世界里，长期存在且根深蒂固的平台很少有动力改变以最大化参与度为目标的范式，Upwe.com 面临的挑战重重。限制最大化参与度的危害的主要手段是通过政府的税收和法规来引导社会规范的转变[④]，确保所有人的福祉得到优先考虑。若将用于信息过滤的机器学习视为一个机构而非个人，对机构信任度较高的人会支持干预和控制系统的负外部性[⑤]。社会或许需要对数字媒体平台采取更为强硬的控制手段[⑥]。

在建设和发展 Upwe.com 时，应参考亨利·亨氏的做法（前言中提到）：除了制造可信赖的加工食品，他还积极推动《纯净食品药物法》的通过，提倡更严格的法规。阿斯彭研究所

---

① Ivan Vendrov, Jeremy Nixon. "Aligning Recommender Systems as Cause Area." In: *Effective Altruism Forum*. May 2019.

② Jianshan Sun, Jian Song, Yuanchun Jiang, et al. "Prick the Filter Bubble: A Novel Cross Domain Recommendation Model with Adaptive Diversity Regularization." In: *Electronic Markets* (Jul. 2021).

③ Jonathan Stray, Ivan Vendrov, Jeremy Nixon, et al. "What Are You Optimizing For? Aligning Recommender Systems with Human Values." In: *Proceedings of the ICML Participatory Approaches to Machine Learning Workshop*. 2020.

④ Daron Acemoglu. "AI's Future Doesn't Have to Be Dystopian." In: *Boston Review*. 2021.

⑤ Emily Saltz, Soubhik Barari, Claire Leibowicz, et al. "Misinformation Interventions are Common, Divisive, and Poorly Understood." In: *Harvard Kennedy School Misinformation Review* 2.5 (Sep. 2021).

⑥ Throughout the chapter, the governance of platforms is centered on the needs of the general public, but the needs of legitimate content creators are just as important. See: Li Jin and Katie Parrott. "Legitimacy Lost: How Creator Platforms Are Eroding. Their Most Important Resource." 2021.

提出了以下可能的法规建议[1]。

（1）公开高影响力的内容。公司需要定期报告其平台上高参与度的内容、来源和影响。

（2）公开内容审核策略。公司必须报告其平台的内容审核政策，并向有资质的第三方提供已审核内容的样本。

（3）广告透明制度。公司应定期报告其平台上的广告关键信息。

（4）追责超级传播者。那些传播虚假信息并导致实际伤害的人应受到相应处罚。

（5）控制广告和推荐系统的通信规范。即使是广告内容，公司也应对其信息过滤算法推送的仇恨或有害内容承担责任。

这些建议中的许多法规都强调透明性，因为这有利于建立机构信任。但由于范式本身难以量化，这些建议并没有直接治理平台的底层范式，尽管它们可能会间接影响范式的形成。如果社交媒体平台被视为公用事业或通用运营商，例如电话或电力公司，可能会有更严格的法规。值得注意的是，如果 Upwe.com 在设计时就已经遵守这些法规，那么它在竞争中将具有更大的优势，并有可能获得持续的发展。

同时，你应该努力寻求直接控制范式，而不仅仅是控制负外部性，这样效果更好。法规是经济学家公认的一种限制负外部性方法；而皮古维恩税（Pigouvian）则是通过对产生负外部性的行为征税来遏制其发生，例如对导致空气污染的公司征收的碳排放税。在社交媒体背景下，这可以被理解为对机器学习模型投放的每条广告征税[2]。这种税收策略将鼓励大型科技公司调整其范式，同时确保 Upwe.com 的范式保持不变。

构建一个有助于全社会成员福祉的 Upwe.com，可能看起来是一个不可能完成的挑战，但请保持乐观，不要失去希望。社会规范已经开始支持你想要创建的事物，这是向前迈进的关键。

18.4　总结

- 当今世界的知识繁多且复杂，无人能够完全理解或验证所有内容，因此我们都存在对他人的认知依赖。
- 这种依赖大多通过互联网内容实现，而这些内容在呈现给用户前，经过机器学习算法的筛选。这些算法的主要目标是最大化用户在平台上的参与度。
- 追求最大参与度的策略导致过滤气泡、假消息和仇恨性言论等问题，它们都对真实世界造成了负面影响。
- 平台上的内容推荐由机器学习模型驱动，与大众的实际体验相去甚远，以至于将焦点放在模型个体可信性上已经不再合理，尽管整本书都是这样定义可信性的。我们需要一种机构可信性概念。
- 机构可信性建立在治理机制及其透明性的基础上，在社会压力的作用下，政府法规可以确保这种透明性。透明性可能有助于改变潜在范式，但税收可能是更为直接的

---

① Katie Couric, Chris Krebs, Rashad Robinson. *Aspen Digital Commission on Information Disorder Final Report*. Nov. 2021.

② Paul Romer. “A Tax To Fix Big Tech.” In: *New York Times* (7 May 2019): 23.

推动力。

- 我们需要一个新的基于关系伦理的范式，以真实性、多元视角和全体人民的福祉为中心。

> “我向你点头示意，然后我们一起行动。”
>
> ——诺伯特·布斯基(Norbert Buskey)，费耶特维尔-曼利厄斯高中的乐队教师

捷径

尽管在整本书中，我一直在劝告你们要放慢节奏，多思考，不要走捷径，但我知道你们中的一些人仍然想走捷径，请不要这样做，但如果你真想这么做，我还是为你准备了必要的工具。

图 18-1 展示了本书自下而上的结构。在教学上，从底层基础概念开始是有益的，因为你需要先理解基础知识，掌握更高级的概念。例如，如果不事先了解检测理论，你难以理解公平性度量；如果不了解公平性，则难以洞悉公平性度量的核心价值。但若你想直接深入高级话题，建议从高层概念开始，逐步探索基础知识。

图 18-1　本书自下而上的结构

本书有八层框架。顶层为伦理原则；第二层为治理；第三层涵盖透明性和价值对齐；第四层包括可解释性、测试和不确定性量化；第五层聚焦于分布鲁棒性、公平性和对抗鲁棒性；第六层解读检测理论、监督学习和因果建模；第七层探讨数据偏差、数据统一和数据隐私；底

层则为可能性与概率论，以及数据。向上的箭头表示教学路径，而向下的箭头表示理论捷径。

最终的捷径可以遵循如下开展。

准备阶段

1. 组建包括多元化文化背景的问题所有者、数据工程师和模型验证者团队，其中要包括有边缘化生活经历的成员。
2. 明确伦理原则，确保关注最弱势群体。
3. 建立数据科学开发和部署环境，包括事实流工具，以自动收集和版本控制数字制品。
4. 在环境中安装软件库，用于测试和缓解与公平性、鲁棒性、计算解释性和不确定性相关的问题。

生命周期阶段

(1) 明确问题描述。

(2) 开展由多元利益相关者小组协助参与的设计会议，根据伦理原则回答以下 4 个问题。

a. 团队是否应该解决这个问题？

b. 需要关注哪些可信性要素？

c. 合适的度量指标是什么？

d. 度量值的可接受范围是什么？

(3) 为已确定的可信性因素及其度量指标设置定量事实。

(4) 如果需要解决问题，确定相关数据集。

(5) 确保数据集已取得知情同意，且不违反隐私标准。

(6) 详细理解数据集的语义，包括潜在要去除的偏差。

(7) 准备数据并进行探索性数据分析，特别关注要去除的偏差。

(8) 训练机器学习模型。

(9) 以可信性度量指标评估模型，包括针对边缘情况的测试。如果需要，则计算可说明性或不确定性。

(10) 如果度量值超出可接受范围，尝试使用其他数据和学习算法，或应用缓解算法，直到度量值处于可接受范围内。

(11) 部署模型，如果有相关关切，计算解释或不确定性以及预测结果，并不断监测模型可信性的度量指标。